U0340778

国防科技图书出版基金

Double-prism Multi-mode Scanning
Theory and Technology

双棱镜多模式扫描
理论与技术

李安虎　著

国防工业出版社

·北京·

图书在版编目(CIP)数据

双棱镜多模式扫描理论与技术/李安虎著.—北京：
国防工业出版社，2016.12
ISBN 978 – 7 – 118 – 11259 – 7

Ⅰ．①双… Ⅱ．①李… Ⅲ．①棱镜 – 研究 Ⅳ.
①TH74

中国版本图书馆 CIP 数据核字(2017)第 076384 号

※

国防工业出版社出版发行

（北京市海淀区紫竹院南路 23 号　邮政编码 100048）
北京嘉恒彩色印刷有限责任公司
新华书店经售

*

开本 710×1000　1/16　印张 17　字数 302 千字
2016 年 12 月第 1 版第 1 次印刷　印数 1—3000 册　　定价 86.00 元

（本书如有印装错误，我社负责调换）

国防书店：(010)88540777　　发行邮购：(010)88540776
发行传真：(010)88540755　　发行业务：(010)88540717

致 读 者

本书由中央军委装备发展部**国防科技图书出版基金**资助出版。

为了促进国防科技和武器装备发展,加强社会主义物质文明和精神文明建设,培养优秀科技人才,确保国防科技优秀图书的出版,原国防科工委于 1988 年初决定每年拨出专款,设立国防科技图书出版基金,成立评审委员会,扶持、审定出版国防科技优秀图书。这是一项具有深远意义的创举。

国防科技图书出版基金资助的对象是:

1. 在国防科学技术领域中,学术水平高,内容有创见,在学科上居领先地位的基础科学理论图书;在工程技术理论方面有突破的应用科学专著。

2. 学术思想新颖,内容具体、实用,对国防科技和武器装备发展具有较大推动作用的专著;密切结合国防现代化和武器装备现代化需要的高新技术内容的专著。

3. 有重要发展前景和有重大开拓使用价值,密切结合国防现代化和武器装备现代化需要的新工艺、新材料内容的专著。

4. 填补目前我国科技领域空白并具有军事应用前景的薄弱学科和边缘学科的科技图书。

国防科技图书出版基金评审委员会在中央军委装备发展部的领导下开展工作,负责掌握出版基金的使用方向,评审受理的图书选题,决定资助的图书选题和资助金额,以及决定中断或取消资助等。经评审给予资助的图书,由中央军委装备发展部国防工业出版社出版发行。

国防科技和武器装备发展已经取得了举世瞩目的成就,国防科技图书承担着记载和弘扬这些成就,积累和传播科技知识的使命。开展好评审工作,使有限的基金发挥出巨大的效能,需要不断地摸索、认真地总结和及时地改进,更需要国防科技和武器装备建设战线广大科技工作者、专家、教授,以及社会各界朋友的热情支持。

让我们携起手来,为祖国昌盛、科技腾飞、出版繁荣而共同奋斗!

国防科技图书出版基金

评审委员会

国防科技图书出版基金
第七届评审委员会组成人员

序　言

随着现代工业技术的快速发展,高精度光束扫描技术日益受到重视。大范围、高精度、多模式、强适应性的光束扫描系统的研制已经成为光电领域的前沿问题,由此必须拓展新型光束扫描的概念性、原理性及实现方法的研究,为关键技术的突破提供基础性支撑。

双棱镜扫描技术是一种颇具潜力的光电扫描新技术,因为其独特的技术优势而受到重视,具有广阔的应用前景。李安虎教授多年来致力于该技术的研究,尤其在双棱镜多模式扫描的基础理论和技术开发方面,已经有了较为系统的、完善的研究成果。作者将多年来的研究成果经过精心的整理后,形成了这本介绍双棱镜多模式扫描理论与技术的专著。

我非常欣喜地看到这本专著的出版,这对于弥补双棱镜多模式扫描理论研究的缺失有着重要的作用。该书在双棱镜多模式扫描理论及实现方法方面做了大量开拓性研究工作,书中揭示了双棱镜扫描的基本规律和机制,梳理了双棱镜多模式扫描的基本原理,构建了多种扫描模式的理论模型和实现方法,阐述了多模式扫描的关键技术,并对双棱镜扫描性能进行了实验研究。

本书具有较强的原创性和学术性。相对于现有的光学扫描著作,本书选题前沿、特色明显、应用目标明确,突出了基础性、创新性和前瞻性研究成果。本书建立的扫描理论和实现方法在航空航天、军事装备、工业生产诸多领域中具有广阔的应用前景。

全书结构清晰,内容翔实,案例丰富。书中内容无论是深度还是广度都达到了较高的水平,体现了作者在该领域扎实的理论基础和丰富的研究积累。

本书可以为双棱镜多模式扫描的应用和装置研发提供有益的参考,对广大读者也将是一笔宝贵的财富。

最后,在本书即将付梓之际,谨向李安虎教授致以衷心的祝贺。

The Optical Society of America (OSA)　Fellow
中国科学院上海光学精密机械研究所　研究员

前　言

随着现代光电技术的快速发展,光学扫描技术在空间光通信、激光雷达、卫星遥感、定向能应用及医疗探测等领域得到了广泛的应用。双棱镜光束扫描系统相较于其他机械式光束扫描系统,如反射式和万向架式扫描系统,具有结构紧凑、转动惯量小、动态性能好、工作可靠性高、扫描精度高等特点,是一种颇具潜力的扫描技术,在激光通信、机载激光雷达、微结构加工、生物医学、军事武器等领域具有广阔的应用前景,已经成为光学扫描领域的重要分支。

双棱镜扫描理论研究的难点在于双棱镜运动特性与光束指向之间的非线性关系,可以分为正向问题和逆向问题两个方面。虽然目前国内外学者对正向和逆向问题均有一些研究,但是不够全面、系统,尤其是逆向理论的研究不够深入,无法满足实际的应用需求。本书围绕双棱镜多模式光束扫描问题,构建了双棱镜粗扫描和精扫描的正逆向理论模型和方法,提出了双棱镜实现优于微弧度量级的精扫描理论,尤其在逆向解算法方面进行了深入研究,形成了系统的逆向解理论。本书丰富了双棱镜多模式扫描的理论体系,为大范围和高精度扫描提供了新的途径,可以为相关应用提供基础性支撑。

在双棱镜的扫描技术和应用方面,目前国内外的研究工作主要集中于旋转双棱镜用于光束指向和视轴调整等具体应用,如美国国家航空航天局(National Aeronautics and Space Administration,NASA)支持喷气推进实验室(Jet Propulsion Laboratory,JPL)发展的空间激光通信终端检测和验证平台(Lasercom Test and Evaluation Station,LTES)、加拿大国防技术研究与发展中心采用旋转双棱镜构建的步进 – 凝视成像系统、欧普特拉公司(Optra Inc.)开发的基于旋转双棱镜系统的红外对抗装置等,但缺少双棱镜扫描技术的系统性论述。本书在总结旋转双棱镜扫描理论的基础上,发展了双棱镜多模式光束扫描技术,尤其在双棱镜多模式扫描方案、扫描系统设计、光束多模式扫描性能测试等方面进行了大量创新性研究,对双棱镜光学扫描的规律、性质、特点等进行了大量计算、测试和分析,拓展了双棱镜扫描技术的应用领域。本书还给出了多套旋转双棱镜扫描装置、偏摆双棱镜扫描装置、双棱镜复合运动扫描装置的设计案例,并对各套装置的扫描性能及关键技术进行了研究。

本书作者多年来致力于激光跟踪和扫描技术研究,尤其在双棱镜多模式扫描方面已经有了较为系统的、完善的研究成果。作者在吸收国内外相关理论研究成果和应用实例的基础上,将自身多年来的研究成果进行系统的整理,形成了这本国内外首部系统介绍双棱镜多模式扫描理论与技术的专著,展示了作者在双棱镜扫描系统方面取得的新成果。本书的主要创新工作包括:建立了双棱镜多模式光束扫描理论,阐述了旋转双棱镜扫描域和高精度径向扫描问题;提出了偏摆双棱镜实现优于微弧度级高精度扫描的理论模型,用一般的机械结构实现了高精度的光束偏转;提出了旋转双棱镜系统逆向解迭代法算法,解决了双棱镜被动跟踪的关键问题;建立了偏摆双棱镜逆向解模型,丰富了用于特定目标轨迹扫描的精扫描理论;提出了多种双棱镜扫描运动实现方法,采用特定的机构设计解决了双棱镜扫描的非线性控制问题;发展了双棱镜系统的性能验证和精度测试技术;发展了大口径动态棱镜运动仿真和镜面动载变形分析技术;等等。本书内容全面,层次清晰,并辅以大量案例分析,澄清了一些长期困扰相关研究的关键问题。本书的宗旨是将双棱镜多模式扫描的最新研究成果介绍给广大读者,使读者对双棱镜扫描系统能有系统、清晰、全面、深刻的认识,以期对从事相关项目和技术研究的人员有所助益和启发。

本书的工作得到了国家自然科学基金项目(编号 61675155、51375347 和 50805107)、中国科学院空间激光通信及检验技术重点实验室开放课题、上海市军民结合专项、上海市自然科学基金项目等支持。作者衷心感谢中国科学院上海光学精密机械研究所刘立人老师的悉心指导,感谢孙建锋研究员、沈潜德高工、王利娟高工等的帮助。感谢中国工程院院士李同保老师的关心和帮助。感谢中国科学院西安光学精密机械研究所郜鹏博士的帮助。本书的工作得到了同济大学石来德教授、卞永明教授、刘广军副教授、刘钊教授、钟计东博士等的热心支持。在本书的撰写过程中,易万力、孙万松、左其友、高心健、刘兴盛、张洋等同学付出了辛勤劳动,感谢李志忠、兰强强、钟圣泽、黄清清、王耀锋、黄承磊、王舰、张瑀、施志祥等同学的工作。本书摘引了作者团队近年来公开发表的研究论文,部分章节摘引了作者指导的几位硕士研究生姜旭春、丁烨、王伟、高心健等的学位论文,在此一并致以感谢。感谢国防工业出版孙严冰总编、尤力编辑等同仁的大力支持以及国防科技图书出版基金的资助。

本书共 7 章,第 1 章介绍了双棱镜扫描技术的国内外研究现状,第 2 章研究了双棱镜多模式扫描理论模型,第 3 章研究了双棱镜多模式扫描逆问题,第 4 章介绍了双棱镜多模式扫描光束性质,第 5 章介绍了典型双棱镜多模式扫描系统的设计技术,第 6 章介绍了双棱镜多模式扫描性能测试,第 7 章介绍了大口径棱镜的支撑设计技术。

　　本书可以为光电跟踪、光学扫描和工业动态测量等领域的技术人员和科研工作者提供参考,也可供高校相关专业师生和光学机械或精密仪器爱好者参阅。

　　由于作者学识有限,书中难免有错误与不足之处,殷切期盼广大读者批评指正。

作者

2016 年 10 月

目　录

Contents

第1章 绪 论

1.1 光束扫描技术概述

光束扫描技术是指对激光光束方向进行精确控制以及定位的技术。光束扫描系统是集光学、机械学、电学、自动化、传感及检测、通信等技术于一体的系统，在空间观测、红外对抗、搜索营救、显微观察、工业测量、自动化装备、机器视觉等领域都获得了日益广泛的应用[1-3]。随着科学技术的不断发展，各领域对光束扫描的范围、精度及动态性等关键指标提出了越来越高的要求。

在自由空间光通信、红外对抗、激光雷达、空间观测、工业自动化等设备中，光束扫描技术既可用于目标跟踪和改变成像视轴，又可用于高精度动态扫描，是决定整个系统性能的关键因素[4-6]。这些应用中常用的扫描机构有万向转架、反射式转镜和折射式转镜3种。万向转架因转动惯量较大而导致动态性能较差，不利于载体平台安装及载体姿态平衡，难以满足高精度的光束控制要求。反射式转镜采用电动机耦合转镜或者压电陶瓷(音圈电机)驱动倾斜镜的方法，如德国 Physik Instrumente 公司、美国 Ball Aerospace 公司等推出了多种跟踪转镜，用于激光通信复合轴粗精跟踪、空间望远镜波阵面曲率补偿等领域。反射式扫描镜的光束偏转角度变化量是镜子旋转角度变化量的2倍，并且占用空间大，一般适用于小口径光束的偏转。

与上述传统的光束扫描机构相比，采用折射式原理的扫描机构不仅具有优异的光束指向或视轴调整性能，而且具有良好的扫描动态性。典型的同轴旋转折射棱镜通过两棱镜的共轴独立旋转改变光的传播方向，可实现扫描光束的指向调整[7]，已有较多应用案例。该类系统结构紧凑、精度高、响应快、光损耗小、成本较低，可以满足较大范围的扫描要求。从原理上讲，使用折射式扫描镜可以降低光束偏转角度对棱镜旋转的敏感性，机械传动误差对光束扫描精度的影响较小。在精度要求比较高的单色光应用场合，选择折射式棱镜比较合适。针对不同的应用，折射棱镜需要解决光束偏转机制、扫描模式、棱镜转角控制等具体问题。

目前，光束扫描技术需要解决的主要问题包括：大范围、高精度扫描技术，既要实现较大的扫描范围，又要满足局部特征的高精度扫描；动态时变性目标扫

1

描,即实现复杂现场瞬变性特征的跟踪扫描;高精度空间指向技术,即从原理上突破常规的光学空间定向方法,研究新型的扫描机构及控制方法,实现高精度定向扫描;等等。这些关键技术的突破,将极大地促进光电跟踪和扫描技术的发展,为国防军事、装备制造业等相关领域的技术进步提供支撑[8]。

1.2　常见的光束扫描方法

光束扫描装置基本上由激光器、光学调制器、光束扫描器、控制器和接收装置组成。其中,光束扫描器又称光束偏转器,是光束扫描装置中最重要的器件。

针对不同的光束扫描应用领域特点,研究人员制成了不同种类的光束偏转器,如声光偏转器(Acousto-optic Deflector)、电光偏转器(Electro-optic Deflector)、微光机电式偏转镜、多面体反射转镜、旋转单棱镜、旋转双棱镜、偏摆双棱镜等。这些光束扫描方法总体上可以分为非机械式、微光机电式和机械式[8] 3类。

1.2.1　非机械式

1. 声光式

声光光束偏转器是根据声光偏转原理制成的器件。利用驱动源将射频功率信号输入到换能器,换能器将电信号转化为超声信号并传输到声光介质中,介质因受机械应力波作用引起弹光效应而形成超声光栅,从而使入射激光产生衍射。

1967 年,Dixon 根据各向异性介质中的声光互作用原理提出了共线性,制成了声光可调谐滤波器;1992 年,美国林肯实验室采用声光偏转器件进行光束跟踪,首次对非机械装置的光束控制方法进行了探索。美国 Brimrose 公司研制的基于 TeO_2 的声光偏转器,响应时间在 $50\mu s$ 左右,功耗仅有 0.5W,可以实现 40mrad 范围内的光束扫描。目前,日本、俄罗斯等国及国内的国防科学技术大学和电子科技集团等单位也都在这方面开展了一定的研究。2006 年,国防科学技术大学温涛实现了 42 个可分辨点、9.048mrad 范围内的光束扫描。2012 年,电子科技集团基于 ZnO 压电薄膜实现了最大角度为 5.7°的光束扫描[9,10]。

声光式扫描不需要机械运动部件,具有体积小、重量轻、驱动功率小、易与计算机兼容和自动化控制的特点。但会降低光束透过率,且通光孔径一般较小,扫描范围有限,衍射效率偏低。此外,目前所建立的声光扫描分析模型,大多忽略了超声吸收、超声分布不均匀性等因素对衍射光的影响。

2. 电光式

电光光束偏转器是基于电光效应的原理实现光束偏转的。目前,实现电光光束偏转的方法主要为光学相控阵技术,该技术首起于 1971 年,Meyer 利用铌酸锂相移器为美国海军制作了一维光学相控阵器件,周期为 0.5mm,大约为 800 个光波长宽度,实现了 0.073°范围内的光束偏转。相较于机械式扫描技术,光学相控阵技术具有随机存取、高分辨率、高精度、快速定位等优势。其工作原理主要是光波的相长和相消干涉,具体实现可采用液晶、光波导阵列、电光晶体、电光陶瓷以及电湿调制等方式[11]。

此外,磁光偏转器是利用光的偏振态和外加磁场的作用来实现光束偏转的。显然,磁光效应和电光效应同样有光束透射质量下降、通光孔径不够大等问题,而且有些技术尚不成熟,有待进一步研究[10]。

与传统的机械式光束扫描系统相比,非机械式光束扫描装置结构小巧、响应灵敏、重量轻、轻耗低、无惯性,可获得纳秒级的扫描速度并随机存取,可以克服机械光束控制的许多限制,并显著增强光学系统的性能,包括光束的灵巧控制、可编程扫描、多光束产生、电子透镜化等。非机械式光束扫描技术的突破对高性能激光雷达乃至光电传感器系统产生了重大影响。

1.2.2 微光机电式

利用驱动器阵列控制整个镜子的形状是微光机电扫描的基本思想,这种思想最早可追溯到公元前 3 世纪,古希腊的阿基米德曾设想利用太阳产生高温光束摧毁敌军的舰船。在他的描述中,整套镜子由抛光的金属平板阵列组成,驱动器则是一组希腊居民,人们同时调整平板位姿,使每个平板的反射光都汇聚到敌军舰船上的公共焦点上,从而烧毁舰船[12]。现代的微光机电光束扫描技术是从 20 世纪 80 年代开始兴起的。1982 年,Petersen[13]深入研究了硅材料的机械特性和电子特性,提出将硅基微光机电系统用于光束扫描。与传统光束扫描系统相比,微光机电光束扫描系统不仅体积小、成本低、易于实现批量生产,还具有更好的光学和力学性能,在动态响应以及功耗方面的优点尤其突出,因此受到了国内外研究者的重视。随着制造工艺的不断进步,该技术已在条形码扫描、高清成像、激光共焦显微等领域得到应用,生产的产品有微光机电系统(Micro-opto-Electro-Mechanical System,MOEMS)光开关、光衰减器、光扫描器、数字微镜器件(Digital Micro-mirror Device,DMD)显示器等。

MOEMS 扫描有静电驱动、电磁驱动、热驱动等驱动方式。静电驱动多以平板电容实现,原理简单且可操作性强,因而研究较多。静电驱动微光机电光束扫描器件由附着在基底表面的公共电极和几个规则排列的静电驱动薄膜构成平板电容的两极板,对某一单元施加控制电压,相应的薄膜由于静电吸引产生凹曲变形,从而带动镜面单元向下运动,多个单元镜面独立运动构成整个变形镜镜面的形变,可实现小角度范围的光束偏转[14]。

早期开发的 MOEMS 反射镜阵列没有相位控制功能,只具有一维空间扫描特性,扫描精度较差。为实现二维扫描,普遍采用由 2 个一维 MOEMS 扫描镜组成的扫描系统,分别提供横向和纵向扫描,但这种方法降低了扫描速度,而且体积较大,驱动程序复杂。新近发展的二维 MOEMS 扫描镜用一个器件完成横向和纵向 2 个方向的扫描,不存在镜面之间的耦合问题,提高了扫描速度。例如,2008 年,Wu 等[15]报道了 4×4 活塞式微反射镜相控阵技术。该 MOEMS 基于电热驱动,单个微反射镜尺寸为 0.5mm×0.5mm。在 5V 直流电压下,该装置可实现超过 ±30°范围的二维空间扫描;在 4V 直流电压下,活塞位移可达 215μm。

微光机电扫描技术以其对光束在时间和空间上的精确控制能力以及体积小、功耗低等优势,将广泛应用于光通信、军用光电侦察、自主式航天交会、激光测距、激光制导、预警监视以及航天器小型化等方面。

目前,制约微光机电扫描技术的主要问题有:MOEMS 基础理论研究远不能满足应用需求;微工艺和封装方面存在困难;系统级性能测试方面缺少有效的测试手段,测试效率低且评定标准不统一等。

1.2.3 机械式

机械式光束扫描方法主要包括万向架法、反射法、快速倾斜镜法及折射法等[10]。

1. 万向架法

万向架法是将激光器直接安装在万向架上,通过电动机驱动俯仰轴和方位轴旋转,实现扫描装置二维角度的变化,达到光束扫描的目的。这种方法的扫描范围大,但其精度受电动机精度的直接影响,且装置的体积、重量大,所需驱动机构的功率和尺寸均比较大,存在运动耦合、惯量耦合以及线绕力矩干扰等问题,其动态性能受到限制,难以实现大范围高精度快速的光束扫描[16,17]。

图 1.1 所示为 2 种典型的万向架式光束扫描器。图 1.1(a)为周扫望远镜式粗跟踪转台三维模型,经常应用于链路距离较远的激光通信系统。周扫望远镜式结构易于实现半球甚至更大立体空间范围内的扫描和指向。系统安装到卫星平台上,转台底座与卫星星体固定。转台的俯仰轴与赤道面平行,方位轴与赤道面垂直,通过二维扫描运动对对方的信标光进行捕获。完成捕获后,激光经反射镜反射到光学系统中,根据光学系统报告的脱靶量信息,反射镜做相应的转动,使经其反射后的激光照射到精跟踪视场内,并尽量将反射光线稳定在精跟踪视场的中心。当通信双方由于相互运动使通信光轴发生偏移时,光斑的脱靶量也会相应变化,系统则根据光斑脱靶量的变化进行调整。图 1.1(b)为美国 NASA 戈达德航天飞行中心(Goddard Space Flight Center,GSFC)为空间站激光通信研发的激光通信收发器(Laser Commnucation Transceiver,LCT)系统。该系

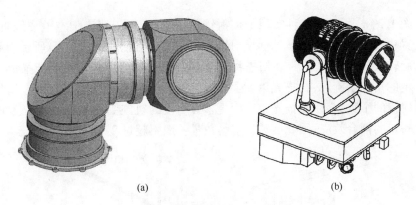

(a)　　　　　　　　　　　　　　　(b)

图 1.1　万向架式光束扫描器

(a)周扫望远镜式粗跟踪转台；(b)LCT 结构示意图。

统的望远镜为卡塞格林结构,主镜采用大口镜凹面镜,次镜采用小尺寸凸面镜,再采用第三平面反射镜将光束从横轴空隙中引出,然后通过平面镜将光束向下反射,并且将其变成平行光束,直至传输到光学底台中。通常把在伺服转台中传输的光学路径称为 Coude 路径,为收发共用光路。系统中的其他部分(激光发射、捕获探测、跟踪探测、通信接收等单元)都集成在底台中。

2. 反射法

反射法通过转动安装在激光器前方的反射镜实现光束偏转。反射镜可以是平面反射镜、球面反射镜或多面体反射镜等[10]。

实现二维扫描的扫描器必须具有至少 2 个自由度。用一个反射镜可以实现光束的二维扫描,具有结构简单的优点,但灵活性比较差,高速时会产生耦合效应,因此一般都采用 2 个反射镜的结构,如图 1.2(a)所示。2 个反射镜绕 2 个垂直轴独立旋转,可以避免旋转轴之间的耦合效应。反射镜的增加会带来更多的自由度,增加了系统的灵活性,但同时也提高了系统控制的复杂性。采用单个或者 2 个反射镜扫描器时,不可避免地要改变系统的光轴。为此,可以在扫描器中使用 3 个或 4 个反射镜的结构,如图 1.2(b)和图 1.2(c)所示。这 2 种结构可以在不改变光轴的情况下进行激光束扫描[16]。

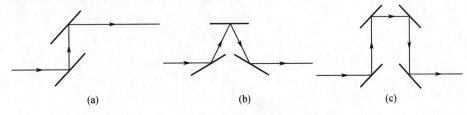

(a)　　　　　　　　　　(b)　　　　　　　　　　(c)

图 1.2　反射镜结构

(a)两反射镜结构；(b)三反射镜结构；(c)四反射镜结构。

图 1.3(a)所示为一种实用型反射镜扫描系统,用于测定架空电缆线直径。该装置集成了平面反射镜、球面反射镜和多面体反射镜。图 1.3(b)所示为利用两轴旋转反射镜及一个 $f-\theta$ 扫描物镜实现精确扫描的例子。控制扫描反射镜以一定的角速度旋转,扫描光束就会按一定的函数关系产生扫描轨迹。增加扫描反射镜的个数,会使扫描光束产生更多自由度的轨迹变化,但是高速运动时会产生一定的耦合效应,因此旋转反射镜数量一般不超过 2 个[10]。

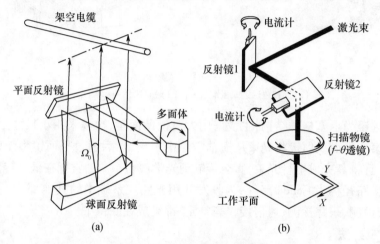

(a)   (b)

图 1.3 反射镜扫描系统

(a)球面反射镜扫描系统;(b)两轴旋转 $f-\theta$ 扫描物镜系统。

图 1.4 所示为一个典型的旋转多面体激光扫描成像系统。被某种信息调制的激光束入射到多面体扫描器上,多面体的高速旋转改变了其在空间中的方向,再经过透镜汇聚,在探测面上形成一维或二维扫描图像,整个系统通常构成像方远心光路以保证出射光束的轴向平行性。在理想情况下,多面体每转过一个反射面,反射光可扫描 $4\pi/N$ 的角度范围(N 为多面体反射面的面数)。旋转多面

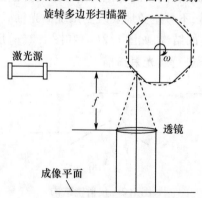

图 1.4 旋转多面体激光扫描成像系统

体扫描器具有扫描速度快、扫描角度大和速度稳定性高等特点。在以多面体作为扫描器的激光扫描成像系统中,常将多面体置于成像物镜之前,被调制的激光束经多面体扫描器和成像物镜在探测面上形成扫描图样或图像。这种物镜前扫描方式可以通过对成像物镜的巧妙设计实现线性扫描,是目前常用的扫描方式[18]。

反射式扫描方法具有结构简单、容易实现等优点。但反射式扫描器由于结构本身的限制,与待测目标间的距离较大,对反射镜口径的要求更高;反射光与入射光夹角的变化量是入射角变化量的 2 倍,对机械误差和旋转角度误差极其敏感,不易实现高精度控制,且装置较易损坏,因此经常用在通光孔径要求较小的场合。

3. 复合轴系统

在卫星激光通信的瞄准—捕获—跟踪(Pointing - Acquisition - Tracking, PAT)系统中,目前普遍采用复合轴系统控制通信光束的 PAT 性能,主要包括粗瞄准机构、精瞄准机构和预瞄准机构等。其中,光束偏转主要由两轴或三轴万向转架、卡塞格林望远镜和快速倾斜镜机构等实现。

在粗瞄准机构中,收发天线(卡塞格林望远镜)安装在万向架上,由万向转架电动机驱动俯仰轴和方位轴旋转,达到光束扫描的目的。这种方法的优点是可以实现较大视场的扫描,控制方便;但是系统动态性较差,驱动机构的功率和尺寸较大,而且粗瞄准机构引入的轴承摩擦是影响系统性能的主要因素之一,所以难以实现高精度扫描。

精瞄准机构主要包括一个两轴或三轴快速倾斜镜、压电陶瓷执行机构(或音圈电机)、跟踪传感器和位置传感器等。快速倾斜镜工作在闭环情况下,根据精跟踪探测器的误差信号跟踪入射信标光,从而构成精跟踪环。精跟踪环的精度将决定整个系统的精度,带宽要高。预瞄准机构中光束偏转同样由倾斜镜完成,其功能是使出射光束预先偏离入射光束相应的角度。图 1.5 所示为快速倾斜镜结构,它由 2 个分布在偏转轴上的压电陶瓷驱动,偏转轴由柔性铰链机构构成。当压电陶瓷输出位移时,快速倾斜镜产生一定的偏转。这种结构运动平稳、无间隙、无机械摩擦、位移分辨率高,改变了传统光学跟踪系统惯性大、带宽低的局面。偏转镜的偏转范围可以达到毫弧度量级,响应频率在千赫兹量级,偏转精度达到微弧度量级,带宽和跟踪精度得到了大幅度的提高[10]。

4. 折射法

折射法可以通过 2 个棱镜的旋转或偏摆改变光束指向,如图 1.6 所示为3 种常见的折射式扫描结构[10],图 1.6(a)为旋转单棱镜,图 1.6(b)为平行轴偏摆双棱镜,图 1.6(c)为旋转双棱镜。

本书研究的双棱镜多模式扫描系统是一种典型的折射式光束转向系统,

(a)　　　　　　　　　　　　　(b)

图 1.5　两轴快速倾斜镜结构

(a)压电陶瓷结构；(b)倾斜镜背面。

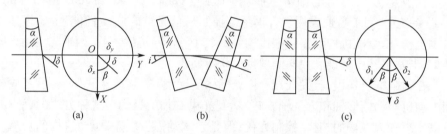

(a)　　　　　　　　　(b)　　　　　　　　(c)

图 1.6　常见的折射式扫描结构

(a)旋转单棱镜；(b)平行轴偏摆双棱镜；(c)旋转双棱镜。

一般由 2 个楔形棱镜(Risley 棱镜)组成。除根据折射原理实现光束偏转，两棱镜还通过旋转或正交偏摆运动进一步改变光束方向，使光束在一定范围内实现二维扫描。常见的双棱镜光束扫描系统有旋转双棱镜扫描系统和偏摆双棱镜扫描系统。其中，旋转双棱镜扫描系统通过两棱镜的共轴独立旋转改变光的传播方向，实现光束或视轴的指向调整，可使光束在一个范围较大的锥形区域内偏转。偏摆双棱镜扫描系统通过两棱镜正交独立偏摆实现光束小范围偏转，由于偏摆双棱镜系统的棱镜摆角和光束偏转角之间可以达到百倍量级的减速比，用一般的机械装置可以实现高精度扫描要求，具有良好的应用潜力[8,19]。

　　另外一种折射式扫描器采用平凹透镜和凸平透镜组合构成的等效棱镜来实现[20,21]，要求 2 个透镜的曲率半径相等。如图 1.7(a)所示，当 2 个透镜的 2 个平面相互平行时，这 2 个透镜相当于一个平行平板，对入射光束没有偏转；如图 1.7(b)和(c)所示，保持第一块透镜不动，将第二块透镜绕它的曲率中心旋转，这时 2 个透镜就相当于一个楔角和主截面可以调节的棱镜，可以使光束在一定的范围内进行扫描。如果 2 个透镜为柱面，则只能在一个方向上扫描，要完成二

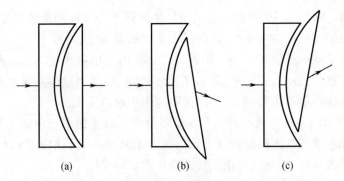

图 1.7　可调节棱镜扫描原理

(a)平面平行；(b)棱镜逆时针旋转；(c)棱镜顺时针旋转。

维扫描,需要将 2 个扫描器串联起来使用;如果 2 个透镜为球形,用一个扫描器就可以完成二维扫描。

这种结构的优点是透镜的旋转角度和光线的偏转角度呈线性关系,但在要求自动扫描的场合,机械结构比较复杂,可实现的扫描范围相对较小,并且柱面和球面的加工难度较高,精度难以保证。

1.3　双棱镜多模式扫描系统国内外研究现状

1.3.1　双棱镜多模式扫描系统理论研究

旋转双棱镜技术是 Risley 棱镜[22,23]扫描技术的延伸。最初的 Risley 棱镜由一对楔形棱镜组成,只能实现光束的小角度偏转。随着棱镜加工工艺的进步,旋转双棱镜逐渐能满足光束大角度指向与扫描的性能要求;精密机械和控制技术的发展使旋转双棱镜指向系统的光束偏转分辨率和精确度得到提升[24]。旋转双棱镜理论研究主要包括光束转向机制、光束扫描模式、出射光性质等方面。

1. 正逆向理论模型研究

研究光束转向机制主要是探讨双棱镜的运动与出射光指向以及扫描目标点位置间的关系,分为 2 个方面[8,25,26]:①已知双棱镜的运动,求出射光指向和目标点位置,即由棱镜的旋转或偏摆角度获取出射光的俯仰角、方位角以及目标点坐标(正问题);②已知出射光指向或目标点位置反求对应的棱镜运动状态,即由出射光的俯仰角、方位角或目标点坐标得出各棱镜的转角或摆角(逆问题)。正问题的分析是双棱镜光束指向应用的前提和基础,有助于探讨双棱镜光束扫描机制。逆问题是光学跟踪和目标指向应用中必须解决的关键问题,可以认为是正问题的逆过程。

1985 年，Amirault 等[27]首先提出了解决旋转双棱镜逆问题的两步法。此方法简化了求解过程中的变量个数，降低了运算的复杂度。

1995 年，Boisset 等[28]采用一阶近轴方法导出了出射光指向的近似表达式，并提出采用迭代法解决逆问题，即采用闭环控制，根据测量信息寻找棱镜方位。该方法依赖探测器测量数据，在许多实际应用中难以实现。

2002 年，Degnan[29]利用近轴光线矩阵分析了双棱镜系统中的光线传输，提出了一种无须迭代的逆问题解算方法。该方法基于一阶近似，用于大角度光束偏转时有较大误差，因此仅适用于棱镜楔角极小的情况。

2007 年，Tao 等[30]基于光线追迹方法和折射定律，求出了考虑系统结构参数情况下的目标点表达式。在此基础上，采用阻尼最小二乘法给出了详细的数值迭代算法解决逆问题，不过求解过程比较复杂。

2008 年，Yang[25]利用非近轴矢量光线追迹方法，由棱镜的转角推算出射光指向的准确解析表达式，其求解方法比较烦琐，实际应用中可以编制计算机程序计算。对于逆问题，Yang 通过构造雅可比矩阵，分别用置信区间法和牛顿法 2 种算法迭代求解，并从收敛速度和稳定性等方面比较 2 种算法的优劣。实例计算表明，对于特定旋转双棱镜扫描系统，牛顿法收敛更快且更稳定，但文献[25]并未给出具体迭代步骤。

2009 年，Tirabassi 等[31]用矢量方法详细推导了出射光出射点和扫描目标点的表达式。

2011 年，Jeon[32]用旋转矩阵描述双棱镜对光束的偏转，得到了正问题的一阶近似解公式。计算表明，该方法得到的近似解精度较高，与用数值方法求得的精确解相差不大。该方法不仅可以求解单棱镜扫描系统和双棱镜扫描系统的正问题，通过矩阵算式的扩展还可用于正向解算任意数目棱镜组成的多棱镜扫描系统。

同年，Li[33]对出射光的正向精确解进行级数展开，分别对比了一阶、二阶、三阶近似解的精度，并在精度较高的三阶近似解的基础上进行逆向推导，其解算精度得到大幅提高。Li[34]推导了非近轴光线情况中 4 种初始摆放状态下的出射光矢量，应用两步法推算了旋转双棱镜光束指向系统的准确逆向解，给出了扫描目标轨迹对应的棱镜旋转运动实例。第一步保持一个棱镜不动，旋转另一个棱镜，使出射光束的俯仰角达到目标值。第二步在保持双棱镜间夹角不变的条件下同时旋转 2 个棱镜，使出射光束的方位角达到目标值。该方法大幅度减小了运算复杂度，可准确得到已知出射光指向条件下的逆向解析解；但是该方法求解过程并未考虑光束出射点位置对光束扫描点位置的影响，不适用于求解逆向精确解。

2013 年，周远等[6]基于现有的一阶近似方法和非近轴光线追迹法，解决了旋转双棱镜的正逆理论问题,同时比较了 2 种方法的差异,且用实验验证了相关理论。结果显示,非近轴光线追迹法能准确地描述系统光束偏转机制,而传统的一阶近轴近似方法的分析结果与实验值存在偏差,且光束的偏转角越大,偏转角的一阶近轴近似解与实验值的差异越明显。相比一阶近轴近似方法,非近轴光线追迹法推算的逆向解更加准确,对于大偏转角度的旋转双棱镜光束指向系统,非近轴光线追迹法是推算其精确逆向解的有效方法。

2. 光束扫描模式研究

在旋转双棱镜光束扫描应用中,需要探究光束的扫描模式,揭示光束扫描轨迹与棱镜结构、系统参数及回转特性等之间的内在联系,并对扫描误差进行分析,为机械结构及回转控制方案的设计提供依据[26,35]。

1999 年,Marshall[36]利用一阶近轴近似方法,系统地研究了旋转双棱镜的扫描模式,分析了不同棱镜楔角、旋转角速度、初始相位下的光束扫描图案。通过合理设置两棱镜楔角比值、旋转角速度比值以及初始相位,可得到特定形状的扫描图案以满足具体的扫描应用需求。但一阶近轴方法得到的只是近似图案,且该文献未考虑棱镜间距、棱镜厚度、棱镜到光屏距离等参数对扫描图案的影响。

2011 年,Li[33,34]用非近轴光线追迹法推导了扫描图案表达式,通过对光束指向表达式做级数展开,得出了扫描路径的一阶、二阶和三阶近似分析方法。比较了远距离和有限距离情况下一阶、三阶近似解与精确解之间的误差。研究结果表明:①虽然近似方法和精确方法得出的光束指向角度差异较小,但用于近距离目标扫描和跟踪时,近似方法导致的光束指向位置误差仍然不可忽视;②三阶近似解的扫描误差明显小于一阶近似解的误差;③随着棱镜楔角的增加,一阶和三阶近似解的误差都不断增大。

2011 年,Jeon[32]通过构造旋转矩阵,仿真了两棱镜在不同转速比及不同相对旋向下的扫描图案,以两对双棱镜构成的四棱镜系统(图1.8)为例探讨了任意数目棱镜组成的棱镜组的扫描轨迹。该方法基于一阶近似方程,仍不可避免

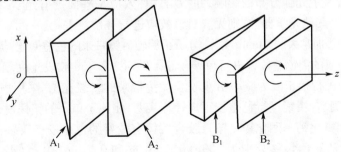

图 1.8 四棱镜系统

地存在一定的扫描误差。

2012 年，Horng 等[37]从元件结构误差和对准误差两方面出发，分析了旋转双棱镜扫描系统中不同类型的误差源及其对扫描精度的影响。结果表明，系统加工误差和棱镜回转控制误差将引起光束扫描模式的明显变化。机械回转轴与系统光轴之间的未对准将严重影响光束指向精度。

2013 年，Schitea 等[38]运用 Catia V5R20 软件仿真了旋转双棱镜在不同角速度及不同结构参数下的扫描轨迹，这些扫描图案为旋转双棱镜在具体应用中的参数选择提供了依据。

3. 扫描光束性质研究

基于以上正逆推导，国内外很多学者对双棱镜多模式扫描系统的出射光性质进行了多方面研究，主要包括光束变形、成像畸变、色差及其校正等。

2005 年，Schwarze 等[24]探讨了旋转双棱镜带来的光束压缩效应，提出光束压缩因子与出射光和出射面法向量夹角的余弦粗略地呈反比关系。光束压缩效应若缺少补偿，会降低红外对抗系统的功率密度和激光通信系统的信噪比。

同年，孙建锋等[39]基于矢量折射定律分析了旋转双棱镜光束变形问题。分析表明：出射光光束变形与两棱镜的转角差有关；大多数情况下，光束形状在一个方向上被压缩，而在另一个方向上被拉伸；转角差为零时，光束只在一个方向上被压缩；转角差为 180°时，光束不发生变形。

2007 年，Lavigne 等[40]研究了旋转双棱镜成像过程中的成像畸变问题。由于成像视场内各光束的入射角不相同，其光束偏转角度并不均匀，导致类似棱柱形的成像畸变。通过文献[40]提出的三维折射模型，可以计算单个像素的偏转角度，从而得到整个图像的变形，并且系统指向位置越偏离中心，成像畸变越严重。为较好地校正成像畸变，并保证成像的实时性，采用单应性矩阵变换的方法进行图像快速线性校正。实验结果表明，该校正方法能很好地改善成像质量。

2012 年，Ostaszewski 等[22]通过实验获得了 0°、45°和 60°偏转角下的光束横截面照片。定性观察表明，偏向角越大，光束变形越明显。探讨了光束变形对远距离接收终端上光强分布的影响，并指出这种效应是平面折射光学器件所固有的，若不加入其他光学器件，则无法对该效应进行补偿。

1999 年，加拿大的 Curatu 等[41]分析了旋转棱镜带来的色差问题，提出用不同材料组合而成的消色差棱镜进行色差校正。针对 $3 \sim 5\mu m$ 波段光束，采用硅 – 锗双胶合棱镜进行校正。为减小由双胶合棱镜带来的二级光谱，采用氟化钙 – 硒化锌 – 锗三胶合棱镜进行色差校正。计算表明，相比于单一的锗棱镜，硅 – 锗双胶合棱镜和氟化钙 – 硒化锌 – 锗三胶合棱镜有较好的色差校正效果，同等条件下，三者带来的色焦移分别为 $300\mu m$、$1.43\mu m$ 和 $0.7\mu m$。文献[42]针对 $8 \sim 9.5\mu m$ 波段光束，使用商用光学设计软件进行消色差棱镜的设计和分析，最终采用锗－硫化锌双胶合棱镜进行色差校正,在焦平面上产生的横向色差最大仅为 2.9μm。

2000 年,Sasian[43] 探讨了棱镜和平面衍射光栅带来的像差问题,建立了可快速估计像差大小的像差系数公式,阐述了像差为零的 4 种情况,为消像差提供了理论基础。

同年,美国 MetroLaser 公司的 Weber 等[44] 在硒化锌棱镜上刻蚀衍射光栅进行色差校正,针对 4.4～5μm 波段光束的实验结果显示,采用衍射光栅进行色差校正后,系统的成像分辨率约为未校正系统的 2 倍。作者指出,衍射光栅消色差法有望用在导弹导引头的轻量级双棱镜扫描器上。

2003 年,美国戴顿大学的 Duncan 和肯特州立大学的 Bos 等[45] 针对红外对抗应用采用双胶合棱镜进行色差校正,对 16 种消色差材料的 120 种组合进行了测试。研究表明,对于平均最大扫描角度为 45°的中波段光束(2～5μm)红外对抗应用,氟化锂－硫化锌双胶合棱镜能将二级色差降至 1.7816mrad。2007 年[46],该研究团队用类似的方法对旋转三棱镜系统进行色差校正。结果表明,采用 AMTIR－1－铬双胶合棱镜能将二级色差降至 0.79mrad。

2007 年,Chen[47] 提出使用一对反向旋转的棱栅实现光束偏转,设计了最大光束偏转角为 45°的消色差双棱栅系统,其原理与旋转双棱镜系统类似。棱栅是由棱镜和光栅组成的光学元件,与传统的折射式光学元件相比,这种衍射－折射集成式光学元件带来的残余色差要小很多,该系统的最大成像残余色差约为 100μrad。

2011 年,Florea 等[48] 以硫系玻璃为基础设计消色差双胶合棱镜。针对 2～5μm 波段光束的分析表明,使用氟化锂－三硫化二砷双胶合棱镜的色差是氟化锂－硫化锌双胶合棱镜色差的 1/3;针对 8～12μm 波段光束的分析表明,使用硒化锌－硒化砷双胶合棱镜的色差是硫化锌－铬双胶合棱镜色差的 1/2。

4. 高精度扫描理论研究

目前,双棱镜扫描精度的研究主要集中在旋转双棱镜方面,而有关偏摆双棱镜扫描系统的理论研究相对较少。2006 年,作者团队[49] 首次用几何方法建立了偏摆双棱镜偏摆角与光束偏转角之间百倍量级的减速比关系,并指出偏摆双棱镜的理论扫描精度可达亚微弧度级。该方法可以用一般的机械结构实现高精度的光束偏转,极大地降低对机械装置的精度要求。

2006 年,作者团队[50] 研究了偏摆双棱镜的出射光垂直张角和水平张角的变化范围,比较了不同楔角参数对出射光指向的影响。结果表明:在相同的入射角范围内,随着棱镜楔角的增大,光束偏转角范围越来越大,光束偏转角的变化率也越来越大,即实现的光束偏离精度就越来越低,所以楔角大小必须综合视场和精度要求合理选取。

同年,作者团队[51]在前述研究的基础上进一步分析了影响光束偏转准确度的主要因素,并进行了误差分析。结果表明:①光束偏转准确度主要和棱镜偏转角度、棱镜楔角误差、折射率均匀性、入射光束与 X 轴的夹角误差及 2 个棱镜主截面间的垂直度误差等因素有关;②棱镜转角综合误差为 12.72″时,引起光束平均偏转角度误差为 0.365μrad,而系统的设计技术指标是光束偏转准确度优于 0.8μrad(1σ),故该系统满足准确度设计要求。

2014 年,作者团队[52]使用变量分离的方法,首次给出了偏摆双棱镜的逆向解,根据出射光的水平张角和垂直张角解出了双棱镜的摆角,并在 Matlab 软件中仿真了几种常见目标轨迹(水平线、竖直线、斜直线、抛物线、圆)对应的偏摆双棱镜摆角。作者对比分析了远距离和有限距离情况下双棱镜结构参数对出射点位置的影响,并提出了一种用于有限距离跟踪的逆向问题数值解法,即查表法。

1.3.2 双棱镜多模式扫描系统实现技术

由于双棱镜扫描系统在扫描、跟踪与定位等领域具有良好的应用价值,近年来双棱镜扫描装置设计技术、大口径旋转棱镜支撑技术及双棱镜回转控制算法等逐渐引起了研究人员的关注。

1. 双棱镜光机系统设计

在旋转双棱镜方面,刘立人等[53]提出了一种卫星轨迹光学模拟装置,此装置采用伺服电动机驱动齿轮组实现棱镜的旋转。沈潜德等[16]设计了一套基于蜗轮蜗杆传动的旋转双棱镜装置,此装置采用混合式步进电动机,带动蜗杆驱动安装在镜筒外部的蜗轮旋转,角度编码器进行位置反馈,实时补偿切向综合误差。由于蜗轮蜗杆的大传动比,保证了旋转棱镜微角位移的高精度旋转。同时,蜗轮蜗杆的自锁性提高了该装置的稳定性。2013 年作者团队[54]设计了一种基于同步带传动的旋转棱镜装置,利用同步带传动平稳、噪声小、无滑差的特点完成对棱镜旋转运动的精密控制。Ostaszewski 等[22]采用力矩电动机直接驱动棱镜旋转(图 1.9),此方案结构简单,易于控制,但力矩电动机存在力矩波动及齿槽效应,会直接影响棱镜旋转的角度精度。同时,对于通光孔径较大的棱镜,电动机需要特殊定制,增加了装置的成本。

在偏摆双棱镜扫描装置的设计方面,作者团队提出了一种精密双光楔光束偏转机械装置[55,56],发明了一套偏摆光楔扫描装置[57],通过关节轴承将直线电动机的水平运动转化为镜框的小角度偏摆运动,配合位移传感器或角度传感器进行闭环控制,实现高精度偏摆。但关节轴承使用中存在运动间隙,影响系统精度。2012 年作者团队[58]设计了基于凸轮传动的摆镜机构,通过凸轮转动实现镜框的小幅摆动,电动机与凸轮间采用同步带传动,具有平稳低噪等优点。

对于大口径旋转双棱镜扫描装置,必须考虑到大口径镜子的自重以及周围

(a)   (b)

图 1.9   力矩电动机驱动的棱镜装置

(a)单棱镜系统;(b)三棱镜系统侧视图。

各种环境对镜面变形的影响,因此对支撑系统进行分析、仿真和测试是一项非常重要的工作。国内外很多学者就大口径镜子的支撑结构对镜子的静态刚度、动态刚度以及温度敏感度等的影响进行了大量研究,并对整个光机系统进行光机热集成化仿真分析,为支撑系统的改进提供了必要的依据。

光机系统的动态性能分析是光机性能研究的重要内容之一。目前的研究多数集中在光机系统自身的动力特性和静态结构对外载的响应分析,对于系统自身运动产生的作用力对光学元件影响的研究较少。为了精确预测系统的动态特性,必须充分考虑动态外载和自身运动载荷的影响,第 7 章将详细讨论大口径旋转镜支撑设计及光机系统动态性能分析问题。

2. 双棱镜回转控制算法

双棱镜的扫描运动应具有精度高、响应速度快、实时性好、可靠性高及可控性好等特点,但是由于双棱镜转角(摆角)与光束偏转角之间存在非线性关系,双棱镜的运动控制存在难度,必须建立高效而可靠的双棱镜控制算法[35]。

1995 年,Boisset 等[28]设计了闭环反馈系统控制双棱镜旋转,实现光斑与四象限探测器的自动对准。该系统利用四象限探测器测量光束偏差,基于该偏差信号,通过对中算法计算棱镜转角补偿量,控制步进电动机带动棱镜转动。该算法的假设前提是棱镜的初始转角已知。通常情况下,四象限探测器的有效尺寸较小,可探测范围有限,可能无法捕捉到初始光斑,从而导致算法失效。另外,该算法解算棱镜转角时用的是近似算法,对准精度受到限制。

2004 年,中国科学院上海光学精密机械研究所的孙建锋等[59]利用查表法获取棱镜的目标旋转角,并与编码器测出的旋转角比较,将误差信号输入比例—积分—微分(Proportion-Integral-Derivative,PID)控制器,控制电动机转向目标转角。采用遗传算法优化控制参数,仿真结果表明该控制系统具有良好的控制性能。

2006 年,Sanchez 等[60]为适应更广泛的应用需求,提出了三自由度系统,即旋转三棱镜扫描系统。该系统能消除扫描盲区,但是系统自由度的增加也会使解的组数增加,必须对目标轨迹和棱镜运动特性进行综合处理,增加了计算复杂度。对此采取的控制策略是,将三棱镜分为单棱镜和双棱镜 2 组,先根据出射光俯仰角和方位角确定单棱镜的位置,然后根据目标指向和单棱镜带来的光束偏离量之差确定双棱镜的转角。该系统中,对任意目标轨迹,3 个棱镜均具有更平稳、连续的运动特性,并且可以降低棱镜转速、减小棱镜楔角,但该系统将不可避免地带来更高的硬件成本和更复杂的软件设计。

2007 年,García – Torales 等[61]提出一种基于自适应线性神经网络算法 PID控制的旋转双棱镜扫描系统。与传统的 PID 控制相比,该算法加入了神经网络学习,使自动 PID 参数整定更简单。该控制算法用来解决两方面的问题:一是提高棱镜运动参数(角位移、角速度和角加速度等)的实际值与设定值的符合程度;二是提高系统的抗干扰特性。

2010 年,中国科学院上海光学精密机械研究所的刘立人等[62]针对由旋转双棱镜等构成的粗精复合轴光束指向机构,建立了控制环传递函数的数学模型。仿真结果表明,复合轴系统的带宽比越高,抵抗卫星振动和固有扭矩扰动的能力越强。

2014 年至今,作者团队提出了一种新的控制策略。针对特定的扫描轨迹,巧妙地将复杂的非线性扫描关系转化到驱动凸轮机构的外形设计上[63]。该装置的核心元件是一对驱动棱镜偏摆的盘形摆杆凸轮。如果偏摆双棱镜扫描系统用于某种定常轨迹的扫描,那么可以通过合理设计凸轮的轮廓曲线,使凸轮转角的控制线性化,即利用电动机匀速转动就可以实现棱镜的高精度偏摆,大大降低了控制系统的复杂性。该方法为双棱镜的控制算法优化开辟了新的途径,对双棱镜的应用开发具有借鉴意义。

1.3.3 双棱镜多模式扫描系统的应用

双棱镜多模式扫描系统以其结构紧凑、准确性高、速度快、偏转范围大、动态性能好、环境适应性好等优点,为大角度光束指向或成像视轴调整提供了一种颇具潜力的新技术,在激光通信、空间观测、红外对抗、搜索营救、机械加工、生物医学、军事武器等领域具有广泛的应用前景[8,26,64-67]。

双棱镜多模式扫描系统的应用可以归纳为 3 个方面:①高精度光束指向及对准;②成像视轴调整,改变成像视场;③多模式目标搜索、识别和跟踪等。

1. 高精度光束指向及对准

1）激光通信和雷达领域

自由空间光互连是有望突破由于高密度电子设备系统连接产生的光通信瓶颈的可能途径之一。在实际应用中,光互连设备经常要工作在条件极为恶劣的工业环境中,并且必须要保持光发射和接收设备之间长时间的相互对准。实现视轴对准的方法有 2 种:第 1 种是被动对准,这种方法需要设计一套要求极为严格的设备,为了实现长时间稳定的对准,一般都采用尽量减少系统自由度的办法,而且还需要配备预对准元件;第 2 种是主动对准[29,68,69],这种方法通常由探测器实时测量光轴的偏离,然后根据偏离量调整对准设备,实现实时对准。文献[16,29]报道了利用旋转双棱镜实现自由空间光通信互连的主动对准方法,如图 1.10 所示。整个系统属于闭环控制系统,主要包括四象限探测器、光学元件、2 个步进电动机和计算机。四象限探测器测量出光轴的偏离量,计算机根据偏差信号控制步进电动机带动 2 个棱镜旋转,实现光轴的对准。

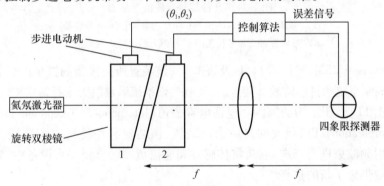

图 1.10　主动对准示意图

在自由空间激光通信中,活动平台需要通过光束指向装置闭环跟踪目标,目前开发了多种旋转双棱镜产品用于此类应用,如图 1.11 所示。其中图 1.11(a)和图 1.11(b)所示为 Optra 公司开发的 RP - 25F、RP - 25S、RP - 50F 和 RP - 50S 四种具有大扭矩或者高扫描速度的 Risley 棱镜装置(Risley Prism Assembly,RPA)[70];图 1.11(d)所示为该公司开发的用于机载激光通信的旋转双棱镜光束指向装置[71,72];图 1.11(e)所示为该公司开发的用于光束指向调整的旋转双棱镜装置[72]。上述旋转双棱镜装置的性能参数如表 1.1 所列,这些装置不仅尺寸小、结构紧凑、功耗较小,而且在指向精度、扫描范围、实时性等方面均性能优异[24]。

在航天飞行中,光束指向装置的外形尺寸被严格限制,且要求功耗低,具有失电保持功能。为此,美国洛克希德·马丁先进技术中心(Lockheed Martin Advanced Technology Center)开发了一套基于旋转双棱镜的微型 Risley 装置(Miniature Ris-

(a)   (b)   (c)   (d)

(e)   (f)   (g)   (h)

图 1.11　几种旋转双棱镜产品

(a)1、2 号装置；(b)3、4 号装置；(c)5 号装置；(d)6 号装置；

(e)7 号装置；(f)8 号装置；(g)9 号装置；(h)10 号装置。

ley Mechanism, MRM, 见图 1.11(f)及表 1.1)，该装置所用棱镜的楔角为 0.75°，带有闭环控制系统和自动防故障装置。经测试，该系统满足航天飞行需求[73]。

图 1.11(g)所示为美国国际电话电报公司(International Telephone and Telegraph Corporation, ITT)研发的光束指向装置,该装置利用旋转双棱镜同时对红外光和射频波束进行指向调整,将传感器和通信负载融合到一台设备中,为仪器仪表行业带来了新的选择[74]。

美国 Sigma 空间公司的 Degnan 等[75]已成功地将双棱镜光束转向装置运用于 NASA 下一代卫星激光测距系统(Next Generation Satellite Laser Ranging System, NGSLR)中,作为发射器光束指向机构,实现对卫星的精密指向。研究表明,该发射器光束指向误差可达亚角秒级,在系统可接受范围内。另有报道称,2003 年发射的地球科学激光测高系统(Geoscience Laser Altimeter System, GLAS)中的视轴调整机构也采用了旋转双棱镜,得到了 ±300″ 范围内的精确指向[76]。

美国 Ball Aerospace 公司的 Tame 等[77]将旋转双棱镜系统应用于移动平台的信号发射中,此系统占用体积小、价格低、可靠性高,有望代替传统的蝶形天线。中国科学院上海光学精密机械研究所刘立人等[49,78]建立了用于卫星激光通信终端的光跟瞄检验平台。该平台采用旋转双棱镜系统实现卫星轨道模拟,可实现 360° 方位角和 ±15° 俯仰角扫描,随机精度可达到 50 ~ 200μrad;采用偏摆双棱镜系统实现光束精扫描,在超过 500μrad 扫描范围内可实现 0.5μrad 精度的光束精调。

表 1.1 部分旋转双棱镜产品参数比较

序号	1	2	3	4	5	6	7	8	9	10
型号/名称	RP-25F	RP-25S	RP-50S	RP-50F	红外对抗系统	机载激光通信终端	紧凑型光束指向系统	微型Risley装置	适形光束指向装置	三棱镜光束指向装置
生产商	Optra公司	Optra公司	Optra公司	Optra公司	Optra公司	Optra公司	Optra公司	洛克希德·马丁先进技术中心	ITT公司	Ball Aerospace公司
用途	光学避障	光束扫描	光束指向调整	光束扫描	红外对抗	机载激光通信	指向调整	大空飞行光束对准、指向调整	红外、射频波束指向调整	目标跟踪
口径/mm	25	25	50	50	10	101.6(4")	25.4(1")	19	115	101.6(4")
扫描范围/(°)	120	120	120	120	110	120	120	—	120	144
指向精度/mrad	不大于1	不大于1	不大于1	不大于1	1	0.7	1	0.025	—	0.1
波长范围/μm	UV~LWIR	UV~LWIR	UV~LWIR	UV~LWIR	2~5	1.54~1.57	2.0~4.7	—	1.55	1.55
响应时间/ms	不大于175	不大于275	不大于250	不大于350	110	500	100	—	400	—
最大转速/(r/min)	3000	6000	500	4000	—	—	—	—	—	—
带宽/Hz	不小于75	不小于40	不小于75	不小于40	50	50	50	37	—	23
外形尺寸/mm	直径86 长50	直径86 长76	直径130 长116	直径130 长116	直径81.28(3.2") 长88.9(3.5")	直径273.05(10.75") 长220.98(8.7")	直径58.42(2.3") 长88.9(3.5")	长64 宽58 高58	直径175 长100	—
质量/kg	1.0	1.3	2.8	2.8	1.59(3.5lb)	23.77(52.4lb)	1.04(2.3lb)	—	5.5~6.5	—

利用旋转双棱镜偏转激光光束,还可在激光雷达、激光制导、激光武器、激光指示器等领域实现光束扫描、目标瞄准与跟踪[6]。在激光雷达系统中,为了综合考虑扫描精度、装置体积等因素,常用旋转双棱镜进行激光光束扫描,如图 1.12 所示[27]。1981 年,NASA 将一对直径为 30.5cm 的锗棱镜安装在 CV - 990 航天器的 CO_2 多普勒激光雷达上,用作气象学研究。当年 6 月和 7 月,NASA 用该装置成功进行了飞行实验,结果表明该激光雷达可以有效进行矢量风速测量。2007 年文献[79]报道,美国 Harris 公司与林肯实验室合作,在拼图三维成像激光雷达(Jigsaw Three-Dimensional Imaging Laser Radar)中使用旋转双棱镜进行激光束的实时扫描并扩大成像视场。在动态地面平台进行的测试表明,该系统能在 ±20° 范围内执行高精度扫描;将该雷达搭载在 UH - 1 直升机上进行飞行成像测试,从所成图像中可以轻易识别出伪装的军事目标。2007 年 6 月和 8 月,美国 Sigma 空间公司成功地对其开发的第二代机载三维成像激光雷达系统进行了屋顶测试和飞行测试,该雷达系统也以旋转双棱镜作为光束扫描器(图 1.13),其扫描范围为顶角 28° 的圆锥区域。

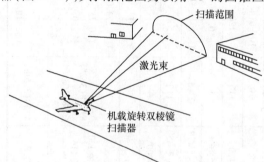 

图 1.12 激光雷达中的旋转双棱镜扫描器　　图 1.13　第二代机载三维成像激光雷达系统

2)光开关和波前控制

利用旋转双棱镜偏转光束,可在光纤激光通信中用于光开关设计,其原理如图 1.14 所示[68,80]。从单模光纤发射出来的光束依次经过聚焦透镜、旋转双棱

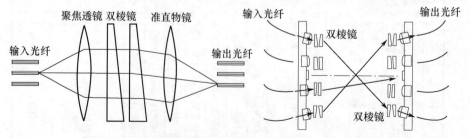

图 1.14　光纤光开关中的旋转双棱镜机构

镜系统和准直物镜后,耦合到所选择的通信信道。通过独立旋转 2 个棱镜,可以实现任意信道的切换。这种光开关可以操作宽波段激光,具有适当的切换速度,插入损耗小,工作稳定性好,重复精度可以达到 ±0.012dB 或更好。由于光束的偏转角度对棱镜的旋转角度不敏感,采用普通的步进电动机就可以满足偏转精度要求。另一个优点是这种光开关有很大的灵活性,它可以定制成许多 $M \times N$ 型光开关,并且允许 M 和 N 的值相差很大[16]。

利用旋转双棱镜偏转激光光束,也可在干涉系统中用作波前指向器。垂直剪切干涉仪通常用来测量波前像差,这种干涉系统可以结合高精度旋转装置与马赫 - 泽德干涉仪,产生大的差分波前位移。Paez 和 Garcia - Torales 等[23,81,82]将旋转双棱镜引入到垂直剪切干涉仪中,在不改变成像方向的前提下偏转光束,控制波前偏移,实现对波前在任意方向的剪切。在该旋转双棱镜扫描系统中,通过控制两棱镜的转角差可决定光束的波前位移及其倾斜角度。它具有剪切量和剪切方向连续可调的优点,可以实现对对称性和非对称性光学元件的检测[16]。

3)激光多普勒测振

图 1.15 所示为文献[31,83]提出的基于旋转双棱镜的激光多普勒测振仪(Laser Doppler Vibrometry,LDV)。一般的商用扫描式激光测振仪用 2 个正交布置的镜子偏转光束,可以实现逐点扫描和连续扫描模式。但在扫描圆形图案时,扫描镜较大的惯性为其高速连续振荡带来了困难。基于旋转双棱镜的激光多普勒测振仪在扫描过程中只需棱镜的整体旋转,而非连续振荡,就可以实现光束指向调整。根据系统出射光方向和已知点,可以预测待测速度。该装置相较于两扫描镜式机构具有转动惯量小、动态特性良好等优点。

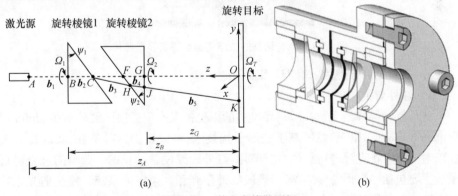

图 1.15　激光多普勒测振

(a)跟踪系统原理示意图;(b)扫描器模型。

4)微结构加工

Pan 等[84]将双棱镜装置应用于微结构的切割,如图 1.16 所示。由于用作微机电系统谐振器的微结构螺旋弹簧(图 1.17)的尺寸小于 0.25mm,采用传统切割方式较难达到高精度要求。此系统利用旋转双棱镜方位角与俯仰角间的关系,调节切割宽度,同步旋转两棱镜实现一定宽度微结构螺旋弹簧缝隙的切割。该方法进行硅片微结构加工的优点是不需考虑结晶取向的影响,成型速度快。对所加工的螺旋结构进行振动测试,实验结果与 ANSYS 软件动态特性仿真结果一致。

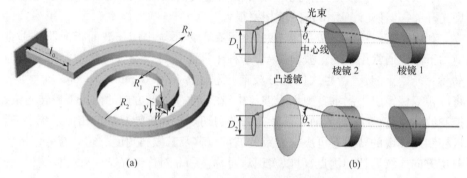

图 1.16　微结构螺旋弹簧切割原理图

(a)微结构螺旋弹簧示意图;(b)切割原理图。

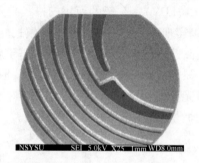

图 1.17　激光切割的微结构螺旋弹簧显微照片

2. 多模式目标搜索、识别和跟踪领域

1) 红外对抗

红外制导导弹给飞行在敌对环境中的军机带来严重威胁。红外对抗(Infrared Countermeasures,IRCM)系统基于波形干扰技术,可以抵御这种威胁,其原理是按要求对机载干扰光源进行扫描,达到对抗红外跟踪设备的目的。典型的红外对抗系统主要包括导弹预警传感器、多频段红外激光和光束指向系统。传统的光束指向系统一般使用两轴平台,但是装置尺寸较大,并且需要伸出机体,导致飞行阻力增大,功耗上升,响应变慢。同时,装置对振动较为敏感,易造成指向误差,损耗干扰功率。新一代红外对抗装置中,双棱镜扫描系统可取代传统的两轴平台,用于调整成像视轴的指向,以实现目标搜索、瞄准与跟踪,相比于传统红外对抗系统,具有小型、灵活、低耗、抗振等优点。基于旋转双棱镜的红外对抗系统适用于星载、机

载、舰载等安装空间受限的载体平台,目前,已有相关专利提出了旋转双棱镜在光电对抗、导弹导引头、安防相机等机构中的应用[24]。

Schwarz 等[24] 提出了一种基于旋转双棱镜的红外对抗装置(图 1.11(c)及表1.1),可实现优于毫弧度级的光束偏转精度和超过 110°的扫描范围。负平平等[85]发明了一种应用于光电侦察技术领域的机载红外扫描观察装置,采用 10.3°及3.5°楔角的 2 个棱镜实现最大为 31°的瞄准轴角度偏转,具有重量轻、结构紧凑、对振动不敏感等特点。

2) 图像采集

在目标搜索、识别、营救、监测等应用中,一方面目标搜索需要成像范围足够大,另一方面目标识别又需要成像分辨率足够高。如何兼顾这两种相互对立的要求,利用有限尺寸的光机设备采集宽幅面、高分辨率的图像,是必须解决的问题。常用的办法是在大视场、低分辨率和窄视场、高分辨率 2 种成像系统间相互切换。这种方法的缺点显而易见,在窄视场成像时会失去态势感知,在大视场成像时又降低了辨识能力。

加拿大的 Lavigne 等[86] 利用旋转双棱镜构建了步进 – 凝视成像系统(图1.18),形成了一种新型图像采集方法。该系统通过计算获得一系列视轴角度,使用旋转双棱镜在较大范围内偏转成像视轴,在特定的视轴下进行高分辨率成像。通过一系列高分辨率图像块的拼接,最终获得宽幅面、高分辨率的图像。这种步进 – 凝视成像系统不仅兼顾了大视场和高分辨率成像的要求,而且体积小、重量轻、成本低,有望在无人机大范围目标搜索营救和地面监测等领域得到广泛应用。

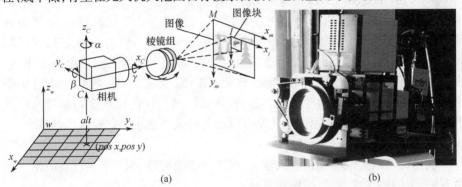

图 1.18　步进 – 凝视成像系统
(a)步进 – 凝视图像采集方法;(b)系统实物图。

3) 目标跟踪

为了将旋转双棱镜扫描系统用于目标跟踪,美国 Ball Aerospace 公司研发了由 3 个棱镜组成的旋转棱镜系统,该装置可以消除传统双棱镜系统的奇异性,平滑地跟踪任意目标轨迹。相关产品的实物及性能参数见图 1.11(h)及

23

表 1.1[22,60]。

旋转双棱镜还可以用于多目标跟踪的运动捕获。文献[87,88]提出了一种基于数字微镜器件(Digital Micro-mirror Device,DMD)和旋转双棱镜的激光跟踪系统(图 1.19)。该系统包括 2 个子扫描器:一是 DMD 本地扫描器,用来生成完全可重构的激光图形;二是旋转双棱镜全局扫描器,用来扩大扫描视场。首先,光电探测器探测目标上的可重构激光图形的数量、位置和形状,然后计算得出图形与目标中心的相对位置,最后根据该相对位置控制扫描器调整光束指向,达到目标跟踪的目的。

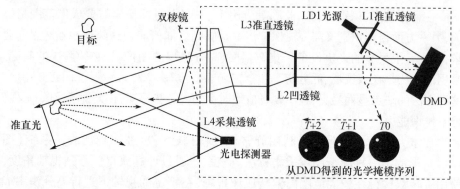

图 1.19　多目标跟踪运动捕获系统原理

系统使用的双棱镜口径为 50.8mm(2 英寸),楔角为 10°,可在主截面顶角为 20.4°的圆锥范围内扫描。双棱镜由 2 台直流电动机驱动,并由 2000 线的磁编码器测量反馈,电动机采用 PID 控制器闭环控制,整个系统减速比为 3,角分辨力可达 0.03°,棱镜理论最大转速为 3000r/min。该系统的优点是扫描视场宽,刷新速度快,扫描图形完全可重构且分辨率高。与传统的扫描振镜相比,它在控制设备整体造价的同时很容易实现亚厘米级的跟踪精度,同时,也存在由于衍射造成的功率损失较大等缺点。目前,该系统的目标应用场合是多目标跟踪和坦克侦察,同时也有望用于一些没有照明条件或者要求半球形视场的场合。

3. 成像视轴调整和观测

利用旋转双棱镜实现视轴调整,可以扩大成像视场,相关装置已被应用于显微观测、生物医学成像、微操作等领域。

1)生物医学成像观测

Fountain[89]研制了用于外科手术的成像扫描系统,将两棱镜同轴安装在旋转装置上,通过调节两棱镜的旋转角度获得不同的扫描轨迹。其中:当两棱镜同步旋转时,扫描半径由双棱镜间夹角决定;当两棱镜等速反向旋转时,可获得沿直径方向的扫描轨迹。Kim 等[90]开发了一种新型的自动内诊镜,如图 1.20 所示,它主要包括 2 个棱镜、套筒、自动变焦系统、短腹腔镜、电荷耦合器件(Charge

Conpled Derice,CCD)相机、驱动电动机和编码器。两个棱镜分别镶嵌在各自的套筒内,由驱动电动机带动套筒和棱镜实现独立旋转,并且通过编码器读出两个棱镜的实际位置。被照物体的像依次通过旋转双棱镜和腹腔镜,再经过变焦组件自动调焦,清晰地成像在 CCD 相机上。在传统内窥镜的物镜前面安装一对旋转棱镜,通过控制两个棱镜的旋转,可以在内窥镜不动的情况下,实现大视场(视场可达 40°)高质量的成像,避免了大视场内窥镜装置的整体移动。

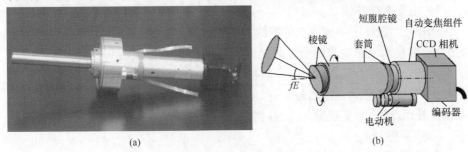

图 1.20　大视场内窥镜

(a)实验样机；(b)系统原理。

　　Warger II 等[91]设计了用于皮肤损伤检测的共焦显微镜装置,由旋转双棱镜扫描系统、雪崩光电二极管、望远镜、分光镜、1/4 波片、物镜等组成,合理选择扫描频率可以得到不失真、高分辨率的图像。

　　2) 显微装配和显微操纵

　　在显微装配和显微操纵中,经常遇到视场信息不足的问题,例如观察目标被遮挡、分辨率低和视场太小等。文献[30,92]提出了一套结合光学技术与机器人技术的变视场成像系统(Variable View Imaging System,VVIS)。光学部分主要由扫描镜、旋转双棱镜、可变形反射镜和成像透镜等组成。其中,核心元件旋转双棱镜如图 1.21 所示,通过合理地控制旋转双棱镜和扫描镜的运动,可以实现变视场目标观察,获得充分的视场信息。

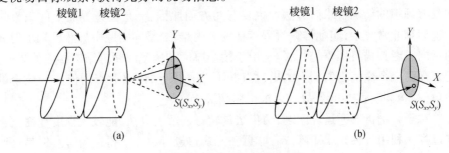

图 1.21　变视场成像系统

(a)第一步操作；(b)第二步操作。

文献[30,92]描述了利用该系统进行显微装配实验的过程。实验内容是微型轴孔装配,待装配轴尺寸仅为$450\mu m \times 400\mu m \times 300\mu m$,由一微型夹钳夹持。第一步将视角调整为垂直视角,根据获得的视场信息将微型轴移动至轴孔上方;第二步通过调整双棱镜和扫描镜的转角使视角倾斜,获得微型轴底部的图像。根据该图像将微型轴插入轴孔,完成装配。该实验很好地证明了旋转双棱镜扫描系统在基于视觉的显微装配方面的应用前景。

3)枪支视线补偿

Strong[93]设计了一种枪支的视线补偿器。子弹射出后受重力及侧风等因素的影响,将在水平和垂直两个方向偏离预定的理想飞行轨迹。经验丰富的弹道学专家结合目标距离以及射击环境,能够提供可靠的垂直和侧向补偿经验表,射击者按照补偿量重新瞄准目标以保证射击的准确性。将旋转双棱镜扫描系统引入视线补偿器中,改变视轴方向,补偿由环境引起的偏移量,使射击者瞄准时只需"正对"目标。

4)其他成像观测领域的应用

在隐蔽光学监视的针孔成像系统中,旋转双棱镜可以作为双向倾斜机构扩大观测视场。利用旋转双棱镜调整视轴可实现稳定成像。在大型天文望远镜系统中旋转双棱镜常被用来实现大气散射补偿。结合透镜和旋转双棱镜构建消像差系统,可以有效校正共形整流罩引起的动态像差[94]。利用其光束偏转角对棱镜旋转角不敏感的特点,旋转双棱镜经常被用在扫描精度要求高的场合,如"火星观察者"号激光高度计中的视轴对准装置等[95]。

1.4　双棱镜多模式扫描系统研究中存在的问题

1. 逆向精确解问题

对旋转双棱镜扫描系统的理论建模,一般采用一阶近轴近似法或非近轴光线追迹法,其中非近轴光线追迹法可以得出准确的正向解。对于其逆问题,目前并没有理想的精确解求解方法。主要有两方面原因:一是棱镜界面上的矢量折射逆运算非常复杂,实际推算过程存在较大困难;二是逆问题中虽然已知出射光的指向或者扫描目标点坐标,但是由于棱镜厚度和棱镜间距等结构参数的影响,光束在第二个棱镜出射面上的出射点并不在光轴上,该出射点的位置和棱镜的转角(摆角)均为未知量,故难以求得精确解。

对于矢量折射逆运算问题,两步法是较好的解决办法,能较大程度地简化求解过程。利用近轴光线矩阵或者非近轴光线追迹等也能求得逆向解。但是这些都是近似方法,无法求得精确解,一般只适用于远距离扫描。

为了提高求解精度,可以采用查表法或数值迭代算法。查表法数据计算量巨大,且建立的数据表精度有限,计算时间长;数值迭代算法运算过程复杂,为了提高求解精度,必须增加迭代次数,计算时间增长。这两种方法在实时高精度扫描应用方面都存在缺陷。

本书针对旋转双棱镜扫描系统,提出将两步法与正向光线追迹方法相结合的迭代算法,不仅求解精度高,而且计算量小、效率高,较好地满足了实时动态目标高精度扫描要求。

2. 扫描误差问题

在双棱镜多模式扫描系统的具体使用中,光束扫描误差会引起跟踪目标丢失、通信稳定性下降等问题,影响双棱镜扫描系统在各个领域的应用。分析光束扫描误差来源及对系统性能的影响,研究消除或降低扫描误差的方法,是提高双棱镜扫描精度的重要途径。在实际应用中,光束扫描误差是由系统的综合精度决定的。扫描误差源可以分为 3 类,即求解误差、元件误差和装配误差等。

求解误差是由正、逆向问题的近似或数值迭代求解过程带来的。针对这类扫描误差已有较多研究:一方面是探索有效的正逆向问题的精确解求解方法;另一方面是优化这些求解算法,综合考量求解精度和速度,力求既能满足动态扫描的实时性要求,又能降低扫描误差,保证扫描精度。

在棱镜的加工制造中,一般都存在折射率误差和楔角、厚度等结构参数误差,通常采用理论分析和仿真模拟的方法进行分析,例如光线矢量追迹、Zemax软件建模分析等方法。为了减小元件误差,要探讨棱镜加工新工艺及其检测方法,提高棱镜加工精度,改善面形质量。另外,在系统设计时考虑环境因素的影响,寻找补偿环境影响的有效措施,也是减小使用误差的有效途径。

装配误差主要指棱镜安装误差、轴承安装误差、机械传动误差等,其中机械传动误差可以等效为棱镜的旋转(偏摆)误差。本书将构建双棱镜多模式扫描系统三维空间位置误差模型,定量研究棱镜安装误差、机械传动误差以及轴承安装误差等对光束指向精度的影响。根据给定的指向精度要求,计算装配误差的容许极限值,这对于双棱镜多模式扫描系统的设计具有重要的指导意义。

3. 盲区问题

受系统结构参数的影响,实际的旋转双棱镜扫描装置不可避免地存在盲区。中心轴附近的指向盲区范围甚至可达几百微弧度,这将限制其在某些领域的应用(尤其是在近距离光束扫描时)。例如,在跟踪搜索应用中,盲区易导致跟踪目标丢失。明确盲区存在的原因,分析影响盲区形状、位置和大小的因素,采取适当的措施以削弱或消除盲区的影响,对双棱镜多模式扫描系统的应用具有重要意义。

在双棱镜多模式扫描系统中加入第三个棱镜是消除盲区的一种方法[22]。该方法增加了一个额外的自由度,使系统的复杂程度大大增加,不仅求解过程变得复杂,而且正逆向解都将出现无限解的情况,为扫描装置设计和控制算法编制带来难度。

本书研究了旋转双棱镜扫描系统盲区产生的原因,给出了不同系统参数对扫描盲区的影响规律,指出了减小扫描盲区的设计途径。

4. 奇点问题

奇点是旋转双棱镜扫描系统控制中必须解决的问题,即当光束指向沿一定方向趋近于与光轴平行的方向或者最大偏转角方向时(或者扫描目标点沿一定路径趋近扫描域中心点或者扫描域边缘时),棱镜的旋转角将发生突变,理论上要求棱镜的转速达到无穷大,这对伺服驱动及控制提出了挑战。这一奇异性现象已在少数文献中做了报道[46,60],但并未对奇点产生的内在原因进行深入剖析。本书分析了奇点产生的原因,指出了奇点存在的内在规律。文献[46,60]提出增加一个棱镜以获得平滑而连续的扫描,但该方法存在系统复杂及多组解等缺点。

5. 非线性控制问题

无论是旋转双棱镜还是偏摆双棱镜,棱镜转角控制方程通常是非线性的。目前,双棱镜逆向解主要采用两步法和查表法求取,但在求解的精确性和时间复杂度上存在不足,用于实时跟踪不够理想。本书建立了迭代法求解逆向解的新方法,避免了复杂的非线性求解,同时还从机构设计的角度将非线性扫描控制转换到运动机构的外形设计上,简化了实时控制的难度,为双棱镜扫描系统在逆向跟踪场合的应用探索了新的途径。

6. 光束变形问题

如果双棱镜的楔角较小,那么光束偏转角也相对较小,光束经过双棱镜后的横截面变形也很小。当双棱镜用于大范围扫描时,光束变形较大,将使远场能量分布区域发生改变,强度分布不均,对双棱镜的实际应用产生较大的负面影响,如降低红外对抗系统的能量密度,造成激光通信系统的信噪比下降等。分析影响光束变形的因素,研究光束变形程度与系统各参数之间的定量关系,设法补偿或抵消光束变形是双棱镜扫描系统应用研究的重要问题。本书从双棱镜设计参数出发,研究光束变形性质,并推广到任意入射角度下扫描激光束的变形问题,研究结论可以为双棱镜多模式扫描系统的设计提供参考。

7. 色差问题

色差是棱镜成像的一个重要缺陷。在操作对象为单色光束的应用场合,例如卫星激光通信等,色差的影响通常可以忽略。在成像应用中,光学系统一般对白色光或复色光成像,因此,双棱镜用来大角度改变成像视轴指向时,色差不可忽视。目前,棱镜的消色差方法主要有两种:组合棱镜法和光栅元件法。组合棱镜法将几种不同色散性质的棱镜胶合在一起,组成正负胶合棱镜,实现色差校正,例如硅－锗双胶合棱镜和氟化钙－硒化锌－锗三胶合棱镜等。光栅元件法通过在棱镜上刻蚀衍射光栅或者使用棱栅[47]进行色差校正。棱栅是将直视透射光栅复制在直角棱镜斜边上的棱镜－光栅组合元件,结合了棱镜和光栅的光学性能。入射角、光栅常数、棱镜楔角等棱栅的结构参数对其色散量影响很大。在工程中,可以利用解析公式,调节这些参数而改变棱栅的色散量,达到色差校正的目的。

本书讨论的操作对象主要为单色光束,色差校正问题未予论述。

1.5　本书主要工作

本书首先介绍了常见的光束扫描方法,综述了双棱镜多模式扫描系统的国内外研究现状。然后从"理论研究—性能测试—技术实现"3 个层次展开论述,系统性介绍双棱镜多模式扫描理论与技术,主要包括双棱镜多模式扫描的理论基础、双棱镜多模式扫描光束性质、双棱镜多模式扫描系统设计、双棱镜多模式扫描性能测试以及大口径旋转棱镜的支撑设计等。

本书的创新工作包括:建立了双棱镜多模式扫描理论和技术,阐述了双棱镜旋转扫描模型扫描域和高精度径向扫描问题,论证了双棱镜偏摆扫描模型可以从原理上克服光束偏转对机械误差的敏感性问题,用一般的机械结构实现了亚微弧度量级高精度跟瞄;建立了双棱镜旋转扫描模型逆向解查表法和迭代法,根据已知目标轨迹,设定任意跟瞄精度,迭代法可以快速精确求解双棱镜的旋转角,解决了旋转扫描模型被动跟踪的关键问题,拓展了旋转双棱镜的应用领域;建立了双棱镜偏摆扫描模型逆向解理论模型,丰富了用于特定目标轨迹扫描的精跟瞄理论;提出多种双棱镜扫描运动实现方法,包括牵连式偏摆、凸轮式驱动等方式,通过特定的运动机构设计,解决了棱镜偏摆角和光束偏转角之间的非线性问题;提出了双棱镜扫描系统的性能验证和误差测试方法,发展了双棱镜扫描轨迹验证平台和分段干涉测试精跟瞄误差的方法;提出了大口径棱镜系统支撑设计技术,并发展了动态运动仿真和镜面动载变形分析方法等。

本书提出了双棱镜多模式扫描问题,主要包含两层含义:

(1)棱镜的多模式扫描运动。指双棱镜扫描系统可以采用旋转运动、偏摆运动和复合运动等多种扫描模式。旋转扫描模式可以满足大范围扫描要求;偏摆扫描模式利用棱镜摆角和光束偏离角之间的减速比关系,可以实现高精度扫描要求;而复合运动扫描模式通过多自由度运动组合,可以实现更加丰富的扫描尺度和扫描样式。

(2)光束的多模式扫描轨迹。指不同的棱镜运动模式下扫描光束轨迹形状和尺寸的多样性。通过调节双棱镜运动参数、双棱镜间距、扫描器到接收屏的距离等参数,可以在扫描域内获得任意形状、任意大小的扫描图案,如直线、圆、椭圆、双曲线、星形线、玫瑰线等多模式扫描轨迹,满足定常扫描和时变扫描要求,适用于复杂目标轨迹的扫描场合。

实际上,上述两层含义是相辅相成的。采用不同的棱镜扫描运动方式可以实现不同的光束扫描模式,而在同一种棱镜扫描运动模式下通过不同的棱镜速比匹配,可实现不同的光束扫描样式。此外,本书在具体的案例介绍中,针对棱镜扫描运动模式的具体设计,还给出了不同的系统参数组合或不同的棱镜副组合,更加丰富了光束的多模式扫描尺度和扫描轨迹。

本书是国内外首部系统性介绍双棱镜多模式扫描理论与技术的专著,全面阐述了双棱镜多模式扫描的基础理论、实现方法和关键技术。本书可以为光电扫描的应用开发提供基础性支撑,也可以为光电爱好者提供参考。

参 考 文 献

[1] Liu L R, Wang L J, Luan Z, et al. Physical basis and corresponding instruments for PAT performance testing of inter – satellite laser communication terminals [J]. Proc. of SPIE, 2006:63040C – 63040C – 11.

[2] 马惠军, 朱小磊. 自由空间激光通信最新进展[J]. 激光与光电子学进展, 2005, 42(3):7 – 10.

[3] 李安虎, 李志忠. 双视场可变焦三维测量系统:中国, 201310039374. X [P]. 2013 – 6 – 5.

[4] 岁波, 都东, 陈强, 等. 基于双目视觉的工业机器人运动轨迹准确度检测[J]. 机械工程学报, 2003, 39(5):88 – 91.

[5] 刘立人. 卫星激光通信 I 链路和终端技术[J]. 中国激光, 2007, 34(1):3 – 20.

[6] 周远, 鲁亚飞, 黑沫, 等. 旋转双棱镜光束指向的反向解析解[J]. 光学精密工程, 2013, 21(7):1693 – 1700.

[7] Rosell F A. Prism scanners [J]. Journal of the Optical Society of America, 1960, 50:521 – 526.

[8] 丁烨. 双棱镜扫描系统的理论建模与仿真分析[D]. 上海:同济大学, 2014.

[9] 师宇斌, 司磊, 马阎星. 光束扫描技术研究新进展[J]. 中国激光, 2013, 50:080024 – 080024 – 7.

[10] 李安虎. 大口径精密光束扫描装置的研究[D]. 上海:中国科学院上海光学精密机械研究所, 2007.

[11] 闫舟, 徐景. 光束扫描技术研究进展[J]. 光电技术应用, 2013(4):1 – 9.

[12] Bifano T. Adaptive imaging:MEMS deformable mirrors [J]. Nature Photonics, 2010, 5(1):21 – 23.

[13] Peterson K E. Silicon as a mechanical material [J]. Proc. of IEEE, 1982, 70(5):420 – 457.

[14] Corrigan R, Cook R, Favotte O. Grating Light Valve technology brief [EB/OL]. Sunnyvale California:Silicon Light Machines, 2001[2016 – 10 – 13]. http://www.siliconlight.com/wp – content/themes/silicon-light/pdf/glv – opcom – ver. pdf.

[15] Wu L, Maley S B, Dooley S R, et al. A large – aperture, piston – tip – tilt micromirror for optical phase array applications [J]. Journal of Microelectromechanical Systems, 2010, 19(6):1450 – 1461.

[16] 孙建锋. 卫星相对运动轨迹光学模拟器的研究[D]. 上海:中国科学院上海光学精密机械研究所, 2005.

[17] 李安虎, 李志忠, 张氢, 等. 组合驱动微位移调节装置:中国, 201110340632.9 [P]. 2012 – 4 – 11.

[18] 许敏, 胡家升. 激光扫描成像中旋转多面体的分析计算[J]. 中国激光, 2008, 35(5):782 – 787.

[19] 李安虎, 刘立人, 孙建锋, 等. 大口径精密光束扫描装置[J]. 机械工程学报, 2009, 45(1):

200 – 204.

[20] Griffith P, Mitchell P. Where's the beam [J]. Photonics Spectra, 2001:110 – 114.

[21] Juhala R E, Dube G. Refractive beam steering [J]. Proc. of SPIE, 2004, 5528:282 – 292.

[22] Ostaszewski M, Harford S, Doughty N, et al. Risley prism beam pointer [J]. Proc. of SPIE, 2006: 630406 – 630406 – 10.

[23] Garcia – Torales G, Strojnik M, Paez G. Risley prisms to control wave – front tilt and displacement in a vectorial shearing interferometer [J]. Applied Optics, 2002, 41(7):1380 – 1384.

[24] Schwarze C R, Vaillancourt R, Carlson D, et al. Risley – prism based compact laser beam steering for IRCM, laser communications, and laser radar [EB/OL]. Tospfield, MA:Optra Inc, (2005 – 9) [2016 – 10 – 13]. http:// www. optra. com/images/TP – Compact_Beam_Steering. pdf.

[25] Yang Y G. Analytic solution of free space optical beam steering using Risley prisms [J]. Journal of Lightwave Technology, 2008, 26(21):3576 – 3583.

[26] 高心健. 旋转双棱镜动态跟踪系统研究[D]. 上海:同济大学, 2015.

[27] Amirault C T, DiMarzio C A. Precision pointing using a dual – wedge scanner [J]. Applied Optics, 1985, 24(9):1302 – 1308.

[28] Boisset G C, Robertson B, Hinton H S. Design and construction of an active alignment demonstrator for a free – space optical interconnect [J]. IEEE Photonics Technology Letters, 1995, 7(6):676 – 678.

[29] Degnan J J. Ray matrix approach for the real time control of SLR2000 optical elements [EB/OL]. Lanham, MD:Sigma Space Corporation, [2016 – 10 – 13]. http://cddis. nasa. gov/lw14 /docs/papers/aut1 _jdm. pdf.

[30] Tao X D, Cho H. Variable view imaging system and its application in vision based microassembly [J]. Proc. of SPIE, 2007, 6719:67190L – 67190L – 12.

[31] Tirabassi M, Rothberg S J. Scanning LDV using wedge prisms [J]. Optics and Lasers in Engineering, 2009, 47(3):454 – 460.

[32] Jeon Y. Generalization of the first – order formula for analysis of scan patterns of Risley prisms [J]. Optical Engineering, 2011,50(11):113002 – 113002 – 7.

[33] Li Y J. Third – order theory of the Risley – prism – based beam steering system [J]. Applied Optics, 2011, 50(5):679 – 686.

[34] Li Y J. Closed form analytical inverse solutions for Risley – prism – based beam steering systems in different configurations [J]. Applied Optics, 2011, 50(22):4302 – 4309.

[35] 姜旭春. 双棱镜粗精耦合扫描装置研究[D]. 上海:同济大学, 2012.

[36] Marshall G F. Risley prism scan patterns [J]. Proc. of SPIE, 1999, 3787:74 – 86.

[37] Horng J S, Li Y. Error sources and their impact on the performance of dual – wedge beam steering systems [J]. Applied Optics, 2012, 51(18):4168 – 4175.

[38] Schitea A, Tuef M, Duma V F, et al. Modeling of Risley prisms devices for exact scan patterns [J]. Proc. of SPIE, 2013, 8789:878912 – 878912 – 11.

[39] Sun J F, Liu L R, Yun M J, et al. The effect of the rotating double – prism wide – angle laser beam scanner on the beam shape [J]. Optik, 2005, 116(12):553 – 556.

[40] Lavigne V, Ricard B. Fast Risley prisms camera steering system:calibration and image distortions correction through the use of a three – dimensional refraction model [J]. Optical Engineering, 2007, 46(4): 043201 – 043201 – 10.

[41] Curatu E O, Chevrette P C, St – Germain D. Rotating prisms scanning system to equip a NFOV camera lens [J]. Proc. of SPIE, 1999, 3779:154 – 164.

[42] Lacoursière J, Douceta M, Curatua E, et al. Large – deviation achromatic Risley prisms pointing systems [J]. Proc. of SPIE, 2002, 4773:123 – 131.

[43] Sasian J M. Aberrations from a prism and a grating [J]. Applied Optics, 2000, 39(1):34 – 39.

[44] Weber D C, Trolinger J D, Nichols R G, et al. Diffractively corrected Risley prism for infrared imaging [J]. Proc. of SPIE, 2000, 4025:79 – 86.

[45] Duncan B D, Bos P J, Sergan V. Wide – angle achromatic prism beam steering for infrared countermeasure applications [J]. Optical Engineering, 2003, 42(4):1038 – 1047.

[46] Bos P J, Garcia H, Sergan V. Wide – angle achromatic prism beam steering for infrared countermeasures and imaging applications:solving the singularity problem in the two – prism design [J]. Optical Engineering, 2007, 46(11):113001 – 113001 – 5.

[47] Chen C B. Beam steering and pointing with counter – rotating grisms [J]. Proc. of SPIE, 2007, 6714:671409 – 671409 – 9.

[48] Florea C, Sanghera J, Aggarwal I. Broadband beam steering using chalcogenide – based Risley prisms [J]. Optical Engineering, 2011, 50(3):033001 – 033001 – 5.

[49] Li A H, Liu L R, Sun J F, et al. Research on a scanner for tilting orthogonal double prisms [J]. Applied Optics, 2006, 45(31):8063 – 8069.

[50] 李安虎, 孙建锋, 刘立人, 等. 星间激光通信光束微弧度跟瞄性能检测装置的设计原理[J]. 光学学报, 2006, 26(7):975 – 979.

[51] 李安虎, 孙建锋, 刘立人. 高准确度光束偏转装置的设计与分析[J]. 光子学报, 2006, 35(9):1379 – 1383.

[52] Li A H, Ding Y, Bian Y M, et al. Inverse solutions for tilting orthogonal double prisms [J]. Applied Optics, 2014, 53(17):3712 – 3722.

[53] 祖继锋, 刘立人, 云茂金, 等. 卫星轨迹光学模拟装置:中国, 03129234.8 [P]. 2003 – 12 – 24.

[54] 李安虎, 高心健. 同步带驱动旋转棱镜装置:中国, 201310072421.0 [P]. 2013 – 6 – 12.

[55] 孙建锋, 刘立人, 云茂金, 等. 星间激光通信终端高精度动静态测量装置:中国, 200410024986.2 [P]. 2005 – 2 – 23.

[56] 李安虎, 刘立人, 孙建锋, 等. 双光楔光束偏转机械装置:中国, 200510026553.5 [P]. 2005 – 12 – 28.

[57] 李安虎, 李志忠, 姜旭春. 偏摆光楔扫描装置:中国, 201010588924.X [P]. 2011 – 5 – 18.

[58] 李安虎, 王伟, 丁烨, 等. 采用凸轮驱动的摆镜机构:中国, 201210375722.6 [P]. 2013 – 1 – 16.

[59] Sun J F, Liu L R, Yun M J, et al. Double prisms for two – dimensional optical satellite relative – trajectory simulator [J]. Proc. of SPIE, 2004, 5550:411 – 418.

[60] Sanchez M, Gutow D. Control laws for a three – element Risley prism optical beam pointer [J]. Proc. of SPIE, 2006, 6304:630403 – 630403 – 7.

[61] García – Torales G, Flores J L, Muñoz R X. High precision prism scanning system [J]. Proc. of SPIE, 2007, 6422:64220X – 64220X – 8.

[62] Lu W, Liu L R, Sun J F, et al. Control loop analysis of the complex axis in satellite laser communications [J]. Proc. of SPIE, 2010, 7814:781410 – 781410 – 11.

[63] Li A H, Yi W L, Sun W S, et al. Tilting double – prism scanner driven by cam – based mechanism [J].

Applied Optics, 2015, 54(16):5788 -5796.

[64] Oka K, Kaneko T. Compact complete imaging polarimeter using birefringent wedge prisms [J]. Optics Express, 2003, 11(13):1510 -1519.

[65] Duma V F. Double - prisms neutral density filters:a comparative approach [J]. Proc. of SPIE, 2007:67851W -67851W -9.

[66] Warger II W C, DiMarzio C A. Dual - wedge scanning confocal reflectance microscope [J]. Optics Letters, 2007, 32(15):2140 -2142.

[67] Tao X D, Cho H, Janabi -Sharifi F. Optical design of a variable view imaging system with the combination of a telecentric scanner and double wedge prisms [J]. Applied Optics, 2010, 49(2):239 -246.

[68] William C S. Optical switch using Risley prisms:US, US6859120B2 [P]. Feb. 22, 2005.

[69] James J S, Single C. $M \times N$ optical fiber switch:US, US2001/0046345A1 [P]. Nov. 29, 2001.

[70] RPA Compact Beam Steering Device. Topsfield, MA:Optra Inc, [2016 - 10 - 13]. http://www. optra. com /images/PS_RPA_Datasheet_R2. pdf.

[71] Schwarze C R. A new look at Risley prisms [EB/OL]. Tospfield, MA:Optra Inc, (2006 -6) [2016 - 10 -13]. http://www. optra. com/images/TP -A_New_Look_at_Risley_Prisms. pdf.

[72] Schundler E, Carlson D, Vaillancourt R, et al. Compact, wide field DRS explosive detector [J]. Proc. of SPIE, 2011, 8018:80181O -80181O -12.

[73] Clark C S, Gentile S. Flight miniature Risley prism mechanism [J]. Proc. of SPIE, 2009, 7429:74290G -74290G -8.

[74] Winsor R, Braunstein M. Conformal beam steering apparatus for simultaneous manipulation of optical and radio frequency signals [J]. Proc. of SPIE, 2006, 6215:62150G -62150G -10.

[75] Degnan J, Mcgarry J, Zagwordzki T, et al. Transmitter point -ahead using dual risley prisms:theory and experiment [J]. Proceedings of the 16th International Workshop on Laser Ranging, 2008:332 -338.

[76] Hakun C, Budinoff J, Brown G, et al. A boresight adjustment mechanism for use on laser altimeters [J]. Proceedings of the 37th Aerospace Mechanisms Symposium, 2004:45 -58.

[77] Tame B J, Stutzke N A. Steerable Risley prism antennas with low side lobes in the Ka band. 2010 IEEE International Conference on Wireless Information Technology and Systems(ICWITS), 2010:1 -4.

[78] Sun J F, Liu L R, Yun M J, et al. The design and fabrication of the satellite relative -movement trajectory simulator for inter -satellite laser communications [J]. Proc. of SPIE, 2005, 5892:58921J -58921J -8.

[79] Vaidyanathan M, Blask S, Higgins T, et al. Jigsaw phase III:A miniaturized airborne 3 -D imaging laser radar with photon -counting sensitivity for foliage penetration [J]. Proc. of SPIE, 2007, 6550:65500N -65500N -12.

[80] Snyder J J, Kwiatkowski S L. Single channel $M \times N$ optical fiber:US, US6636664B2 [P]. Oct. 21, 2003.

[81] Paez G, Strojnik M. Versatility of the vectorial shearing interferometer [J]. Proc. of SPIE, 2002, 4486:513 -522.

[82] García -Torales G, Flores J L. Vectorial shearing interferometer with a high resolution phase shifter [J]. Proc. of SPIE, 2007, 6723:672330 -672330 -8.

[83] Rothberg S J, Tirabassi M. Development of a scanning head for laser Doppler vibrometry (LDV) using dual optical wedges [J]. Review of Scientific Instruments, 2013, 84(12):121704 -121704 -10.

[84] Pan C T, Hwang Y M, Hsieh C W. Dynamic characterization of silicon -based microstructure of high as-

pect ratio by dual – prism UV laser system [J]. Sensors and Actuators A：Physical，2005，122（1）：45 – 54.

[85] 负平平, 陶忠, 栾亚东,等. 采用双光楔实现的机载红外扫描观察装置：中国，201010291427. 3 [P]. 2011 – 4 – 13.

[86] Lavigne V, Ricard B. Step – stare image gathering for high – resolution targeting [J]. Meeting Proceedings RTO – MP – SET – 092，2005：17 – 1 – 17 – 4.

[87] Souvestre F, Hafez M, Regnier S. A novel laser – based tracking approach for wide field of view for robotics applications [J]. International Symposium on Optomechatronic Technologies, 2009, 328 – 333.

[88] Souvestre F, Hafez M, Regnier S. DMD – based multi – target laser tracking for motion capturing [J]. Proc. of SPIE, 2010, 7596：75960B – 75960B – 9.

[89] Fountain W D, Knopp C F. System for scanning a surgical laser beam：International，WO92/03187 [P]. Mar. 5, 1992.

[90] Kim K, Kim D, Matsumiya K, et al. Wide FOV wedge prism endoscope [C]. Proceedings of the 2005 IEEE Engineering in Medicine and Biology Society 27th Annual Conference, 2005：5758 – 5761.

[91] Warger II W C, Guerrera S A, Eastman Z, et al. Efficient confocal microscopy with a dual – wedge scanner [J]. Proc. of SPIE, 2009, 7184：71840M – 71840M – 11.

[92] Tao X D, Cho H, Janabi – Sharifi F. Active optical system for variable view imaging of micro objects with emphasis on kinematic analysis [J]. Applied Optics, 2008, 47(22)：4121 – 4132.

[93] Strong G. Gun sight compensator：US, US2005/0039370A1 [P]. Feb. 24, 2005.

[94] Li Y, Li L, Huang Y. Conformal optical design using counterrotating wedges and Zernike fringe sag surfaces [J]. Proc. of SPIE, 2008, 7133：713340 – 713340 – 8.

[95] Chu C. Double Risley prism pairs for optical beam steering and alignment：US, US20040057656A1 [P]. Mar. 25, 2004.

第2章　双棱镜多模式扫描理论

2.1　概　述

建立光束转向和扫描机制是双棱镜多模式扫描研究的基础,即寻求两棱镜的转角与出射光束指向位置之间的内在联系,这主要包括正向问题和逆向问题两个方面[1]。前者是根据棱镜的运动角度确定光束的指向角度,探讨光束的扫描机制;后者是已知光束的指向角度反求各棱镜的运动角度,是光学跟踪和目标指向应用中必须解决的关键问题。

根据双棱镜扫描模型的正逆向理论推导,可以建立两棱镜运动角度和出射光指向的关系。采用近轴近似的光束传输模型可以为双棱镜扫描机制研究提供参考。但是在实际情况下,棱镜的结构参数会影响光束出射点的位置,进而影响光束扫描位置[2]。因此,建立光束在双棱镜扫描模型内传播的严格数学模型,分析各结构参数对扫描点位置的影响,对于揭示双棱镜多模式扫描的光束转向机制和扫描规律具有重要意义。

2.2　双棱镜多模式扫描基本原理

2.2.1　旋转扫描模型近似解

1960 年,Rosell 提出采用旋转双棱镜进行光束扫描的方案,建立了薄棱镜和厚棱镜引起光束偏离的表达式[3]。此后,旋转双棱镜在各个领域得到了广泛的应用。

旋转双棱镜光束指向控制系统由一对共轴相邻排列的折射棱镜组成。通常两个棱镜的楔角和材料相同,绕共同轴独立旋转,其光束偏转方式如图 2.1 所示。光束平行于系统转轴入射,经过棱镜 1 和棱镜 2 的折射改变光束传播方向,然后改变两棱镜的转角 θ_{r1} 和 θ_{r2},出射光束可以在一定偏转角范围内任意调整光束指向[4]。根据双棱镜的转角 θ_{r1} 和 θ_{r2},可以推导出射光束俯仰角 ρ 和方位角 φ 的表达式。

当旋转双棱镜的楔角较小时,可以采用近似公式计算。常用的近似公

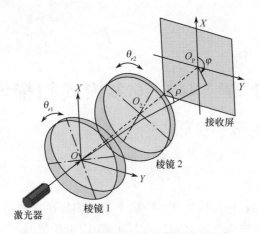

图 2.1   旋转双棱镜光束偏转示意图

式为[3]

$$\begin{cases} \varphi = \dfrac{\theta_{r1} + \theta_{r2}}{2} \\[2mm] \rho = 2\alpha(n-1)\cos\dfrac{\theta_{r1} - \theta_{r2}}{2} \end{cases} \tag{2.1}$$

式中：θ_{r1}、θ_{r2}分别为两个棱镜的旋转角度；φ、ρ分别为出射光束的方位角和俯仰角；n为棱镜材料的折射率；α为棱镜的楔角。

随着棱镜楔角的增大,上述近似公式的准确度将会降低,难以满足实际的应用要求。

文献[4]中给出了一种一阶近似解解法。将棱镜视为楔角较小的光楔,其对光束的偏转角大小只取决于棱镜的楔角和折射率,出射光束指向棱镜主截面厚端(不考虑棱镜方位及入射光束方向)。如图 2.2(a)所示,入射光束通过双棱镜后,分别产生偏转矢量 $\pmb{\delta}_1$ 和偏转矢量 $\pmb{\delta}_2$,先后形成以矢量 $\pmb{\delta}_1$ 和 $\pmb{\delta}_2$ 的始端为圆心、$\pmb{\delta}_1$ 和 $\pmb{\delta}_2$ 的大小为半径的两个圆周运动。最后光束总偏转角矢量 $\pmb{\rho}$ 可以看作 $\pmb{\delta}_1$ 和 $\pmb{\delta}_2$ 的矢量和。根据矢量的平行四边形法则,对于特定的光束指向,图 2.2(b)解释了双棱镜转角可能存在的两组解。

实际上,对于一定厚度的双棱镜多模式扫描系统来说,棱镜 2 的入射光束并非近轴入射,且两个棱镜之间方位角的变化导致棱镜 2 入射角的变化,棱镜 2 的出射光束并不能够形成圆形视场[5]。但是,上述采用薄棱镜简化模型的方法,描述了旋转双棱镜扫描模型光束偏转的主要规律,避免了繁琐的光路计算,可用于光束偏转规律的理解及结果预测。

在上述研究的基础上,Li[6]采用非近轴光线追迹方法推导了光束通过厚棱镜的正向解,通过级数展开并舍弃高次项,得到了正向问题的三阶近似解,其解

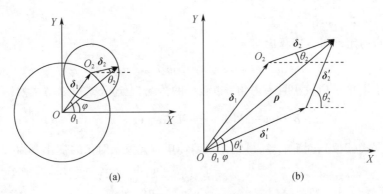

图 2.2　一阶近似方法分析光束偏转角
（a）光束指向位置；（b）两组逆向解。

算精度得到了大幅提升。上述分析采用了一阶近轴近似或三阶近似方法,可以用来分析双棱镜的小角度光束指向。

　　为了建立双棱镜多模式扫描的准确光束传输模型,可以采用非近轴矢量光线追迹方法或几何法。前者应用矢量形式的斯涅耳定律,沿着光线的传输路径依次追迹得出准确解,而后者通过光束矢量的坐标转化来求解。

2.2.2　偏摆扫描模型基本解

　　通过单棱镜的偏摆运动实现折射光束指向的改变,光学上早已有之[7]。图 2.3 是通过单棱镜偏摆实现折射光束指向的简图。设棱镜折射率为 n,楔角为 α,入射光束向量为 A_1,入射角为 i,出射光束向量为 A_2,光束偏转角用符号 δ 表示。入射角符号规定为光线到法线顺时针方向为正,逆时针方向为负。光束偏转角符号规定为入射光线方向按锐角转至出射光线方向,顺时针方向为正,逆时针方向为负。从图 2.3 中可以看出,当棱镜没有偏摆时,棱镜折射光为 A_2,光束偏转角为 δ。当棱镜偏摆角度为 i 时,即有了一定的入射角后,棱镜光束方向变

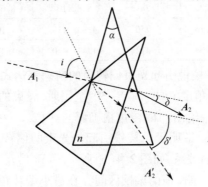

图 2.3　单棱镜偏转示意图

化为 A_2',光束偏转角为 δ'。

由折射定理可以推算出

$$\delta = i + \arcsin(\sin\alpha\ \sqrt{n^2 - \sin^2 i} - \cos\alpha\sin i) - \alpha \tag{2.2}$$

对于楔角 α 值较小且入射角 i 也较小的情况,上述公式可以简化为

$$\delta \approx (n-1)\left(1 + \frac{n+1}{2n}i^2\right)\alpha \approx (n-1)\alpha \tag{2.3}$$

根据式(2.2),对 i 求导,得到光束偏转角对光束入射角的变化率为

$$\frac{\partial\delta}{\partial i} = 1 + \frac{\left(-\cos i\cos\alpha - \dfrac{\sin\alpha\sin i\cos i}{\sqrt{n^2 - \sin^2 i}}\right)}{\sqrt{1 - (\sin\alpha\ \sqrt{n^2 - \sin^2 i} - \sin i\cos\alpha)^2}} \tag{2.4}$$

设光束入射角在 $\pm 5°$ 范围内变化,δ 与 α 的关系如表 2.1 所列。

表 2.1 表明,在相同的入射角范围内,随着棱镜楔角的增大,光束偏转角的范围越来越大,光束偏转角的变化率绝对值也越来越大,即实现的光束偏离精度越来越低。所以选取棱镜楔角参数时,必须综合扫描范围和扫描精度的要求合理选取。

表 2.1 同时表明,当棱镜的楔角较小时(如 $5°$ 以内),棱镜在小范围内偏摆,等效于光束入射角的连续变化,即可实现出射光束的精确偏离。

表 2.1 不同楔角 α 对应的光束偏转角 δ_1 及其变化率 $\partial\delta_1/\partial i$

$\alpha/(°)$	δ_1 最大值 /mrad	δ_1 最小值 /mrad	δ_1 范围大小 /mrad	$\partial\delta_1/\partial i$ 最大值 /(rad/(°))	$\partial\delta_1/\partial i$ 最小值 /(rad/(°))	$\partial\delta_1/\partial i$ 平均值 /(rad/(°))
2	18.245	18.050	0.1954	9.800×10^{-6}	-1.900×10^{-5}	-4.518×10^{-6}
3	27.448	27.082	0.3666	1.133×10^{-5}	-3.209×10^{-5}	-1.019×10^{-5}
4	36.720	36.121	0.5990	1.063×10^{-5}	-4.768×10^{-5}	-1.818×10^{-5}
5	46.073	45.171	0.9014	7.708×10^{-6}	-6.587×10^{-5}	-2.854×10^{-5}
6	55.519	54.235	1.284	2.528×10^{-6}	-8.677×10^{-5}	-4.134×10^{-5}
7	65.071	63.315	1.756	-4.933×10^{-6}	-1.105×10^{-4}	-5.665×10^{-5}
8	74.744	72.433	2.312	-1.472×10^{-5}	-1.373×10^{-4}	-7.457×10^{-5}

文献[8]给出了单棱镜引起光束偏转角的精确表达式和近似表达式。当棱镜楔角 $\alpha = 5°$,在偏摆角度 i 取 $-30° \sim 30°$ 范围时,光束的偏转角范围如图 2.4(a)所示。图 2.4(a)中给出的偏转角精确解与式(2.2)对应,偏转角近似解与式(2.3)对应。文献[8]证明了单棱镜引起的光束的偏转角和棱镜摆动角之间具有百倍量级减速比的关系,如图 2.4(b)所示。

如图 2.4(a)所示,单棱镜的偏摆区间存在最小偏转角。当棱镜偏摆角度 θ 取 $-30° \sim 30°$ 范围时,光束偏转角并非是单调变化的。为了便于扫描控制,棱镜

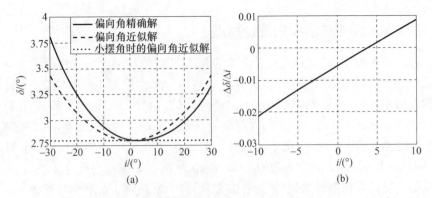

图 2.4　入射角和光束偏转角之间的关系
（a）偏转角随入射角的变化曲线；（b）偏转角相对于入射角的变化率曲线。

的偏摆区间应该位于最小偏转角一侧的单调区间内。根据棱镜楔角值可以计算出与之相对应的光束最小偏转角。折射棱镜的最小偏转角公式为

$$\delta_{\min} = 2\arcsin n \cdot \sin\frac{\alpha}{2} - \alpha \qquad (2.5)$$

表 2.2 列出了棱镜的不同楔角 α 对应的最小偏转角 $\delta_{\min}$ 及最小偏转角 $\delta_{\min}$ 对应的光束入射角 i，并给出了在光束偏转范围为 $600\mu\text{rad}$ 时棱镜在最小偏转角一侧的最小偏摆范围 $\theta_{\min} \sim \theta_{\max}$。

表 2.2　楔角、最小偏转角和偏摆角度之间的关系

$\alpha/(°)$	3	4	5	6	7
$\delta_{\min}/(°)$	1.5496	2.0668	2.5846	3.1032	3.6227
$i/(°)$	-2.4333	-3.0613	-3.7097	-4.5806	-5.2903
$\theta_{\min}/(°)$	-2.4333	-3.0613	-3.7092	-4.5806	-5.2903
$\theta_{\max}/(°)$	7.1111	5.1111	2.8889	2.2222	0.88889

2.3　双棱镜多模式扫描理论模型

双棱镜运动形式决定了光束扫描模式。双棱镜可以采用同轴旋转运动、正交偏摆运动和复合运动等不同形式，以满足多模式扫描要求，提高扫描应用的适应性。旋转扫描模式可以满足大范围内高精度径向扫描要求；偏摆扫描模式利用棱镜摆角和光束偏转角之间的减速比关系，可以实现高精度定向扫描；而复合运动扫描模式通过增加运动自由度，构成复合型光束指向系统，可以实现更加丰富的扫描尺度和扫描样式。本节主要阐述旋转扫描模式和偏摆扫描模式的理论模型，复合运动扫描模式可以按类似的方法建立理论模型，不予赘述。

2.3.1　旋转扫描模式理论模型

如图 2.5 所示,建立直角坐标系 $OXYZ$,旋转扫描模型由两个楔角均为 α 的棱镜组成[9]。沿 Z 轴正方向,依次将两个棱镜命名为棱镜 1 和棱镜 2。两个棱镜的折射率均为 n,薄端厚度均为 d_0。棱镜 1 的入射面 11 垂直于 Z 轴,出射面为楔角为 α 的斜面 12;棱镜 2 的入射面为楔角为 α 的斜面 21,出射面 22 垂直于 Z 轴。棱镜 1 的入射面 11 的中心为坐标系原点 $O(0,0,0)$;棱镜 2 入射面 21 的中心为 O',出射面 22 的中心为 O_2,OO_2 间距为 D_1。双棱镜均可绕 Z 轴旋转,设棱镜沿逆时针方向旋转为正,顺时针方向旋转为负,棱镜 1 旋转角速度为 ω_{r1},棱镜 2 旋转角速度为 ω_{r2}。

令初始状态时,双棱镜的主截面均位于 XOZ 平面内,两棱镜的薄端均指向 X 轴正方向,此时两棱镜的转角 $\theta_{r1} = \theta_{r2} = 0°$。经过时间 t 后,棱镜 1 的转角为 $\theta_{r1} = \theta_{r1}(t)$,棱镜 2 的转角为 $\theta_{r2} = \theta_{r2}(t)$。假设激光束从棱镜 1 平面侧入射,入射光与 Y 轴正方向的夹角为 β_{r1},入射光在 XOZ 平面内投影与 Z 轴正方向的夹角为 γ_{r1}(β_{r1} 取值范围为 $0° \sim 180°$,γ_{r1} 取值范围为 $-90° \sim 90°$,具体范围还需考虑全反射问题),经过旋转双棱镜折射后,出射光照射在离棱镜 2 出射面中心 O_2 距离为 D_2 的屏幕 P 上,屏幕 P 位于坐标平面 XO_PY 内。出射光向量与 Z 轴正方向的夹角为 ρ,出射光向量在 XO_PY 平面内的投影与 X 轴正方向的夹角为 φ。

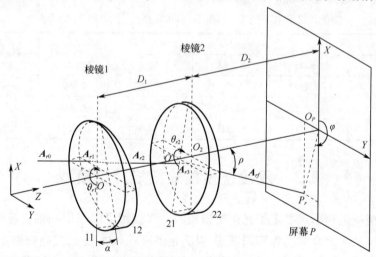

图 2.5　双棱镜旋转扫描模型

1. 基于矢量折射定律

根据矢量折射定理,光束通过两种不同介质时的折射表达式可以写成[10]

$$n_1 \boldsymbol{A}_1 \times \boldsymbol{N} = n_2 \boldsymbol{A}_2 \times \boldsymbol{N}$$

$$A_2 = \frac{n_1}{n_2} A_1 + \left\{ \sqrt{1 - \left(\frac{n_1}{n_2}\right)^2 \left[1 - (A_1 \cdot N)^2\right]} - \frac{n_1}{n_2} (A_1 \cdot N) \right\} N$$

式中：A_1、A_2 分别为入射光束和折射光束的单位方向矢量；N 为折射面的单位法线矢量，方向由介质 1 指向介质 2；n_1，n_2 分别为两种介质的折射率。

上述两个公式都可以用来描述折射光束传播。

设棱镜 1 入射面的法向量为 N_{11}，出射面的法向量为 N_{12}；棱镜 2 入射面的法向量为 N_{21}，出射面的法向量为 N_{22}，有

$$N_{11} = (0, 0, 1)^T \tag{2.6a}$$

$$N_{12} = (\cos\theta_{r1}\sin\alpha, \sin\theta_{r1}\sin\alpha, \cos\alpha)^T \tag{2.6b}$$

$$N_{21} = (-\cos\theta_{r2}\sin\alpha, -\sin\theta_{r2}\sin\alpha, \cos\alpha)^T \tag{2.6c}$$

$$N_{22} = (0, 0, 1)^T \tag{2.6d}$$

棱镜 1 入射光向量为 A_{r0}，经棱镜 1 入射面的折射光向量为 A_{r1}，棱镜 1 的出射光向量为 A_{r2}，A_{r2} 同时也是棱镜 2 入射面的入射光向量，经棱镜 2 入射面的折射光向量为 A_{r3}，棱镜 2 的出射光向量为 A_{rf}。根据矢量折射定律可知：

$$A_{r0} = (\sin\beta_{r1}\sin\gamma_{r1}, \cos\beta_{r1}, \sin\beta_{r1}\cos\gamma_{r1})^T = (x_{r0}, y_{r0}, z_{r0})^T \tag{2.7a}$$

$$A_{r1} = \frac{1}{n} A_{r0} + \left\{ \sqrt{1 - \left(\frac{1}{n}\right)^2 \cdot \left[1 - (A_{r0} \cdot N_{11})^2\right]} - \frac{1}{n} A_{r0} \cdot N_{11} \right\} \cdot N_{11}$$

$$= (x_{r1}, y_{r1}, z_{r1})^T \tag{2.7b}$$

$$A_{r2} = nA_{r1} + \left\{ \sqrt{1 - n^2 \cdot \left[1 - (A_{r1} \cdot N_{12})^2\right]} - nA_{r1} \cdot N_{12} \right\} \cdot N_{12} = (x_{r2}, y_{r2}, z_{r2})^T \tag{2.7c}$$

$$A_{r3} = \frac{1}{n} A_{r2} + \left\{ \sqrt{1 - \left(\frac{1}{n}\right)^2 \cdot \left[1 - (A_{r2} \cdot N_{21})^2\right]} - \frac{1}{n} A_{r2} \cdot N_{21} \right\} \cdot N_{21}$$

$$= (x_{r3}, y_{r3}, z_{r3})^T \tag{2.7d}$$

$$A_{rf} = nA_{r3} + \left\{ \sqrt{1 - n^2 \cdot \left[1 - (A_{r3} \cdot N_{22})^2\right]} - nA_{r3} \cdot N_{22} \right\} \cdot N_{22} = (x_{rf}, y_{rf}, z_{rf})^T \tag{2.7e}$$

将式（2.6）代入式（2.7），可得各折射光束的方向向量。由于公式推导过程较为复杂，此处不给出出射光指向的表达式。

2. 基于几何法

如图 2.6 所示，建立直角坐标系 $O_1X_1Y_1Z$ 和 $O_2X_2Y_2Z$。$O_1X_1Y_1Z$ 坐标系是与棱镜 1 以相同角速度旋转的动坐标系，其中 X_1O_1Z 平面为棱镜 1 的主截面，X_1 轴正方向指向棱镜 1 薄端；$O_2X_2Y_2Z$ 坐标系是与棱镜 2 以相同角速度旋转的

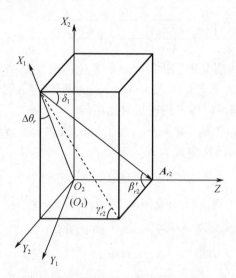

图 2.6　动坐标系内各角度关系图

动坐标系,其中 X_2O_2Z 平面为棱镜 2 的主截面,X_2 轴正方向指向棱镜 2 的薄端。因为入射光束经过棱镜 1 时只在其主截面内发生偏折,所以棱镜 1 出射光矢量 $\boldsymbol{A}_{r2}$ 与 A_{r2} 在 $X_2O_2Y_2$ 平面内的投影构成的平面即为棱镜 1 的主截面 X_1O_1Z 平面。

在 $OXYZ$ 坐标系内,棱镜 1 的入射光向量为 $\boldsymbol{A}_{r0} = (\sin\beta_{r1}\sin\gamma_{r1}, \cos\beta_{r1}, \sin\beta_{r1}$
$\cos\gamma_{r1})^{\mathrm{T}}$。$OXYZ$ 坐标系绕 Z 轴沿逆时针方向旋转 θ_{r1},得到动坐标系 $O_1X_1Y_1Z$,入射光向量在 $O_1X_1Y_1Z$ 坐标系内表示为

$$\boldsymbol{A}'_{r0} = \boldsymbol{Rot}(Z, \theta_{r1})\boldsymbol{A}_{r0} = (x'_{r0}, y'_{r0}, z'_{r0})^{\mathrm{T}} \tag{2.8a}$$

式中:$\boldsymbol{Rot}(Z, \theta_{r1}) = \begin{bmatrix} \cos\theta_{r1} & \sin\theta_{r1} & 0 \\ -\sin\theta_{r1} & \cos\theta_{r1} & 0 \\ 0 & 0 & 1 \end{bmatrix}$。

在动坐标系 $O_1X_1Y_1Z$ 中,棱镜 1 出射光向量为

$$\boldsymbol{A}'_{r2} = (\sin\beta'_{r1}\sin(\gamma'_{r1} - \delta_1), \cos\beta'_{r1}, \sin\beta'_{r1}\cos(\gamma'_{r1} - \delta_1))^{\mathrm{T}} \tag{2.8b}$$

棱镜 1 对光束的偏转角,即光束通过棱镜 1 后出射光方向偏离入射光方向的角度为

$$\delta_1 = i_1 - \arcsin(\sin i_1\cos\alpha - \sin\alpha\sqrt{\overline{n}_1^2 - \sin^2 i_1}) - \alpha \tag{2.8c}$$

式中:β'_{r1} 为 $\boldsymbol{A}'_{r0}$ 在 $O_1X_1Y_1Z$ 坐标系内与 Y_1 轴的夹角,其值为 $\beta'_{r1} = \arccos(y'_{r0})$;$\gamma'_{r1}$ 为 $\boldsymbol{A}'_{r0}$ 在 X_1O_1Z 平面内投影与 Z 轴的夹角,其值为 $\gamma'_{r1} = \arctan(x'_{r0}/z'_{r0})$;$i_1$ 为入射光相对于棱镜 1 的入射角,其值为 $i_1 = \gamma'_{r1}$;$\overline{n}_1$ 为棱镜 1 的等效折射率,其值为 $\overline{n}_1 = \sqrt{n^2 + (n^2 - 1)\cot^2\beta'_{r1}}$。

绕 Z 轴沿顺时针方向旋转 θ_{r1}，可得到棱镜 1 的出射光向量在系统坐标系 $OXYZ$ 内的表达式为

$$\boldsymbol{A}_{r2} = \boldsymbol{Rot}(Z, -\theta_{r1})\boldsymbol{A}'_{r2} = (x_{r2}, y_{r2}, z_{r2})^{\mathrm{T}} \qquad (2.8\mathrm{d})$$

动坐标系 $O_1X_1Y_1Z$ 绕 Z 轴沿逆时针方向旋转 $\theta_{r2} - \theta_{r1}$，得到动坐标系 $O_2X_2Y_2Z$。棱镜 1 出射光向量在 $O_2X_2Y_2Z$ 坐标系中表示为

$$\boldsymbol{A}''_{r2} = \boldsymbol{Rot}(Z, \theta_{r2} - \theta_{r1})\boldsymbol{A}'_{r2} = (x''_{r2}, y''_{r2}, z''_{r2})^{\mathrm{T}} \qquad (2.9\mathrm{a})$$

在动坐标系 $O_2X_2Y_2Z$ 中，棱镜 2 出射光向量为

$$\boldsymbol{A}'_{rf} = (\sin\beta'_{r2}\sin(\gamma'_{r2} - \delta_2), \cos\beta'_{r2}, \sin\beta'_{r2}\cos(\gamma'_{r2} - \delta_2))^{\mathrm{T}} \qquad (2.9\mathrm{b})$$

棱镜 2 对光束的偏转角，即光束通过棱镜 2 后出射光方向偏离入射光方向的角度为

$$\delta_2 = i_2 - \arcsin(\sin i_2\cos\alpha - \sin\alpha\sqrt{\bar{n}_2^{\ 2} - \sin^2 i_2}) - \alpha \qquad (2.9\mathrm{c})$$

式中：β'_{r2} 为 $\boldsymbol{A}''_{r2}$ 在 $O_2X_2Y_2Z$ 坐标系内与 Y_2 轴的夹角，其值为 $\beta'_{r2} = \arccos(y''_{r2})$；$\gamma'_{r2}$ 为 $\boldsymbol{A}''_{r2}$ 在 X_2O_2Z 平面内投影与 Z 轴的夹角，其值为 $\gamma'_{r2} = \arctan(x''_{r2}/z''_{r2})$；$i_2$ 为棱镜 2 入射光相对于棱镜 2 的入射角，其值为 $i_2 = \gamma'_{r2} + \alpha$；$\bar{n}_2$ 为棱镜 2 的等效折射率，其值为 $\bar{n}_2 = \sqrt{n^2 + (n^2 - 1)\cot^2\beta'_{r2}}$。

绕 Z 轴沿顺时针方向旋转 θ_{r2}，可得到棱镜 2 出射光向量在系统坐标系 $OXYZ$ 内的表达式为

$$\boldsymbol{A}_{rf} = \boldsymbol{Rot}(Z, -\theta_{r2})\boldsymbol{A}'_{rf} = (x_{rf}, y_{rf}, z_{rf})^{\mathrm{T}} \qquad (2.9\mathrm{d})$$

当入射光垂直于棱镜 1 平面侧入射时，$\beta_{r1} = 90°$，$\gamma_{r1} = 0°$，棱镜 2 出射光向量为

$$\begin{pmatrix} x_{rf} \\ y_{rf} \\ z_{rf} \end{pmatrix} = \begin{pmatrix} -\cos\theta_{r2}(\sin\delta_1\cos\delta_2\cos\Delta\theta_r + \cos\delta_1\sin\delta_2) + \sin\theta_{r2}\sin\delta_1\sin\Delta\theta_r \\ -\sin\theta_{r2}(\sin\delta_1\cos\delta_2\cos\Delta\theta_r + \cos\delta_1\sin\delta_2) - \cos\theta_{r2}\sin\delta_1\sin\Delta\theta_r \\ \cos\delta_1\cos\delta_2 - \sin\delta_1\sin\delta_2\cos\Delta\theta_r \end{pmatrix}$$

$$(2.10\mathrm{a})$$

式中

$$\delta_1 = \arcsin(n\sin\alpha) - \alpha \qquad (2.10\mathrm{b})$$

$$\delta_2 = i_2 - \arcsin(\sin i_2\cos\alpha - \sin\alpha\sqrt{\bar{n}_2^{\ 2} - \sin^2 i_2}) - \alpha \qquad (2.10\mathrm{c})$$

$$i_2 = -\arctan(\tan\delta_1\cos\Delta\theta_r) + \alpha \qquad (2.10\mathrm{d})$$

$$\bar{n}_2 = \sqrt{n^2 + (n^2 - 1)\cot^2\beta'_{r2}} \qquad (2.10\mathrm{e})$$

$$\beta'_{r2} = \arccos(\sin\delta_1\sin\Delta\theta_r) \qquad (2.10\mathrm{f})$$

$$\Delta\theta_r = \theta_{r1} - \theta_{r2} \tag{2.10g}$$

定义俯仰角 ρ 为出射光与 Z 轴正方向的夹角：

$$\rho = \arccos(z_{rf}) = \arccos\left[\cos\delta_1\cos\delta_2 - \sin\delta_1\sin\delta_2\cos\Delta\theta_r\right] \tag{2.11a}$$

定义方位角 φ 为出射光在 XOY 平面内投影与 X 轴正方向的夹角：

$$\varphi = \begin{cases} \arccos\left(\dfrac{x_{rf}}{\sqrt{x_{rf}^2 + y_{rf}^2}}\right) & (y_{rf} \geq 0) \\[4mm] 2\pi - \arccos\left(\dfrac{x_{rf}}{\sqrt{x_{rf}^2 + y_{rf}^2}}\right) & (y_{rf} < 0) \end{cases} \tag{2.11b}$$

2.3.2　偏摆扫描模式理论模型

如图 2.7 所示,建立直角坐标系 $OXYZ$,偏摆扫描模型[1]由两个楔角相同的棱镜组成。沿 Z 轴正方向,依次将两个棱镜命名为棱镜 1 和棱镜 2。两个棱镜的折射率均为 n。令初始状态时,棱镜 1 的入射面 11 垂直于 Z 轴,出射面为楔角为 α 的斜面 12;棱镜 2 的入射面为楔角为 α 的斜面 21,出射面 22 垂直于 Z 轴。棱镜 1 的入射面 11 的中心为坐标系原点 $O(0,0,0)$;棱镜 2 入射面 21 的中心为 O',出射面 22 的中心为 O_2,OO_2 间距为 D_1。棱镜 1 的主截面位于坐标平面 XOZ 内,薄端指向 X 轴正方向;棱镜 2 的主截面位于坐标平面 YOZ 内,薄端指向 Y 轴正方向。

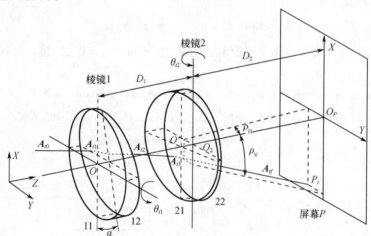

图 2.7　双棱镜偏摆扫描模型

棱镜 1 可以绕垂直于主截面且通过中心点 O 的轴偏摆,偏摆角速度为 ω_{t1},棱镜 2 可以绕垂直于主截面且通过中心点 O_2 的轴偏摆,偏摆角速度为 ω_{t2}。设棱镜沿逆时针方向偏摆为正,沿顺时针方向偏摆为负。初始状态时,两棱镜的偏

摆角度 $\theta_{t1} = \theta_{t2} = 0$，时间 t 后，棱镜 1 的摆角为 $\theta_{t1} = \theta_{t1}(t)$，棱镜 2 的摆角为 $\theta_{t2} = \theta_{t2}(t)$。

假设光束从棱镜 1 平面侧入射，入射光与 Y 轴正方向的夹角为 β_{t1}，入射光在 XOZ 平面内投影与 Z 轴正方向的夹角为 γ_{t1}（β_{t1} 取值范围为 $0° \sim 180°$，γ_{t1} 取值范围为 $-90° \sim 90°$，具体范围还需考虑全反射问题），经过偏摆双棱镜的折射后，出射光照射在距棱镜 2 出射面中心 O_2 距离为 D_2 的屏幕 P 上。

1. 基于矢量折射定律

设棱镜 1 入射面的法向量为 N_{11}，出射面的法向量为 N_{12}；棱镜 2 的入射面法向量为 N_{21}，出射面的法向量为 N_{22}，则

$$N_{11} = (\sin\theta_{t1}, 0, \cos\theta_{t1})^{\mathrm{T}} \tag{2.12a}$$

$$N_{12} = (\sin(\alpha + \theta_{t1}), 0, \cos(\alpha + \theta_{t1}))^{\mathrm{T}} \tag{2.12b}$$

$$N_{21} = (0, -\sin(\alpha + \theta_{t2}), \cos(\alpha + \theta_{t2}))^{\mathrm{T}} \tag{2.12c}$$

$$N_{22} = (0, -\sin\theta_{t2}, \cos\theta_{t2})^{\mathrm{T}} \tag{2.12d}$$

棱镜 1 入射光向量为 A_{t0}，入射面的折射光向量为 A_{t1}，出射光向量为 A_{t2}；A_{t2} 也是棱镜 2 入射面的入射光向量，棱镜 2 入射面的折射光向量为 A_{t3}，出射光向量为 A_{tf}。根据矢量折射定律可知：

$$A_{t0} = (\sin\beta_{t1}\sin\gamma_{t1}, \cos\beta_{t1}, \sin\beta_{t1}\cos\gamma_{t1})^{\mathrm{T}} = (x_{t0}, y_{t0}, z_{t0})^{\mathrm{T}} \tag{2.13a}$$

$$A_{t1} = \frac{1}{n}A_{t0} + \left\{ \sqrt{1 - \left(\frac{1}{n}\right)^2 \cdot [1 - (A_{t0} \cdot N_{11})^2]} - \frac{1}{n}A_{t0} \cdot N_{11} \right\} \cdot N_{11}$$
$$= (x_{t1}, y_{t1}, z_{t1})^{\mathrm{T}} \tag{2.13b}$$

$$A_{t2} = nA_{t1} + \left\{ \sqrt{1 - n^2 \cdot [1 - (A_{t1} \cdot N_{12})^2]} - nA_{t1} \cdot N_{12} \right\} \cdot N_{12} = (x_{t2}, y_{t2}, z_{t2})^{\mathrm{T}} \tag{2.13c}$$

$$A_{t3} = \frac{1}{n}A_{t2} + \left\{ \sqrt{1 - \left(\frac{1}{n}\right)^2 \cdot [1 - (A_{t2} \cdot N_{21})^2]} - \frac{1}{n}A_{t2} \cdot N_{21} \right\} \cdot N_{21}$$
$$= (x_{t3}, y_{t3}, z_{t3})^{\mathrm{T}} \tag{2.13d}$$

$$A_{tf} = nA_{t3} + \left\{ \sqrt{1 - n^2 \cdot [1 - (A_{t3} \cdot N_{22})^2]} - nA_{t3} \cdot N_{22} \right\} \cdot N_{22} = (x_{tf}, y_{tf}, z_{tf})^{\mathrm{T}} \tag{2.13e}$$

将式（2.12）依次代入式（2.13），可得各折射光束的方向向量。由于公式推导过程较为复杂，此处不给出出射光指向的表达式。

2. 基于几何法

棱镜 1 的入射光向量为 $A_{t0} = (\sin\beta_{t1}\sin\gamma_{t1}, \cos\beta_{t1}, \sin\beta_{t1}\cos\gamma_{t1})^{\mathrm{T}}$，入射光通过

棱镜 1 时只在 XOZ 平面内发生折射,棱镜 1 的出射光向量为[11]

$$A_{t2} = (\sin\beta_{t1}\cos\theta_{11}, \cos\beta_{t1}, \sin\beta_{t1}\sin\theta_{11})^{T} \qquad (2.14a)$$

棱镜 1 对光束的偏转角,即光束通过棱镜 1 后出射光方向偏离入射光方向的角度为

$$\delta_1 = i_1 - \arcsin(\sin i_1\cos\alpha - \sin\alpha\sqrt{\overline{n}_1^2 - \sin^2 i_1}) - \alpha \qquad (2.14b)$$

式中:θ_{11} 为出射光在 XOZ 平面内的投影与 X 轴正方向的夹角,其值为 $\theta_{11} = \pi/2 - \gamma_{t1} + \delta_1$;$i_1$ 为入射光相对于棱镜 1 的入射角度,其值为 $i_1 = \gamma_{t1} - \theta_{t1}$;$\overline{n}_1$ 为棱镜 1 的等效折射率,其值为 $\overline{n}_1 = \sqrt{n^2 + (n^2 - 1)\cot^2\beta_{t1}}$。

光束通过棱镜 2 时只在 YOZ 平面内发生折射,棱镜 2 的入射光向量(图 2.8)即为棱镜 1 的出射光向量,也可将其表示为[11]

$$A_{t2} = (\cos\beta_{t2}, \sin\beta_{t2}\sin\gamma_{t2}, \sin\beta_{t2}\cos\gamma_{t2})^{T} \qquad (2.15a)$$

式中:β_{t2} 为 A_{t2} 与 X 轴正方向的夹角,其值为 $\beta_{t2} = \arccos(\sin\beta_{t1}\cos\theta_{11})$;$\gamma_{t2}$ 为 A_{t2} 在 YOZ 平面内的投影与 Z 轴正方向的夹角,其值为 $\gamma_{t2} = \arctan(\cot\beta_{t1}/\sin\theta_{11})$。

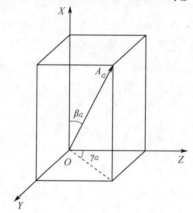

图 2.8　棱镜 2 入射光束与坐标轴的夹角图

棱镜 2 出射光的单位向量为[11]

$$A_{tf} = (\cos\beta_{t2}, \sin\beta_{t2}\sin(\gamma_{t2} - \delta_2), \sin\beta_{t2}\cos(\gamma_{t2} - \delta_2))^{T} = (x_{tf}, y_{tf}, z_{tf})^{T}$$
$$(2.15b)$$

棱镜 2 对光束的偏转角,即光束通过棱镜 2 后出射光方向偏离入射光方向的角度为

$$\delta_2 = i_2 - \arcsin(\sin i_2\cos\alpha - \sin\alpha\sqrt{\overline{n}_2^2 - \sin^2 i_2}) - \alpha \qquad (2.15c)$$

式中:i_2 为棱镜 2 入射光相对于棱镜 2 的入射角度,其值为 $i_2 = \gamma_{t2} + \alpha + \theta_{t2}$;$\overline{n}_2$ 为棱镜 2 的等效折射率,其值为 $\overline{n}_2 = \sqrt{n^2 + (n^2 - 1)\cot^2\beta_{t2}}$。

46

定义垂直张角 ρ_V 为出射光在 XOZ 平面内投影与 Z 轴夹角：

$$\rho_V = \arctan\left(\frac{x_{tf}}{z_{tf}}\right) = \arctan\frac{\cot\beta_{t2}}{\cos(\gamma_{t2} - \delta_2)} \tag{2.16a}$$

定义水平张角 ρ_H 为出射光在 YOZ 平面内投影与 Z 轴夹角：

$$\rho_H = \arctan\left(\frac{y_{tf}}{z_{tf}}\right) = \gamma_{t2} - \delta_2 \tag{2.16b}$$

本书后续章节中,若无特殊声明,双棱镜扫描模型中,入射光均沿光轴方向入射,即 $\boldsymbol{A}_{r0} = \boldsymbol{A}_{t0} = (0, 0, 1)^T$,入射光沿任意方向入射的情况可按相同方法分析。

2.4　双棱镜多模式扫描范围和精度

2.4.1　旋转扫描模式的扫描范围和精度

1. 光束扫描范围

当入射光沿光轴方向入射时,由 2.3.1 节中建立的旋转双棱镜的理论模型可知,出射光俯仰角的表达式为

$$\rho = \arccos[\cos\delta_1\cos\delta_2 - \sin\delta_1\sin\delta_2\cos\Delta\theta_r] \tag{2.17}$$

出射光俯仰角 ρ 仅与 3 个变量有关:棱镜 1 偏转角 δ_1、棱镜 2 偏转角 δ_2 和双棱镜间夹角 $\Delta\theta_r$,因此出射光俯仰角可表示为 $\rho = f(\Delta\theta_r, \alpha, n)$。对于特定旋转双棱镜扫描系统,楔角 α 和折射率 n 是一定的。棱镜 1 的偏转角 δ_1 为常量,棱镜 2 的偏转角 δ_2 仅与 $\Delta\theta_r$ 有关,因此可将俯仰角表达式简化为关于两棱镜间夹角 $\Delta\theta_r$ 的函数:$\rho = f(\Delta\theta_r)$。当 $\Delta\theta_r$ 在 $-180° \sim 180°$ 范围内变化时,可求得 $f(-\Delta\theta_r) = f(\Delta\theta_r)$,即 $\rho = f(\Delta\theta_r)$ 为偶函数。取棱镜楔角 $\alpha = 10°$,折射率 $n = 1.517$,双棱镜间夹角 $\Delta\theta_r$ 变化范围为 $-180° \sim 180°$,图 2.9 所示为旋转双棱镜出射光俯仰角 ρ 与双棱镜间夹角 $\Delta\theta_r$ 的关系图。

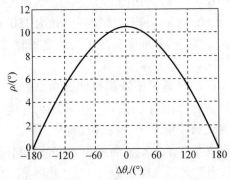

图 2.9　俯仰角 ρ 与双棱镜间夹角 $\Delta\theta_r$ 的关系图

由图 2.9 可知,出射光俯仰角曲线关于 $\Delta\theta_r = 0°$ 对称,俯仰角 ρ 随着 $|\Delta\theta_r|$ 的增大而减小。当 $|\Delta\theta_r| = 0°$ 时,俯仰角最大 $\rho_{max} = 10.480°$;当 $|\Delta\theta_r| = 180°$ 时,俯仰角最小 $\rho_{min} = 0°$。出射光俯仰角的最大值和最小值分别对应图 2.10(a)、(b)两种情况。图 2.10(a)中 $|\Delta\theta_r| = 0°$,化简可知 $\rho = \arccos[\cos\delta_1\cos\delta_2 - \sin\delta_1\sin\delta_2] = \delta_1 + \delta_2$,此时出射光的俯仰角为棱镜 1 和棱镜 2 的偏转角之和。图 2.10(b)中 $|\Delta\theta_r| = 180°$,化简可知 $\rho = \arccos[\cos\delta_1\cos\delta_2 + \sin\delta_1\sin\delta_2] = \delta_1 - \delta_2$,且此时 $\delta_1 = \delta_2$,棱镜 1 与棱镜 2 对光束的偏折作用正好抵消,出射光与入射光同向。当双棱镜间夹角的绝对值 $|\Delta\theta_r|$ 在 $0° \sim 180°$ 范围内时,出射光俯仰角介于 $0°$ 和 $\delta_1 + \delta_2$ 之间。

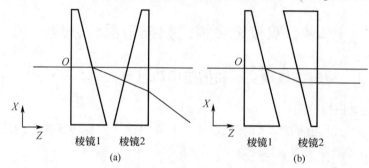

图 2.10　出射光俯仰角 ρ 极值状态
（a）俯仰角为最大值；（b）俯仰角为最小值。

令棱镜 2 不动,棱镜 1 转过角度 C_1,此时双棱镜间夹角 $\Delta\theta_r = C_1$。再保持双棱镜间夹角恒定,以相同角速度同时旋转两个棱镜,则出射光可在距离为 D_2 的屏幕上扫描出半径为 $r = D_2 \cdot \tan\rho$ 的圆,其中 $\rho = f(C_1)$。由上述分析中可知,出射光俯仰角 $\rho = f(\Delta\theta_r)$ 是关于 $\Delta\theta_r = 0°$ 对称的偶函数,因此只考虑 $C_1 \geqslant 0°$ 时的情形,$C_1 < 0°$ 的情形可以以此类推。图 2.11 为 $\Delta\theta_r = C_1 = 0°$、$45°$、$90°$、$135°$ 和 $180°$ 时,出射光在忽略出射点位置的远距离情况下的扫描轨迹(沿 Z 轴正方向观察所得,为方便表示,取 $D_2 = 1mm$)。由图 2.11 可知,当双棱镜间夹角为 $0°$ 时,扫描圆半径取最大值 $r_{max} = 0.185mm$;当双棱镜间夹角为 $180°$ 时,扫描圆的半径为零,扫描轨迹为一个点。当双棱镜间夹角介于两者之间时,扫描圆的半径随着双棱镜间夹角的增大而减小。

出射光俯仰角 $\rho = f(\Delta\theta_r)$ 是关于双棱镜间夹角 $\Delta\theta_r$ 的连续函数,当 $\Delta\theta_r$ 在 $0° \sim 180°$ 范围内变化时,扫描圆的半径在 $r_{max} \sim 0$ 范围内连续变化($\Delta\theta_r$ 在 $-180° \sim 0°$ 范围内可类推)。因此双棱镜系统在旋转过程中,通过不断改变双棱镜间夹角值,出射光可以遍历底面半径为 r_{max}、高度为 D_2 的圆锥体区域。图 2.12 为两棱镜转角任意组合时,出射光扫描点在 $D_2 = 1mm$ 处屏幕上的轨迹图,即此旋转双棱镜系统在 $D_2 = 1mm$ 处屏幕上的扫描域图。

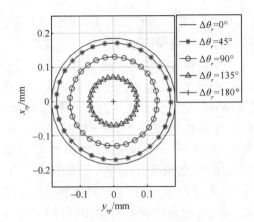 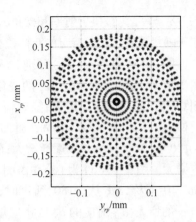

图 2.11　旋转双棱镜恒夹角情况下的扫描轨迹　　图 2.12　旋转双棱镜系统的扫描域

由上述分析可知,旋转双棱镜扫描系统的扫描区域为一个圆锥体区域。其扫描范围主要由俯仰角的范围决定。旋转双棱镜扫描系统中俯仰角的最小值为 0°,最大值出现在双棱镜间夹角为 0° 时。因此对于远距离条件,分析旋转双棱镜扫描系统的扫描范围,只需要分析双棱镜间夹角为 0° 时出射光最大俯仰角 $\rho_{\max}$ 的大小。

图 2.13 为折射率 $n = 1.517$ 时,棱镜楔角 α 与扫描范围间的关系;图 2.14 为棱镜楔角 $\alpha = 10°$ 时,折射率 n 与扫描范围间的关系。由图 2.13 和图 2.14 可知,随着棱镜楔角 α 及折射率 n 的增大,旋转双棱镜的扫描范围会相应的增加。

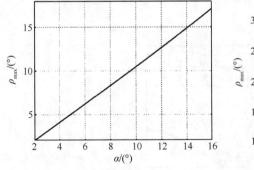 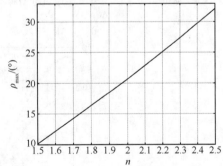

图 2.13　楔角 α 与俯仰角最大值 $\rho_{\max}$ 关系　　图 2.14　折射率 n 与俯仰角最大值 $\rho_{\max}$ 关系

2. 出射光的径向精度

出射光俯仰角的误差模型可以表示为

$$\delta_{\rho} = \left| \frac{\partial \rho}{\partial \Delta \theta_r} \right| \delta_{\Delta \theta_r} + \left| \frac{\partial \rho}{\partial \alpha} \right| \delta_{\alpha} + \left| \frac{\partial \rho}{\partial n} \right| \delta_n \qquad (2.18)$$

式中:$\delta_{\Delta \theta_r}$、δ_{α} 与 δ_n 分别为 $\Delta \theta_r$、α 与 n 的绝对误差。

δ_{α} 与 δ_n 为棱镜折射率和楔角的误差值,属于系统误差。$\delta_{\Delta\theta_r}$ 为棱镜转角误差,属于随机误差。对于特定的双棱镜扫描系统,出射光俯仰角误差 δ_{ρ} 由 $\delta_{\Delta\theta_r}$ 决定。

图 2.15(a)、(b)、(c)分别为 δ_{α}、δ_n 与 $\delta_{\Delta\theta_r}$ 对出射光俯仰角误差 δ_{ρ} 的影响。图 2.15(a)为 $|\partial\rho/\partial\alpha|$ 随 $\Delta\theta_r$ 的变化关系,图像关于 $\Delta\theta_r=0°$ 对称,$\Delta\theta_r$ 从 $-180°$ 到 $0°$ 时,$|\partial\rho/\partial\alpha|$ 逐渐增大;随着棱镜楔角 α 的增大,δ_{α} 对应的 δ_{ρ} 也相应增大。类似地,图 2.15(b)为 $|\partial\rho/\partial n|$ 随 $\Delta\theta_r$ 的变化关系,图像关于 $\Delta\theta_r=0°$ 对称,$\Delta\theta_r$ 从 $-180°$ 到 $0°$ 时,$|\partial\rho/\partial n|$ 逐渐增大;随着棱镜折射率 n 的增大,δ_n 对应的 δ_{ρ} 也相应增大。图 2.15(c)为 $|\partial\rho/\partial\Delta\theta_r|$ 随 $\Delta\theta_r$ 的变化关系,$|\partial\rho/\partial\Delta\theta_r|$ 的图像关于 $\Delta\theta_r=0°$ 对称,$\Delta\theta_r$ 从 $-180°$ 到 $0°$ 时,$|\partial\rho/\partial\Delta\theta_r|$ 逐渐减小;随着棱镜折射率 n 和楔角 α 的增大,$\delta_{\Delta\theta_r}$ 对应的 δ_{ρ} 也相应增大。因此,随着棱镜折射率和楔角的增大,各误差源对径向扫描精度的影响也相应增大。当径向扫描精度降低时,系统的扫描范围增大。实际应用中,应根据扫描范围及扫描精度要求合理选择棱镜的材质及楔角。

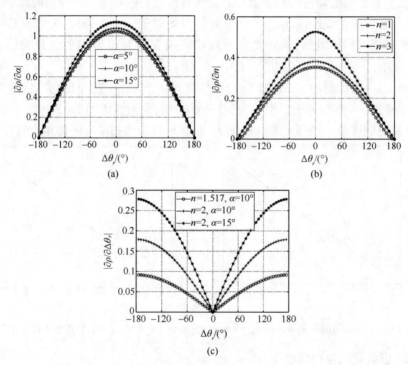

图 2.15　棱镜参数对俯仰角偏导数的影响

(a) $\Delta\theta_r$ 对 $|\partial\rho/\partial\alpha|$ 的影响;(b) $\Delta\theta_r$ 对 $|\partial\rho/\partial n|$ 的影响;(c) $\Delta\theta_r$ 对 $|\partial\rho/\partial\Delta\theta_r|$ 的影响。

当棱镜楔角 $\alpha=10°$,折射率 $n=1.517$,双棱镜间夹角 $\Delta\theta_r$ 在 $-180°\sim180°$ 范围内变化时,$|\partial\rho/\partial\alpha|$ 的最大值为 1.077,出现在 $\Delta\theta_r=0°$ 处;$|\partial\rho/\partial n|$ 的最大值

为 0.358,出现在 $\Delta\theta_r = 0°$ 处;$|\partial\rho/\partial\Delta\theta_r|$ 的最大值为 0.092,出现在 $\Delta\theta_r = 180°$ 处。设棱镜的楔角制造误差可以达到 1″左右,光学玻璃的不均匀性导致其折射率误差达到 $\pm 1 \times 10^{-5}$,相对转角误差 $\delta_{\Delta\theta_r}$ 为 0.01°时,可以计算出由于楔角误差 δ_α 引起的 δ_ρ 最大值约为 5.22μrad,由于折射率误差 δ_n 引起的 δ_ρ 最大值约为 3.58μrad,由于相对转角误差 $\delta_{\Delta\theta_r}$ 引起的 δ_ρ 最大值约为 16.06μrad。因此棱镜相对转角引起的俯仰角误差值具有较大的减速比,可以从原理上保证高精度径向扫描的要求。

3. 出射光的周向精度

为了研究旋转双棱镜的周向扫描精度,令双棱镜间夹角为恒定值,双棱镜旋转一周,在光屏上形成圆形扫描轨迹时,分析光束方位角的变化率规律。

当双棱镜间夹角恒定时,出射光的方位角仅随棱镜 2 转角的变化而变化。

棱镜 1 和棱镜 2 的偏转角 δ_1 和 δ_2 仅与双棱镜间夹角 $\Delta\theta_r$ 有关,$\Delta\theta_r$ 是常数,设 $A = \sin\delta_1\cos\delta_2\cos\Delta\theta_r + \cos\delta_1\sin\delta_2$,$B = \sin\delta_1\sin\Delta\theta_r$,可知 A 和 B 也为常数。出射光分量可表示为 $x_{rf} = -A\cos\theta_{r2} + B\sin\theta_{r2}$,$y_{rf} = -A\sin\theta_{r2} - B\cos\theta_{r2}$,则

$$\cos\varphi = \frac{x_{rf}}{\sqrt{x_{rf}^2 + y_{rf}^2}} = \frac{-A\cos\theta_{r2} + B\sin\theta_{r2}}{\sqrt{A^2 + B^2}} \tag{2.19}$$

此时,方位角仅与棱镜 2 的转角有关,表达为 $\varphi = f(\theta_{r2})$,则出射光方位角的误差表达为

$$\delta_\varphi = \left|\frac{\mathrm{d}\varphi}{\mathrm{d}\theta_{r2}}\right|\delta_{\theta_{r2}} \tag{2.20}$$

当 $y_{rf} \geq 0$ 时,方位角变化率 $\mathrm{d}\varphi/\mathrm{d}\theta_{r2}$ 为

$$\frac{\mathrm{d}\varphi}{\mathrm{d}\theta_{r2}} = -\frac{1}{\dfrac{-A\cos\theta_{r2} - B\sin\theta_{r2}}{\sqrt{A^2 + B^2}}} \cdot \frac{A\sin\theta_{r2} + B\cos\theta_{r2}}{\sqrt{A^2 + B^2}} = 1 \tag{2.21a}$$

当 $y_{rf} < 0$,方位角变化率 $\mathrm{d}\varphi/\mathrm{d}\theta_{r2}$ 为

$$\frac{\mathrm{d}\varphi}{\mathrm{d}\theta_{r2}} = \frac{1}{\dfrac{A\cos\theta_{r2} + B\sin\theta_{r2}}{\sqrt{A^2 + B^2}}} \cdot \frac{A\sin\theta_{r2} + B\cos\theta_{r2}}{\sqrt{A^2 + B^2}} = 1 \tag{2.21b}$$

综上所述,当双棱镜间夹角恒定时,出射光方位角变化率恒为 1。由此可知,出射光的方位角变化量与恒夹角双棱镜系统的转角变化量相等,即旋转双棱镜的周向精度与恒夹角双棱镜扫描系统旋转角度的精度一致。

2.4.2 偏摆扫描模式的扫描范围和精度

1. 光束扫描范围

当入射光沿光轴方向入射时,出射光束的垂直张角 ρ_V 为

$$\rho_V = \arctan\left(\frac{x_{tf}}{z_{tf}}\right) = \arctan\frac{\cot\beta_{t2}}{\cos(\gamma_{t2} - \delta_2)} = \arctan\frac{-\tan\delta_1}{\cos\delta_2} \qquad (2.22a)$$

出射光束的水平张角 ρ_H 为

$$\rho_H = \arctan\left(\frac{y_{tf}}{z_{tf}}\right) = \gamma_{t2} - \delta_2 = -\delta_2 \qquad (2.22b)$$

出射光垂直张角 ρ_V 和水平张角 ρ_H 是关于棱镜 1 摆角 θ_{t1} 和棱镜 2 摆角 θ_{t2} 的函数。图 2.16 为棱镜楔角 $\alpha = 10°$，折射率 $n = 1.517$，偏摆角度范围为 $-45° \sim 45°$ 时出射光垂直张角和水平张角的变化图。由图可知，棱镜 1 的摆角对垂直张角变化的影响较大，对水平张角变化的影响较小；棱镜 2 的摆角对垂直张角变化的影响较小，对水平张角变化的影响较大。

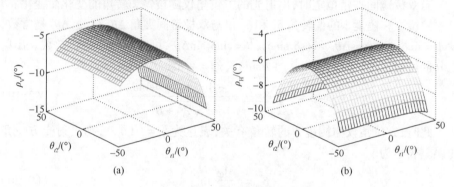

图 2.16　出射光束张角变化图
（a）垂直张角 ρ_V；（b）水平张角 ρ_H。

当棱镜 2 摆角为定值时，出射光垂直张角 ρ_V 关于棱镜 1 摆角 θ_{t1} 的函数不单调，当 θ_{t1} 取 $-45° \sim 45°$ 范围时，ρ_V 先增大后减小；当棱镜 1 摆角为定值时，出射光水平张角 ρ_H 关于棱镜 2 摆角 θ_{t2} 的函数不单调，当 θ_{t2} 取 $-45° \sim 45°$ 范围时，ρ_H 先增大后减小。经过计算，ρ_V 的极大值为 $-5.22°$，ρ_H 的极大值为 $-5.23°$，都在 $\theta_{t1} = -7.56°$、$\theta_{t2} = -2.34°$ 时取得。为了便于偏摆双棱镜扫描系统的光束偏转控制，要求双棱镜摆角 θ_{t1} 和 θ_{t2} 是关于垂直张角和水平张角的单值函数。当 θ_{t1} 和 θ_{t2} 均取 $-45° \sim 45°$ 范围时，对于给定的 ρ_V 和 ρ_H，摆角 θ_{t1} 和 θ_{t2} 的值不唯一。因此，可以令两棱镜分别从 $0°$ 开始偏摆，在 $0° \sim 45°$ 的摆角范围内，ρ_V 和 ρ_H 单调。

2. 光束扫描精度

考虑棱镜摆角误差、棱镜楔角误差和棱镜折射率误差等因素的影响，出射光垂直方向和水平方向的误差模型可以表示为

$$\delta_{\mathrm{V}} = \left| \frac{\partial \rho_{\mathrm{V}}}{\partial \theta_{t1}} \right| \delta_{\theta_{t1}} + \left| \frac{\partial \rho_{\mathrm{V}}}{\partial \theta_{t2}} \right| \delta_{\theta_{t2}} + \left| \frac{\partial \rho_{\mathrm{V}}}{\partial \alpha} \right| \delta_{\alpha} + \left| \frac{\partial \rho_{\mathrm{V}}}{\partial n} \right| \delta_{n} \qquad (2.23\mathrm{a})$$

$$\delta_{\mathrm{H}} = \left| \frac{\partial \rho_{\mathrm{H}}}{\partial \theta_{t1}} \right| \delta_{\theta_{t1}} + \left| \frac{\partial \rho_{\mathrm{H}}}{\partial \theta_{t2}} \right| \delta_{\theta_{t2}} + \left| \frac{\partial \rho_{\mathrm{H}}}{\partial \alpha} \right| \delta_{\alpha} + \left| \frac{\partial \rho_{\mathrm{H}}}{\partial n} \right| \delta_{n} \qquad (2.23\mathrm{b})$$

设棱镜楔角 $\alpha = 10°$，折射率 $n = 1.517$，出射光方向相对棱镜摆角的变化规律如图 2.17 所示。其中，图 2.17(a)和图 2.17(b)为棱镜 2 不发生偏摆时，出射光垂直张角和水平张角对棱镜 1 摆角偏导数的变化规律；图 2.17(c)和图 2.17(d)为棱镜 1 不发生偏摆时，出射光垂直张角和水平张角对棱镜 2 摆角偏导数的变化规律。

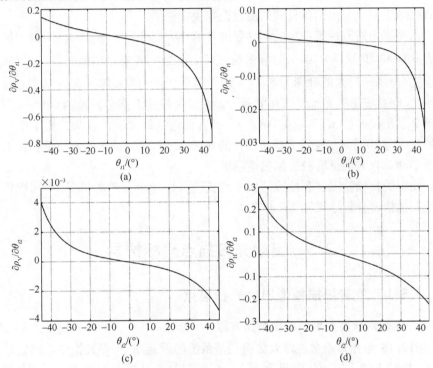

图 2.17　出射光垂直张角和水平张角的偏导数变化规律

(a) θ_{t1} 对 $\partial\rho_{\mathrm{V}}/\partial\theta_{t1}$ 的影响；(b) θ_{t1} 对 $\partial\rho_{\mathrm{H}}/\partial\theta_{t1}$ 的影响；

(c) θ_{t2} 对 $\partial\rho_{\mathrm{V}}/\partial\theta_{t2}$ 的影响；(d) θ_{t2} 对 $\partial\rho_{\mathrm{H}}/\partial\theta_{t2}$ 的影响。

由图 2.16 和图 2.17 可以看出，在 $0° \sim 45°$ 的摆角范围内，随着棱镜摆角的增大，出射光的扫描角度范围相应增大，但水平张角和垂直张角的变化率的绝对值也随之增大，出射光的扫描精度降低。特别地，当 θ_{t1} 和 θ_{t2} 在 $20° \sim 45°$ 范围内时，随着棱镜摆角的增大，出射光束张角变化率快速增大，扫描精度急剧降低。为了保证高精度的扫描要求，此系统的偏摆角度 θ_{t1} 和 θ_{t2} 均取 $0° \sim 10°$ 范围。此时，垂直张

角的范围为 $-5.66° \sim -5.29°$，水平张角的范围为 $-5.44° \sim -5.24°$。

确定双棱镜偏摆范围后，可求得 $|\partial\rho_V/\partial\alpha|$ 与 $|\partial\rho_H/\partial\alpha|$ 的最大值分别为 0.621 和 0.567，出现在 $\theta_{t1} = 10°$ 且 $\theta_{t2} = 10°$ 时。设棱镜的楔角制造误差可以达到 $1''$ 左右，则由楔角误差引起的水平张角误差和垂直张角误差分别为 $3.01\mu\text{rad}$ 和 $2.75\mu\text{rad}$。$|\partial\rho_V/\partial n|$ 与 $|\partial\rho_H/\partial n|$ 的最大值分别为 $0.196\mu\text{rad}$ 和 $0.182\mu\text{rad}$，出现在 $\theta_{t1} = 10°$ 且 $\theta_{t2} = 10°$ 时。设光学玻璃的折射率误差为 $\pm 1 \times 10^{-5}$，则由折射率误差引起的水平张角误差和垂直张角误差分别为 $1.96\mu\text{rad}$ 和 $1.82\mu\text{rad}$。与旋转双棱镜扫描系统相类似，偏摆双棱镜扫描系统的楔角误差及折射率误差属于系统误差，可以通过光学标定的方法进行校正。因此，出射光水平张角误差和垂直张角误差主要由偏摆机械的随机误差决定。

水平张角对双棱镜摆角的偏导数绝对值 $|\partial\rho_V/\partial\theta_{t1}|$ 与 $|\partial\rho_V/\partial\theta_{t2}|$ 的最大值分别为 0.0542 和 3.17×10^{-4}，垂直张角对双棱镜摆角的偏导数绝对值 $|\partial\rho_H/\partial\theta_{t1}|$ 与 $|\partial\rho_H/\partial\theta_{t2}|$ 的最大值分别为 8.22×10^{-4} 和 0.0339，都出现在 $\theta_{t1} = 10°$ 且 $\theta_{t2} = 10°$ 时。此系统出射光水平张角的最大误差仅为棱镜 1 摆角误差的 0.0542 倍与棱镜 2 摆角误差的 3.17×10^{-4} 倍之和，垂直张角的最大误差仅为棱镜 1 摆角误差的 8.22×10^{-4} 倍与棱镜 2 摆角误差的 0.0339 倍之和，故偏摆双棱镜扫描系统在水平和垂直方向都有较高的扫描精度。

光束的扫描精度还和棱镜的楔角相关。考虑单个棱镜的情况，不同楔角时棱镜扫描精度分析结果同 2.2.2 节。

2.5　出射光扫描点坐标推导

2.5.1　旋转扫描模型出射光扫描点

1. 旋转双棱镜入射面和出射面方程

图 2.18 为光束通过旋转双棱镜扫描系统的示意图[9]，设棱镜中心轴处厚度为 d。棱镜 1 的入射面法向量为 $\boldsymbol{N}_{11} = (0,0,1)^T$，且经过点 $O(0,0,0)$，则棱镜 1 的入射面方程为

$$z = 0 \qquad (2.24a)$$

棱镜 1 的出射面法向量为 $\boldsymbol{N}_{12} = (\cos\theta_{r1}\sin\alpha, \sin\theta_{r1}\sin\alpha, \cos\alpha)^T$，且经过点 $(0,0,d)$，则棱镜 1 的出射面方程为

$$\cos\theta_{r1}\sin\alpha \cdot x + \sin\theta_{r1}\sin\alpha \cdot y + \cos\alpha \cdot (z-d) = 0 \qquad (2.24b)$$

棱镜 2 的入射面法向量为 $\boldsymbol{N}_{21} = (-\cos\theta_{r2}\sin\alpha, -\sin\theta_{r2}\sin\alpha, \cos\alpha)^T$，且经过点 $O'(0,0,D_1-d)$，则棱镜 2 的入射面方程为

$$-\cos\theta_{r2}\sin\alpha \cdot x - \sin\theta_{r2}\sin\alpha \cdot y + \cos\alpha \cdot [z-(D_1-d)] = 0 \qquad (2.24c)$$

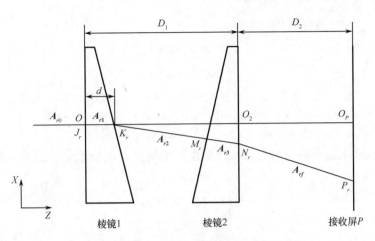

图 2.18　光束通过旋转双棱镜扫描系统示意图

棱镜 2 的出射面法向量为 $N_{22} = (0,0,1)^T$，且经过点 $O_2(0,0,D_1)$，则棱镜 2 的出射面方程为

$$z = D_1 \tag{2.24d}$$

屏幕 P 所在平面的方程为

$$z = D_1 + D_2 \tag{2.24e}$$

2. 光束通过双棱镜时各交点的坐标值

已知棱镜 1 的入射光向量为 $A_{r0} = (x_{r0}, y_{r0}, z_{r0})^T$，与入射面的交点为 $J_r(x_{rj}, y_{rj}, z_{rj})$，入射光所在直线方程为 $\dfrac{x - x_{rj}}{x_{r0}} = \dfrac{y - y_{rj}}{y_{r0}} = \dfrac{z - z_{rj}}{z_{r0}} = t_{c0}$，其中 $t_{c0} = \dfrac{-z_{rj}}{z_{r0}}$。

由 2.3.1 节可知，棱镜 1 入射面的折射光向量为 $A_{r1} = (x_{r1}, y_{r1}, z_{r1})^T$，且折射光经过 $J_r(x_{rj}, y_{rj}, z_{rj})$，求得棱镜 1 的入射面的折射光所在直线方程为 $\dfrac{x - x_{rj}}{x_{r1}} = \dfrac{y - y_{rj}}{y_{r1}} = \dfrac{z - z_{rj}}{z_{r1}} = t_{c1}$，棱镜 1 入射面的折射光与棱镜 1 出射面的交点 $K_r(x_{rk}, y_{rk}, z_{rk})$ 坐标值为

$$\begin{cases} x_{rk} = x_{r1} t_{c1} + x_{rj} \\ y_{rk} = y_{r1} t_{c1} + y_{rj} \\ z_{rk} = z_{r1} t_{c1} + z_{rj} \end{cases} \tag{2.25a}$$

式中：$t_{c1} = \dfrac{-\cos\theta_{r1}\sin\alpha \cdot x_{rj} - \sin\theta_{r1}\sin\alpha \cdot y_{rj} - \cos\alpha \cdot (z_{rj} - d)}{\cos\theta_{r1}\sin\alpha \cdot x_{r1} + \sin\theta_{r1}\sin\alpha \cdot y_{r1} + \cos\alpha \cdot z_{r1}}$。

同理，建立双棱镜各面的折射光所在直线方程，并联立上节所建立的各面方程，可求出光束与各面交点的坐标值。棱镜 1 的出射光与棱镜 2 入射面的交点

55

$M_r(x_{rm}, y_{rm}, z_{rm})$ 坐标值为

$$\begin{cases} x_{rm} = x_{r2}t_{c2} + x_{rk} \\ y_{rm} = y_{r2}t_{c2} + y_{rk} \\ z_{rm} = z_{r2}t_{c2} + z_{rk} \end{cases} \tag{2.25b}$$

式中:$t_{c2} = \dfrac{\cos\theta_{r2}\sin\alpha \cdot x_{rk} + \sin\theta_{r2}\sin\alpha \cdot y_{rk} - \cos\alpha \cdot [z_k - (D_1 - d)]}{-\cos\theta_{r2}\sin\alpha \cdot x_{r2} - \sin\theta_{r2}\sin\alpha \cdot y_{r2} + \cos\alpha \cdot z_{r2}}$。

棱镜 2 入射面的折射光与棱镜 2 出射面的交点 $N_r(x_{rn}, y_{rn}, z_{rn})$ 坐标值为

$$\begin{cases} x_{rn} = x_{r3}t_{c3} + x_{rm} \\ y_{rn} = y_{r3}t_{c3} + y_{rm} \\ z_{rn} = z_{r3}t_{c3} + z_{rm} \end{cases} \tag{2.25c}$$

式中:$t_{c3} = \dfrac{D_1 - z_{rm}}{z_{r3}}$。

棱镜 2 的出射光与屏幕 P 的交点,即出射光扫描点 $P_r(x_{rp}, y_{rp}, z_{rp})$ 坐标值为

$$\begin{cases} x_{rp} = x_{rf}t_{c4} + x_{rn} \\ y_{rp} = y_{rf}t_{c4} + y_{rn} \\ z_{rp} = z_{rf}t_{c4} + z_{rn} = D_1 + D_2 \end{cases} \tag{2.25d}$$

式中:$t_{c4} = \dfrac{D_1 + D_2 - z_{rn}}{z_{rf}} = \dfrac{D_2}{z_{rf}}$。

2.5.2 偏摆扫描模型出射光扫描点

1. 偏摆双棱镜入射面和出射面方程

图 2.19 为光束通过偏摆双棱镜扫描系统的示意图,设棱镜中心轴处厚度为 d。棱镜 1 的入射面法向量为 $\boldsymbol{N}_{11} = (\sin\theta_{t1}, 0, \cos\theta_{t1})^{\mathrm{T}}$,且经过点 $O(0,0,0)$,可求得棱镜 1 的入射面方程为

$$\sin\theta_{t1} \cdot x + \cos\theta_{t1} \cdot z = 0 \tag{2.26a}$$

棱镜 1 的出射面法向量为 $\boldsymbol{N}_{12} = (\sin(\alpha + \theta_{t1}), 0, \cos(\alpha + \theta_{t1}))^{\mathrm{T}}$,且经过点 $(\sin\theta_{t1} \cdot d, 0, \cos\theta_{t1} \cdot d)$,可求得棱镜 1 的出射面方程为

$$\sin(\alpha + \theta_{t1}) \cdot (x - \sin\theta_{t1} \cdot d) + \cos(\alpha + \theta_{t1})(z - \cos\theta_{t1} \cdot d) = 0 \tag{2.26b}$$

棱镜 2 的入射面法向量为 $\boldsymbol{N}_{21} = (0, -\sin(\alpha + \theta_{t2}), \cos(\alpha + \theta_{t2}))^{\mathrm{T}}$,且经过点 $(0, \sin\theta_{t2} \cdot d, D_1 - \cos\theta_{t2} \cdot d)$,可求得棱镜 2 的入射面方程为

$$-\sin(\alpha + \theta_{t2})(y - \sin\theta_{t2} \cdot d) + \cos(\alpha + \theta_{t2})[z - (D_1 - \cos\theta_{t2} \cdot d)] = 0 \tag{2.26c}$$

棱镜 2 的出射面法向量为 $\boldsymbol{N}_{22} = (0, -\sin\theta_{t2}, \cos\theta_{t2})^{\mathrm{T}}$,且经过点 $O_2(0, 0, D_1)$,

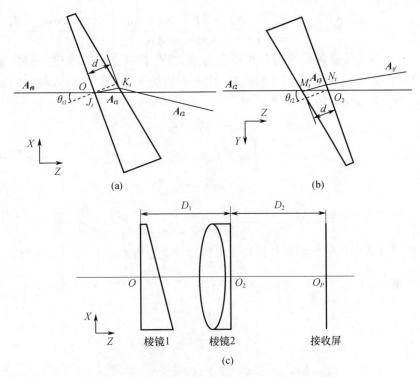

图 2.19 光束通过偏摆双棱镜扫描系统示意图

(a)棱镜 1 主截面；(b)棱镜 2 主截面；(c)双棱镜布置形式。

可求得棱镜 2 的出射面方程为

$$-\sin\theta_{t2} \cdot y + \cos\theta_{t2}(z - D_1) = 0 \tag{2.26d}$$

屏幕 P 所在平面的方程为 $z = D_1 + D_2$。

2. 光束通过双棱镜时各交点的坐标值

已知棱镜 1 的入射光向量为 $A_{t0} = (x_{t0}, y_{t0}, z_{t0})^{\mathrm{T}}$，与入射面的交点为 $J_t(x_{tj}, y_{tj}, z_{tj})$，其中 $z_{tj} = -x_{tj} \cdot \tan\theta_{t1}$。

由 2.3.2 节可知棱镜 1 入射面的折射光向量为 $A_{t1} = (x_{t1}, y_{t1}, z_{t1})^{\mathrm{T}}$，且折射光经过点 $J_t(x_{tj}, y_{tj}, z_{tj})$，求得棱镜 1 入射面的折射光所在直线的方程为 $\dfrac{x - x_{tj}}{x_{t1}} = \dfrac{y - y_{tj}}{y_{t1}} = \dfrac{z - z_{tj}}{z_{t1}} = u_{c1}$，棱镜 1 入射面的折射光与棱镜 1 出射面的交点 $K_t(x_{tk}, y_{tk}, z_{tk})$ 坐标值为

$$\begin{cases} x_{tk} = x_{t1} u_{c1} + x_{tj} \\ y_{tk} = y_{t1} u_{c1} + y_{tj} \\ z_{tk} = z_{t1} u_{c1} + z_{tj} \end{cases} \tag{2.27a}$$

式中：$u_{c1} = -\dfrac{\sin(\alpha + \theta_{t1}) \cdot (x_{tj} - \sin\theta_{t1} \cdot d) + \cos(\alpha + \theta_{t1}) \cdot (z_{tj} - \cos\theta_{t1} \cdot d)}{\sin(\alpha + \theta_{t1}) \cdot x_{t1} + \cos(\alpha + \theta_{t1}) \cdot z_{t1}}$。

同理，建立棱镜各面的折射光所在直线方程，并联立上节所建立的各面方程，可求出光束与各面交点的坐标值。棱镜 1 出射光与棱镜 2 的入射面的交点 $M_t(x_{tm}, y_{tm}, z_{tm})$ 坐标值为

$$\begin{cases} x_{tm} = x_{t2}u_{c2} + x_{tk} \\ y_{tm} = y_{t2}u_{c2} + y_{tk} \\ z_{tm} = z_{t2}u_{c2} + z_{tk} \end{cases} \quad (2.27\text{b})$$

式中：$u_{c2} = \dfrac{\sin(\alpha + \theta_{t2}) \cdot (y_{tk} - \sin\theta_{t2} \cdot d) - \cos(\alpha + \theta_{t2}) \cdot [z_{tk} - (D_1 - \cos\theta_{t2} \cdot d)]}{-\sin(\alpha + \theta_{t2}) \cdot y_{t2} + \cos(\alpha + \theta_{t2}) \cdot z_{t2}}$。

棱镜 2 入射面的折射光与棱镜 2 出射面的交点 $N_t(x_{tn}, y_{tn}, z_{tn})$ 坐标值为

$$\begin{cases} x_{tn} = x_{t3}u_{c3} + x_{tm} \\ y_{tn} = y_{t3}u_{c3} + y_{tm} \\ z_{tn} = z_{t3}u_{c3} + z_{tm} \end{cases} \quad (2.27\text{c})$$

式中：$u_{c3} = \dfrac{\sin\theta_{t2} \cdot y_{tm} - \cos\theta_{t2} \cdot (z_{tm} - D_1)}{-\sin\theta_{t2} \cdot y_{t3} + \cos\theta_{t2} \cdot z_{t3}}$。

棱镜 2 的出射光与屏幕 P 的交点，即出射光扫描点 $P_t(x_{tp}, y_{tp}, z_{tp})$ 坐标值为

$$\begin{cases} x_{tp} = x_{tf}u_{c4} + x_{tn} \\ y_{tp} = y_{tf}u_{c4} + y_{tn} \\ z_{tp} = z_{tf}u_{c4} + z_{tn} \end{cases} \quad (2.27\text{d})$$

式中：$u_{c4} = \dfrac{D_1 + D_2 - z_{tn}}{z_{tf}}$。

2.6 双棱镜间距讨论

两个棱镜间的最小摆放距离为两棱镜不发生碰撞的临界距离。两个棱镜间的最大摆放距离应保证光束在传播过程中始终在双棱镜的通光孔径内。若两棱镜间摆放距离过远，则棱镜 1 的出射光束无法与棱镜 2 的入射面相交，或棱镜 2 内的折射光束超出棱镜 2 的通光孔径。

取两个棱镜的楔角 $\alpha = 10°$，折射率 $n = 1.517$，旋转角度范围为 $0° \sim 360°$，偏摆角度范围为 $0° \sim 10°$，棱镜的通光孔径 $D_p = 80\text{mm}$，棱镜的薄端厚度 $d_0 = 5\text{mm}$，可求得棱镜的中心轴处厚度为 $d = d_0 + D_p/2 \cdot \tan\alpha$。

2.6.1　旋转扫描模型棱镜间距

在旋转扫描模型中,当两个棱镜的厚端相对时,最易发生碰撞。此时两棱镜间的最小摆放距离为棱镜厚端厚度的两倍,其值为

$$2 \times (d_0 + D_p \cdot \tan\alpha) = 2 \times (5 + 80 \cdot \tan10°) = 38\text{mm}$$

在实际装置中,需要考虑镜框等结构尺寸的影响,双棱镜间的安全距离应该在此最小摆放距离的基础上乘以一个装置结构安全系数 $\lambda(\lambda > 1)$。

为了求得通光孔径为 $D_p = 80\text{mm}$ 的旋转双棱镜间的最大摆放距离,需要求解光束与棱镜 2 出射面的交点 N_r 和出射面中心点 O_2 间距离为 40mm 时所对应的 D_1 值。对旋转双棱镜,光束的径向偏移由棱镜间的夹角决定。假设入射光由 O 点入射,入射光向量为 $\boldsymbol{A}_{r0} = (0,0,1)^{\text{T}}$。棱镜 2 不发生转动,棱镜 1 在 0°~360°范围内匀速转动,即双棱镜间夹角范围为 0°~360°。采用一维区间搜索逼近的方法,当两棱镜间距离 $D_1 = 439\text{mm}$ 时,出射点与出射面中心点间距离 $|N_r O_2|_{\max} = 39.939\text{mm}$,当两棱镜间距离 $D_1 = 440\text{mm}$,出射点与出射面中心点间的距离 $|N_r O_2| > 40\text{mm}$。

图 2.20 为两棱镜间摆放距离 $D_1 = 439\text{mm}$ 时,随着双棱镜间夹角 $\Delta\theta_r$ 变化,光束与棱镜 2 入射面的交点 M_r 和入射面中心点 O'间距离 $|M_r O'|$ 及光束与棱镜 2 出射面的交点 N_r 和出射面中心点 O_2 间距离 $|N_r O_2|$ 的变化情况。该系统中,双棱镜间最大摆放距离约为 $D_1 = 439\text{mm}$,当两棱镜间夹角 $\Delta\theta_r = 0°$时,出射光达到超出系统通光孔径的临界点。

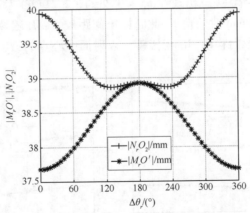

图 2.20　$|M_r O'|$、$|N_r O_2|$ 随双棱镜间夹角的变化图

因此,对于通光孔径 $D_p = 80\text{mm}$,楔角 $\alpha = 10°$,折射率 $n = 1.517$,棱镜的薄端厚度 $d_0 = 5\text{mm}$ 的旋转双棱镜扫描系统,双棱镜间距 D_1 的参考范围为 38~439mm。

2.6.2　偏摆扫描模型棱镜间距

在偏摆扫描模型中，当两棱镜同时偏摆到最大角度时，容易发生碰撞。空间两圆面间最短距离可以借助三维软件的测量功能实测。先将两棱镜按 $D_1 = 60\text{mm}$ 的距离摆放，然后将双棱镜分别摆动 $10°$，测出两棱镜相对面的最短距离为 10.92mm，此距离在 Z 轴的投影长度为 10.12mm，可得最短参考距离为 49.88mm。由于三维软件所测出的两面间的最短距离为空间点最短距离，小于两圆面间沿 Z 轴的最短距离，因此该最短参考距离略大于理论最小摆放距离。与旋转双棱镜系统相似，在实际装置中，在此值的基础上乘以一个装置结构安全系数 $\lambda(\lambda > 1)$。

假设入射光由 O 点入射，入射光向量为 $A_{t0} = (0,0,1)^{\text{T}}$。棱镜 1 由 $0°$ 匀速摆动至 $10°$，由 2.3.2 节的推导可知，入射光通过棱镜 1 时只在 XOZ 平面内发生折射，棱镜 1 的出射光与棱镜 2 入射面的交点 M_t 的 x_{tm} 坐标随棱镜 1 的摆角变化，y_{tm} 坐标恒为 0，z_{tm} 坐标为 $D_1 - \cos\alpha/\cos(\alpha + \theta_{t2}) \cdot d$。为了分析棱镜 1 出射光与棱镜 2 入射面的交点 M_t 偏离中心点时棱镜 1 的状态，可先令棱镜 2 不动，设其偏摆角度为 $0°$，此时交点 M_t 偏离中心点的距离为 $|x_{tm}|$。棱镜 1 的出射光与棱镜 2 入射面的交点 M_t 的 x_{tm} 坐标随棱镜 1 摆角 θ_{t1} 的变化情况如图 2.21 所示。

图 2.21(a) 为 $D_1 = 60\text{mm}$、$D_1 = 80\text{mm}$ 和 $D_1 = 100\text{mm}$ 时的情形，此时双棱镜间距较小，M_t 随棱镜 1 摆角 θ_{t1} 的增大逐渐向 X 轴正方向移动，M_t 与棱镜 2 入射面中心点的最大距离 $|x_{tm}|$ 出现在 $\theta_{t1} = 0°$ 处；图 2.21(b) 为 $D_1 = 350\text{mm}$、$D_1 = 400\text{mm}$ 和 $D_1 = 450\text{mm}$ 时的情形，此时棱镜间距较大，M_t 随棱镜 1 摆角 θ_{t1} 的增大逐渐向 X 轴负方向移动，M_t 与棱镜 2 入射面中心点的最大距离 $|x_{tm}|$ 出现在 $\theta_{t1} = 10°$ 处。

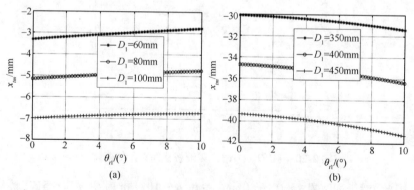

图 2.21　x_{tm} 坐标随棱镜 1 摆角 θ_{t1} 的变化情况

(a) $D_1 = 60\text{mm}$、$D_1 = 80\text{mm}$ 和 $D_1 = 100\text{mm}$；(b) $D_1 = 350\text{mm}$、$D_1 = 400\text{mm}$ 和 $D_1 = 450\text{mm}$。

由 2.5.2 节推导可知，$x_{tm} = x_{t2} u_{c2} + x_{tk}$，主要由 x_{t2}、u_{c2}、x_{tk} 三个参数决定。表 2.3 列举了棱镜 1 的摆动角度为 $0° \sim 10°$ 时，棱镜 1 出射点 K_t 的坐标值 (x_{tk}, y_{tk}, z_{tk}) 及出射光向量 $(x_{t2}, y_{t2}, z_{t2})^{\mathrm{T}}$。

表 2.3　棱镜 1 出射点 K_t 的坐标值 (x_{tk}, y_{tk}, z_{tk}) 及出射光向量 $(x_{t2}, y_{t2}, z_{t2})^{\mathrm{T}}$

$\theta_{t1}/(°)$	x_{tk}/mm	y_{tk}/mm	z_{tk}/mm	x_{t2}	y_{t2}	z_{t2}
0	0.000	0	12.053	−0.092	0	0.996
2	0.144	0	12.105	−0.093	0	0.996
4	0.290	0	12.161	−0.094	0	0.996
6	0.437	0	12.223	−0.095	0	0.995
8	0.587	0	12.290	−0.097	0	0.995
10	0.740	0	12.362	−0.098	0	0.995

由表 2.3 可知，当棱镜 1 由 $0°$ 摆动到 $10°$ 时，出射点的 x_{tk} 值逐渐增大，x_{t2} 值逐渐减小；当 $\theta_{t2} = 0°$ 时，u_{c2} 可简化为 $u_{c2} = [(D_1 - d) - z_{tk}]/z_{t2}$。由于棱镜摆动过程中 z_{tk} 和 z_{t2} 的变化值很小，因此 u_{c2} 的值主要受 D_1 影响。分析可知，当棱镜间距离较小时，x_{tm} 值受 x_{tk} 值变化的影响大，受出射光向量的 x_{t2} 坐标值变化的影响较小。因此，当 $D_1 = 60\mathrm{mm}$ 及 $D_1 = 100\mathrm{mm}$ 时，x_{tm} 随 θ_{t1} 的增大而增大；当棱镜间距离较大时，x_{tm} 值受 x_{tk} 坐标变化的影响小，受 x_{t2} 值变化的影响较大。因此，当 $D_1 = 300\mathrm{mm}$ 及 $D_1 = 440\mathrm{mm}$ 时，x_{tm} 随 θ_{t1} 的增大而减小。

本书主要讨论通光孔径为 $D_p = 80\mathrm{mm}$ 的双棱镜系统，当 $D_1 = 440\mathrm{mm}$ 时，光线已经超出棱镜的通光孔径，其最大摆放距离应该小于 $440\mathrm{mm}$。此时棱镜间的摆放距离较大，x_{tm} 值随 θ_{t1} 的增大而减小，$|x_{tm}|$ 的最大值出现在 $\theta_{t1} = 10°$ 处，即当棱镜 1 的偏摆角度 $\theta_{t1} = 10°$ 时，棱镜 1 的出射光与棱镜 2 的交点偏离棱镜面中心点最远。

为了求出光束偏离棱镜 2 出射面中心点最远时棱镜 2 的偏摆状态，令棱镜 1 的摆角 $\theta_{t1} = 10°$，棱镜 2 由 $0°$ 匀速摆动至 $10°$ 时，光束通过棱镜 2 时只在 YOZ 平面内发生折射。表 2.4 列举了棱镜 1 摆角为 $10°$，棱镜 2 的摆角变化范围 $0° \sim 10°$ 时，棱镜 2 内折射光束向量值 $(x_{t3}, y_{t3}, z_{t3})^{\mathrm{T}}$。

表 2.4　棱镜 2 内折射光束向量值表

$\theta_{t2}/(°)$	x_{t3}	y_{t3}	z_{t3}
0	−0.0648	−0.0600	0.9961
2	−0.0648	−0.0721	0.9953
4	−0.0648	−0.0844	0.9943
6	−0.0648	−0.0967	0.9932
8	−0.0648	−0.1091	0.9919
10	−0.0648	−0.1217	0.9904

由表 2.4 可知,当 θ_{t2} 在 $0° \sim 10°$ 范围内变化时,棱镜 2 的入射光经入射面折射后,向远离中心轴的方向传播。因此,当双棱镜间距较大时,光束易在棱镜 2 的出射面处超出其通光孔径。其出射点 $N_t(x_{tn}, y_{tn}, z_{tn})$ 与棱镜 2 出射面的中心点 $O_2(0,0,D_1)$ 间距 $|N_tO_2| = \sqrt{x_{tn}^2 + y_{tn}^2 + (z_{tn} - D_1)^2}$ 的最大值等于 40mm 时,所对应的 D_1 值即为此系统双棱镜间的最大摆放距离。

图 2.22 为光束出射点与 O_2 间距离 $|N_tO_2|$ 随棱镜 2 摆角的变化图。由计算可知,当 $D_1 = 429$mm 时,$|N_tO_2|_{max} = 39.9995$mm;当 $D_1 = 430$mm,$|N_tO_2|_{max} > 40$mm。此系统的双棱镜间最大摆放距离约为 $D_1 = 429$mm。当棱镜 1 摆角 $\theta_{t1} = 10°$,棱镜 2 摆角 $\theta_{t2} = 0°$ 时,出射光达到超出系统通光孔径的临界点。

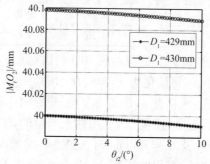

图 2.22　出射点与 O_2 间距离随棱镜 2 摆角的
变化情况($D_1 = 429$mm 和 $D_1 = 430$mm)

因此,对于通光孔径 $D_p = 80$mm,楔角 $\alpha = 10°$,折射率 $n = 1.517$,棱镜的薄端厚度 $d_0 = 5$mm 的偏摆双棱镜扫描系统,双棱镜间距 D_1 的参考范围为 $50 \sim 429$mm。

2.7　双棱镜多模式扫描分析

2.7.1　旋转扫描模型扫描盲区问题

在有限距离情况下,由于棱镜结构参数的影响,扫描域中心存在扫描盲区[12]。取棱镜楔角 $\alpha = 10°$,折射率 $n = 1.517$,棱镜薄端厚度 $d_0 = 5$mm,通光孔径 $D_p = 80$mm,双棱镜间距 $D_1 = 100$mm,棱镜 2 与屏幕间距 $D_2 = 100$mm。图 2.23 所示为此旋转双棱镜扫描系统的扫描域图。

由于盲区的存在,容易导致指向目标丢失。为了减小盲区对旋转扫描模型应用的影响,下面分析影响盲区形成的关键因素。

设屏幕中心点为 O_P,光束扫描点为 P_r。图 2.24 所示为 P_r 与中心点 O_P 的

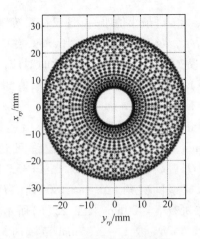

图 2.23　旋转双棱镜扫描域

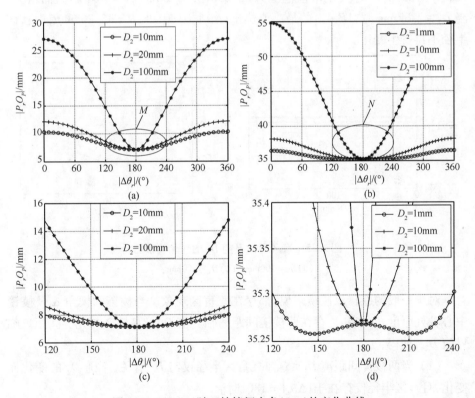

图 2.24　$|P_r O_P|$ 随双棱镜间夹角 $|\Delta\theta_r|$ 的变化曲线

（a）$D_1 = 100\text{mm}$；（b）$D_1 = 400\text{mm}$；（c）M 处的放大图；（d）N 处的放大图。

距离 $|P_r O_P|$ 随双棱镜间夹角 $|\Delta\theta_r|$ 的变化曲线图，$|P_r O_P|$ 最小值即为扫描域盲区半径 R。通过一维搜索方法，遍历 D_1 的取值范围 38～439mm，可以发现当 D_1

取 38 ~ 315mm 范围时,$|P_r O_P|$ 最小值唯一,且仅在双棱镜间夹角 $|\Delta\theta_r| = 180°$ 时取得。如图 2.24(a)所示,双棱镜间距 $D_1 = 100$mm,在棱镜间夹角 $|\Delta\theta_r| = 180°$ 时,$|P_r O_P|$ 取得最小值 $|P_r O_P|_{\min} = 7.1207$mm,此时对应出射光俯仰角为 0°。在此情况下,如图 2.25(a)所示,该最小值不随 D_2 取值的变化而发生变化,恒为定值。

当 D_1 取 316 ~ 439mm 范围时,$|P_r O_P|$ 的最小值还和 D_2 有关。如图 2.24 (b)所示,当 $D_1 = 400$mm、$D_2 = 1$mm 时,在双棱镜间夹角 $|\Delta\theta_r| = 147.69°$ 和 $|\Delta\theta_r| = 212.31°$ 处,$|P_r O_P|$ 取得最小值 $|P_r O_P|_{\min} = 35.258$mm;当 $D_1 = 400$mm、$D_2 = 100$mm 时,仅在双棱镜间夹角 $|\Delta\theta_r| = 180°$ 处,$|P_r O_P|$ 取得唯一最小值 $|P_r O_P|_{\min} = 35.268$mm。取 $D_1 = 400$mm,图 2.25(b)所示为 D_2 对 $|P_r O_P|$ 最小值即盲区半径 R 的影响。当 D_2 取 1 ~ 2.37mm 范围时,$|P_r O_P|$ 的最小值位于 $|\Delta\theta_r| = 180°$ 的两侧,R 的取值范围为 35.258 ~ 35.268mm,R 随 D_2 增大而增大;当 $D_2 \geq 2.37$mm 时,$|P_r O_P|$ 的最小值位于 $|\Delta\theta_r| = 180°$ 处,$R = 35.268$mm,即盲区半径不再发生变化。

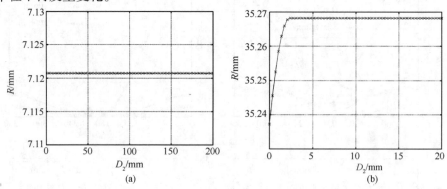

图 2.25　盲区半径 R 随 D_2 的变化关系图

(a)$D_1 = 100$mm; (b)$D_1 = 400$mm。

对于一般的旋转双棱镜来说,都存在此盲区现象。当棱镜的楔角 α 及棱镜中心轴处厚度 d 一定时,存在两棱镜间距离临界值 D_{1c} 及棱镜 2 与光屏间距离临界值 D_{2c},使得:

(1)当两棱镜间距离 $D_1 \leq D_{1c}$ 时,盲区半径仅与 D_1 有关,不随 D_2 的变化而变化,且盲区半径仅存在于 $|\Delta\theta_r| = 180°$ 时。

(2)当两棱镜间距离 $D_1 \geq D_{1c}$ 时,盲区半径与 D_1 和 D_2 均有关。当 $D_2 \leq D_{2c}$ 时,盲区半径随 D_2 的增大而增大,且盲区半径在 $|\Delta\theta_r|$ 位于 $|\Delta\theta_r| = 180°$ 附近的两对称位置处取得;当 $D_2 \geq D_{2c}$ 时,盲区半径不随 D_2 的变化而变化,且盲区半径仅存在于 $|\Delta\theta_r| = 180°$ 时。

2.7.2　旋转扫描模型多模式扫描轨迹

当两棱镜以不同的角速度和角加速度组合时，会得到不同的扫描轨迹。扫描点的精确坐标值(有限距离情况下)为近似坐标值(远距离情况下)的基础上加上出射点的坐标值(X轴和Y轴坐标值)。图 2.26 仿真了棱镜楔角 $\alpha = 10°$，折射率 $n = 1.517$，通光孔径 $D_p = 80\mathrm{mm}$，棱镜的薄端厚度 $d_0 = 5\mathrm{mm}$，双棱镜间距 $D_1 = 100\mathrm{mm}$，光束接收屏距离棱镜 2 的出射面中心点 O_2 的距离 $D_2 = 400\mathrm{mm}$ 时，在远距离和有限距离情况下，两个棱镜以不同速比匹配产生的多种扫描轨迹。在图 2.26 中，远场情况代表近似坐标值，近场情况代表精确坐标值。在后续章节中，若无特殊说明，近场及远场含义与此处相同。

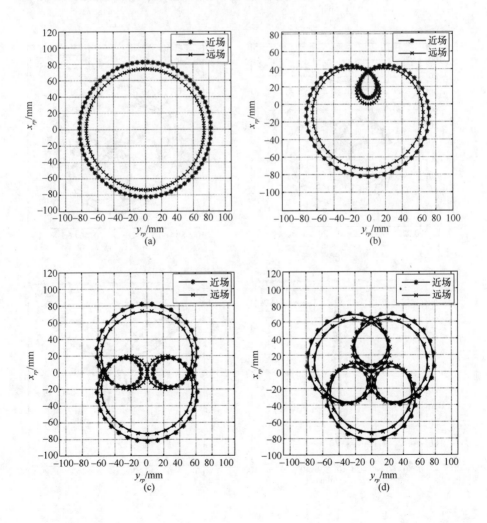

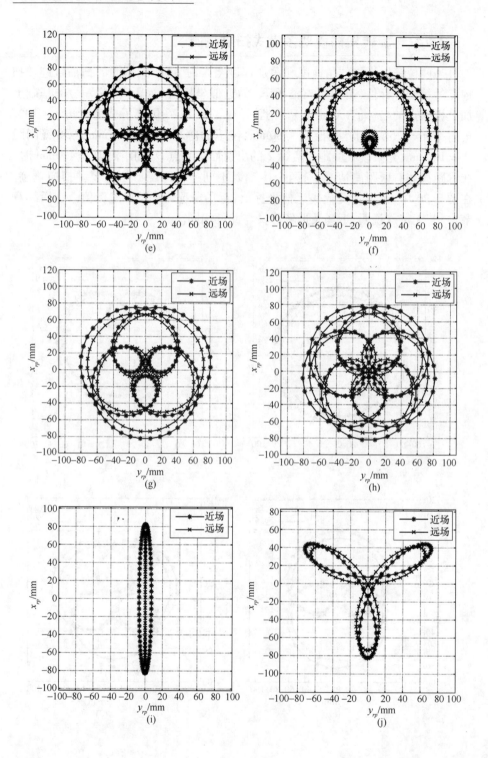

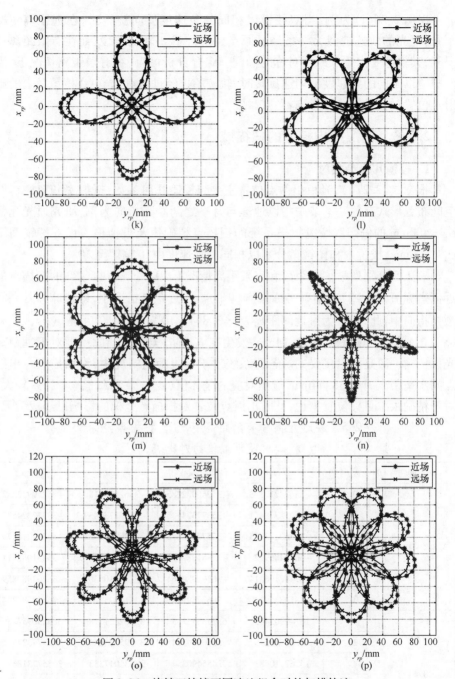

图 2.26　旋转双棱镜不同速比组合时的扫描轨迹

(a)$\omega_{r2}=\omega_{r1}$；(b)$\omega_{r2}=2\omega_{r1}$；(c)$\omega_{r2}=3\omega_{r1}$；(d)$\omega_{r2}=4\omega_{r1}$；(e)$\omega_{r2}=5\omega_{r1}$；(f)$\omega_{r2}=1.5\omega_{r1}$；
(g)$\omega_{r2}=2.5\omega_{r1}$；(h)$\omega_{r2}=3.5\omega_{r1}$；(i)$\omega_{r2}=-\omega_{r1}$；(j)$\omega_{r2}=-2\omega_{r1}$；(k)$\omega_{r2}=-3\omega_{r1}$；(l)$\omega_{r2}=-4\omega_{r1}$；
(m)$\omega_{r2}=-5\omega_{r1}$；(n)$\omega_{r2}=-1.5\omega_{r1}$；(o)$\omega_{r2}=-2.5\omega_{r1}$；(p)$\omega_{r2}=-3.5\omega_{r1}$。

以图 2.26(i)为例,当双棱镜以相同的角速度反向旋转时,在远距离情况下,出射光的轨迹近似为一条经过原点且平行于 X 轴的线段,而在有限距离情况下,其轨迹变为关于原点对称的椭圆。综合分析可得,在有限距离情况下,当两棱镜以不同的角速度比匀速旋转时,轨迹不再经过原点,光束在棱镜 2 上的出射点位置对扫描轨迹的影响不容忽视。

2.7.3 偏摆扫描模型的扫描域

1. 棱镜几何参数讨论

根据式(2.27d),光束出射点位置主要与棱镜几何参数、折射率和双棱镜的空间布置形式有关。本节中将以地球与月亮之间激光指向为例,研究通光孔径 $D_p = 400\text{mm}$ 的偏摆双棱镜扫描系统的扫描点精确值及近似值。设双棱镜间距 $D_1 = 200\text{mm}$,棱镜 1 和棱镜 2 分别以相同的角速度由 0° 偏摆至 10°。

表 2.5 分别列举了远距离和有限距离情况下,D_2 处屏幕接收到的扫描点的近似坐标值(x'_{tp}, y'_{tp})和精确坐标值(x_{tp}, y_{tp})。在远距离情况中,即地球和月亮间激光指向中,此时 D_2 为月地间距离 $D_2 = 3.844 \times 10^{11}\text{mm}$。计算可得,($x'_{tp}$, y'_{tp})和(x_{tp}, y_{tp})的最大偏差仅为 13.14mm,发生在 $\theta_{t1} = \theta_{t2} = 0°$ 时。此精度对于远距离光束传输一般是可以接受的。若此系统用于有限距离情况中,设扫描点与出射点间水平距离 $D_2 = 38.44\text{mm}$,显然对应的坐标值(x_{tp}, y_{tp})和(x'_{tp}, y'_{tp})相差较大,对于精确跟踪目标位置来说,此时出射点位置对扫描点坐标的影响已经成为无

表 2.5 在远距离和有限距离情况下,扫描点坐标值
精确值及近似值的对比表

D_2/mm	$\theta_{t1} = \theta_{t2}$/(°)	x_{tp}/mm	y_{tp}/mm	x'_{tp}/mm	y'_{tp}/mm
	0	−35628217193	−35250932285	−35628217180	−35250932282
	2	−35952738451	−35377324535	−35952738439	−35377324532
3.844×10^{11}	4	−36360173343	−35577318678	−36360173331	−35577318674
	6	−36854859120	−35851982715	−36854859109	−35851982711
	8	−37442106314	−36202980864	−37442106303	−36202980859
	10	−38128339349	−36632591740	−38128339339	−36632591734
	0	16.41902483	6.248362113	3.562821718	3.525093228
	2	16.00529619	6.840269794	3.595273844	3.537732453
38.44	4	15.62110683	7.455490354	3.636017333	3.557731867
	6	15.26658961	8.096359930	3.685485911	3.585198271
	8	14.94224702	8.765478005	3.744210630	3.620298086
	10	14.64900431	9.465736811	3.812833934	3.663259173

法忽视的问题。

本书主要讨论通光孔径为 $D_p = 80\text{mm}$ 的偏摆双棱镜扫描系统,对比其远距离和有限距离情况也可得出类似结论,即在有限距离情况中,出射点位置无法忽视,而对于远距离情况,出射点位置的影响可以忽略不计。

2. 有限距离扫描域

偏摆双棱镜扫描系统可以实现出射光的高精度偏转,但是其扫描域较小。在实际使用过程中,获取有效的扫描域是非常关键的问题。因此,在系统设计时,应明确系统各参数对扫描范围的影响[13]。

图 2.27 为 2.6 节所述的偏摆双棱镜扫描系统在 $D_1 = 100\text{mm}$,$D_2 = 400\text{mm}$ 时出射光的扫描域图。由图可知,该扫描域是一个类似于平行四边形的区域,相邻边夹角接近于直角。为了方便计算,在实际扫描域内取出一个面积最大的矩形区域作为其工作扫描域。对于该系统来说,在其工作扫描域内,x_{tp} 取值范围为 $-47.17 \sim -44.82\text{mm}$,$y_{tp}$ 取值范围为 $-39.63 \sim -37.44\text{mm}$,其工作扫描域面积约为 $2.35\text{mm} \times 2.19\text{mm}$,工作扫描域中心点位置为($-45.99\text{mm}$,$-38.53\text{mm}$)。

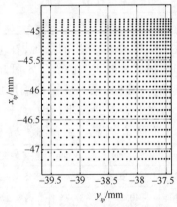

图 2.27 偏摆双棱镜扫描域

3. 影响扫描域的因素

表 2.6 为 2.6 节所述的偏摆双棱镜扫描系统,当 $D_1 = 100\text{mm}$ 时,在不同 D_2 条件下工作扫描域参数表。由表 2.6 可知,当双棱镜间距 D_1 一定时,光屏距离出射面中心点越远,偏摆双棱镜扫描系统的扫描域越大,扫描域的中心点越偏离屏幕原点。

表 2.7 为 2.6 节所述的偏摆双棱镜扫描系统,当 $D_2 = 400\text{mm}$ 时,在不同 D_1 情况下工作扫描域参数表。由表 2.7 可知,当光屏到出射面中心点的距离 D_2 一定时,改变双棱镜间距 D_1 值仅对 X 方向扫描范围产生影响,Y 方向扫描范围不发生改变。这是由于出射光 Y 方向的偏转主要由棱镜2的摆动引起,而光束入

射棱镜 2 后的光程与双棱镜间距 D_1 无关,因此 D_1 的变化对 Y 方向的扫描不产生影响。随着 D_1 的增大,X 方向的扫描范围增大,扫描域的面积增大,扫描中心点向 X 轴负方向移动,即远离屏幕原点。

表 2.6　不同 D_2 条件下工作扫描域参数表

D_2/mm	x_{tpmin}/mm	x_{tpmax}/mm	y_{tpmin}/mm	y_{tpmax}/mm	扫描域面积/mm²	中心点坐标/mm
200	−27.34	−26.28	−20.58	−19.09	1.06×1.50=1.59	(−26.81,−19.83)
400	−47.17	−44.82	−39.63	−37.44	2.35×2.18=5.13	(−45.99,−38.53)
800	−86.83	−81.90	−77.71	−74.16	4.93×3.54=17.46	(−84.37,−75.93)
1600	−166.16	−156.08	−153.87	−147.60	10.08×6.27=63.19	(−161.12,−150.73)

表 2.7　不同 D_1 情况下工作扫描域参数表

D_1/mm	x_{tpmin}/mm	x_{tpmax}/mm	y_{tpmin}/mm	y_{tpmax}/mm	扫描域面积/mm²	中心点坐标/mm
50	−42.23	−40.20	−39.63	−37.44	2.03×2.18=4.42	(−41.22,−38.53)
100	−47.17	−44.82	−39.63	−37.44	2.35×2.18=5.13	(−45.99,−38.53)
200	−57.04	−54.05	−39.63	−37.44	3.00×2.18=6.53	(−55.55,−38.53)
400	−76.79	−72.51	−39.63	−37.44	4.28×2.18=9.34	(−74.65,−38.53)

表 2.8 为 2.6 节所述的偏摆双棱镜扫描系统,在 $D_1 = 100\text{mm}$,$D_2 = 400\text{mm}$ 时,取不同 d_0 情况下工作扫描域参数表。由表 2.8 可知,当双棱镜间距 D_1 及出射面中心点到光屏的距离 D_2 一定时,增大棱镜薄端厚度 d_0,X 方向扫描范围减小,Y 方向扫描范围增大,扫描中心点的 X 坐标增大,Y 坐标减小。

表 2.8　不同 d_0 情况下工作扫描域参数表

d_0/mm	x_{tpmin}/mm	x_{tpmax}/mm	y_{tpmin}/mm	y_{tpmax}/mm	扫描域面积/mm²	中心点坐标/mm
5	−47.17	−44.82	−39.63	−37.44	2.35×2.18=5.13	(−45.99,−38.53)
10	−46.19	−44.20	−40.27	−37.75	1.99×2.52=5.02	(−45.19,−39.01)
15	−45.20	−43.58	−40.91	−38.05	1.63×2.86=4.66	(−44.39,−42.13)

2.7.4　偏摆扫描模型多模式扫描轨迹

当两棱镜以不同的偏摆角速度组合时,会得到不同的扫描轨迹。图 2.28 (a)仿真了棱镜 1 和棱镜 2 都为匀速偏摆且 $\omega_{t2} = 2\omega_{t1}$ 的扫描轨迹图。棱镜 1 和棱镜 2 的摆角方程分别为 $\theta_{t1} = -|t-10|+10$ 和 $\theta_{t2} = -|2t-10|+10$,偏摆范围为 $0° \sim 10°$。扫描轨迹为一封闭曲线,扫描点在曲线上循环运动。类似地,图 2.28 (b)和图 2.28(c)仿真了棱镜 1 和棱镜 2 都为匀速偏摆且 $\omega_{t2} = 4\omega_{t1}$ 的扫描轨迹图。棱镜 1 和棱镜 2 的摆角方程分别为 $\theta_{t1} = -|t-10|+10$ 和 $\theta_{t2} = -|4t-10|+10$,偏摆范围为 $0° \sim 10°$。如图 2.28(b)所示,随着棱镜的偏摆,扫描点先正向移动,随后如图 2.28(c)所示,扫描点返回,扫描点在曲线上往返运动。图 2.28(d)仿真

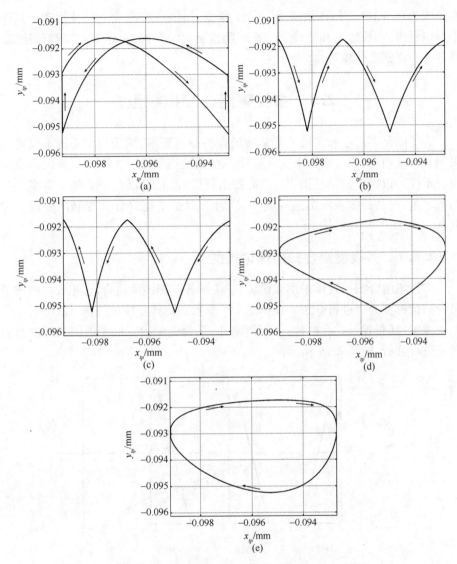

图 2.28　两棱镜按不同速度曲线偏摆的扫描轨迹图

（a）匀速且 $\omega_{t2} = 2\omega_{t1}$；（b）匀速且 $\omega_{t2} = 4\omega_{t1}$；（c）匀速且 $\omega_{t2} = 4\omega_{t1}$；

（d）ω_{t1} 为正弦函数和 ω_{t2} 为匀速；（e）ω_{t1} 为正弦函数和 ω_{t2} 为余弦函数。

了棱镜 1 按正弦函数规律偏摆、棱镜 2 匀速偏摆的扫描轨迹图。棱镜 1 和棱镜 2 的摆角方程分别为 $\theta_{t1} = 5\sin(\pi t/5) + 5$ 和 $\theta_{t2} = -|2t - 10| + 10$，偏摆范围为 0° ~10°。扫描轨迹为一封闭曲线，扫描点在曲线上循环运动。图 2.28（e）仿真了棱镜 1 按正弦函数规律偏摆，而棱镜 2 按余弦函数规律偏摆的扫描轨迹图。棱镜 1 和棱镜 2 的摆角方程分别为 $\theta_{t1} = 5\sin(\pi t/5) + 5$ 和 $\theta_{t2} = 5\cos(\pi t/5) + 5$，偏

摆范围为 $0° \sim 10°$。扫描轨迹为一封闭曲线,扫描点在曲线上循环运动。从图中可以看出,当棱镜 1 和棱镜 2 以不同摆角函数组合时,可以扫描出类似正弦、椭圆等多样式曲线轨迹。

2.8 多棱镜组合扫描模型

为了满足多尺度和多模式等复杂场合的扫描要求,棱镜扫描系统不仅可以采用双棱镜组合,而且可以采用三棱镜甚至四棱镜等棱镜副组合。采用多棱镜组合不仅可以扩大扫描范围[14],提高扫描精度,而且可以获得更加丰富多样的扫描轨迹,提高扫描系统的适应性和灵活性,但是系统设计和控制问题也更加复杂。

2.8.1 多棱镜组合扫描理论模型

多棱镜组合扫描可以采用双棱镜、三棱镜甚至四棱镜组合,这里仅以三棱镜组合扫描模型为例进行介绍。在如图 2.5 所示的旋转双棱镜扫描系统中引入第三块棱镜,其布置形式有两种:平面侧朝外、平面侧朝内。取平面侧朝外的布置形式进行分析,如图 2.29 所示。

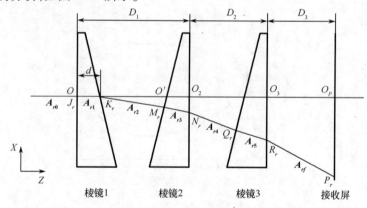

图 2.29 光束通过旋转三棱镜扫描系统示意图

旋转三棱镜扫描系统可视为旋转双棱镜扫描系统与指向棱镜组成。三个棱镜楔角均为 α,折射率为 n,棱镜 3 的出射面中心为 O_3,与棱镜 2 的出射面中心 O_2 间距离 O_2O_3 为 D_2,与接收屏中心 O_P 间距离 O_3O_P 为 D_3。棱镜 3 转速为 ω_{r3},棱镜 3 转角为 θ_{r3},光束经过旋转三棱镜折射后照射在接收屏上,光点位置为 P_r。

棱镜 1 与棱镜 2 的各面法向量与式(2.6a) $\sim$ 式(2.6d)相同,设棱镜 3 入射面的法向量为 N_{31},出射面的法向量为 N_{32},有

$$N_{31} = (-\cos\theta_{r3}\sin\alpha, \ -\sin\theta_{r3}\sin\alpha, \cos\alpha)^{\mathrm{T}} \qquad (2.28a)$$

$$N_{32} = (0,0,1)^{\mathrm{T}} \tag{2.28b}$$

棱镜 1 入射光向量为 A_{r0},经棱镜 1 入射面的折射光向量为 A_{r1},棱镜 1 的出射光向量为 A_{r2},A_{r2} 也是棱镜 2 入射面的入射光向量,经棱镜 2 入射面的折射光向量为 A_{r3},棱镜 2 的出射光向量为 A_{r4},A_{r4} 也是棱镜 3 入射面的入射光向量。A_{r0}、A_{r1}、A_{r2}、A_{r3} 和 A_{r4} 可根据式(2.6)和式(2.7)求解。经棱镜 3 入射面的折射光向量为 A_{r5},棱镜 3 的出射光向量为 A_{rf}。根据矢量折射定律可知:

$$A_{r5} = \frac{1}{n} A_{r4} + \left\{ \sqrt{1 - \left(\frac{1}{n}\right)^2 \cdot \left[1 - (A_{r4} \cdot N_{31})^2\right]} - \frac{1}{n} A_{r4} \cdot N_{31} \right\} \cdot N_{31}$$

$$= (x_{r5}, y_{r5}, z_{r5})^{\mathrm{T}} \tag{2.29a}$$

$$A_{rf} = n A_{r5} + \left\{ \sqrt{1 - n^2 \cdot \left[1 - (A_{r5} \cdot N_{32})^2\right]} - n A_{r5} \cdot N_{32} \right\} \cdot N_{32} = (x_{rf}, y_{rf}, z_{rf})^{\mathrm{T}} \tag{2.29b}$$

将式(2.28)代入式(2.29)可得各折射光束的方向向量。由于公式推导过程较为复杂,此处不给出出射光指向的表达式。

2.8.2　多棱镜组合扫描模型出射光扫描点

多棱镜组合扫描模型出射光扫描点坐标推导方法同 2.5 节,这里仍以三棱镜组合扫描模型为例。

1. 旋转三棱镜入射面与出射面方程

如图 2.29 所示,设棱镜中心轴处厚度为 d。棱镜 1 与棱镜 2 各面的方程与式(2.24a) ~ 式(2.24d)相同。

棱镜 3 的入射面法向量为 $N_{31} = (-\cos\theta_{r3}\sin\alpha, -\sin\theta_{r3}\sin\alpha, \cos\alpha)^{\mathrm{T}}$,且经过点 $(0,0,D_1+D_2-d)$,则棱镜 3 的入射面方程为

$$-\cos\theta_{r3}\sin\alpha \cdot x - \sin\theta_{r3}\sin\alpha \cdot y + \cos\alpha \cdot \left[z - (D_1+D_2-d)\right] = 0 \tag{2.30a}$$

棱镜 3 的出射面法向量为 $N_{32} = (0,0,1)^{\mathrm{T}}$,且经过点 $O_3(0,0,D_1+D_2)$,则棱镜 3 的出射面方程为

$$z = D_1 + D_2 \tag{2.30b}$$

接收屏所在的屏幕方程为

$$z = D_1 + D_2 + D_3 \tag{2.30c}$$

2. 光束通过三棱镜时各交点的坐标值

光束与棱镜 1 和棱镜 2 的各面交点分别为 $J_r(x_{rj}, y_{rj}, z_{rj})$、$K_r(x_{rk}, y_{rk}, z_{rk})$、$M_r(x_{rm}, y_{rm}, z_{rm})$ 和 $N_r(x_{rn}, y_{rn}, z_{rn})$,根据式(2.25a) ~ 式(2.25c)进行求解。

由 2.8.1 节可知,棱镜 3 入射光向量为 $A_{r4} = (x_{r4}, y_{r4}, z_{r4})^{\mathrm{T}}$,且入射光经过点 $N_r(x_{rn}, y_{rn}, z_{rn})$,求得棱镜 3 入射光所在直线方程为 $\dfrac{x - x_{rn}}{x_{r4}} = \dfrac{y - y_{rn}}{y_{r4}} = \dfrac{z - z_{rn}}{z_{r4}} = t_{c4}$,

棱镜 3 的入射光与棱镜 3 入射面的交点 $Q_r(x_{rq}, y_{rq}, z_{rq})$ 坐标值为

$$
\begin{cases}
x_{rq} = x_{r4}t_{c4} + x_{rn} \\
y_{rq} = y_{r4}t_{c4} + y_{rn} \\
z_{rq} = z_{r4}t_{c4} + z_{rn}
\end{cases}
\tag{2.31a}
$$

式中：$t_{c4} = \dfrac{\cos\theta_{r3}\sin\alpha \cdot x_{rn} + \sin\theta_{r3}\sin\alpha \cdot y_{rn} - \cos\alpha \cdot [z_{rn} - (D_1 + D_2 - d)]}{-\cos\theta_{r3}\sin\alpha \cdot x_{r4} - \sin\theta_{r3}\sin\alpha \cdot y_{r4} + \cos\alpha \cdot z_{r4}}$。

同理，可得棱镜 3 入射面的折射光与棱镜 3 出射面的交点 $R_r(x_{rr}, y_{rr}, z_{rr})$ 坐标值为

$$
\begin{cases}
x_{rr} = x_{r5}t_{c5} + x_{rq} \\
y_{rr} = y_{r5}t_{c5} + y_{rq} \\
z_{rr} = z_{r5}t_{c5} + z_{rq}
\end{cases}
\tag{2.31b}
$$

式中：$t_{c5} = \dfrac{D_1 + D_2 - z_{rq}}{z_{r5}}$。

棱镜 3 的出射光与接收屏的交点，即出射光扫描点 $P_r(x_{rp}, y_{rp}, z_{rp})$ 坐标值为

$$
\begin{cases}
x_{rp} = x_{rf}t_{c6} + x_{rr} \\
y_{rp} = y_{rf}t_{c6} + y_{rr} \\
z_{rp} = z_{rf}t_{c6} + z_{rr} = D_1 + D_2 + D_3
\end{cases}
\tag{2.31c}
$$

式中：$t_{c6} = \dfrac{D_1 + D_2 + D_3 - z_{rr}}{z_{rf}} = \dfrac{D_3}{z_{rf}}$。

2.8.3 旋转三棱镜扫描域分析

取棱镜楔角 $\alpha = 10°$，折射率 $n = 1.517$，棱镜薄端厚度 $d_0 = 5\text{mm}$，通光孔径 $D_p = 80\text{mm}$，棱镜 1 与棱镜 2 间距 $D_1 = 100\text{mm}$，棱镜 2 与棱镜 3 间距 $D_2 = 100\text{mm}$。图 2.30(a) 为棱镜 3 与屏幕间距 $D_3 = 40\text{mm}$ 时的扫描域图，图 2.30(b) 为 $D_3 = 100\text{mm}$ 时的扫描域图。

由图 2.30 可以看出，当 D_1 和 D_2 为定值时，盲区半径与 D_3 有关。对比图 2.23，旋转三棱镜扫描系统可以有效改善旋转双棱镜扫描系统的盲区问题。图 2.31 为盲区随 D_3 的变化情况。当 D_3 较小时，虽然旋转三棱镜扫描系统无法消除盲区，但可以有效地减小盲区；当 $D_3 \geq 80\text{mm}$ 时，旋转三棱镜扫描系统可以完全消除盲区。由此可见，在旋转双棱镜扫描系统中引进第三块棱镜，组成旋转三棱镜扫描系统，可以有效地减小盲区甚至消除盲区。

为分析旋转三棱镜对于扫描域范围的影响，取旋转双棱镜扫描系统中棱镜 2 与屏幕间距 $D_2 = 400\text{mm}$；旋转三棱镜扫描系统中棱镜 2 与棱镜 3 间距 $D_2 = 100\text{mm}$，棱镜 3 与屏幕间距 $D_3 = 300\text{mm}$，保证两系统中棱镜 2 与屏幕间距相同。

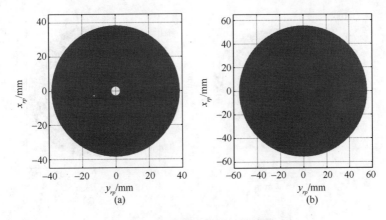

图 2.30　旋转三棱镜扫描域图
（a）$D_3 = 40\text{mm}$；（b）$D_3 = 100\text{mm}$。

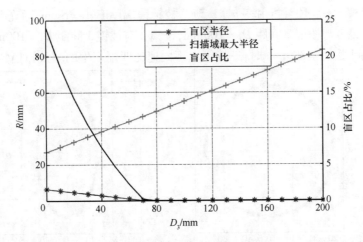

图 2.31　盲区随 D_3 的变化情况

其余参数与前述分析相同。图 2.32（a）为旋转双棱镜扫描系统扫描域图,图 2.32（b）为旋转三棱镜扫描系统扫描域图。旋转双棱镜扫描系统的扫描域半径为 82.4833mm,其中盲区半径为 7.1207mm;旋转三棱镜扫描系统的扫描域半径为 111.6279mm,无盲区,其扫描范围比对应的旋转双棱镜扫描系统扩大84.53%。由此可见,引入第三块棱镜,不仅可以改善旋转双棱镜扫描盲区问题,还可以扩大旋转双棱镜的扫描域。

2.8.4　旋转三棱镜多模式扫描轨迹

本节以旋转三棱镜为例,介绍旋转多棱镜组合模型的多模式扫描轨迹。当三棱镜以不同的旋转速度组合旋转时,会得到不同的扫描轨迹模式。图 2.33 仿

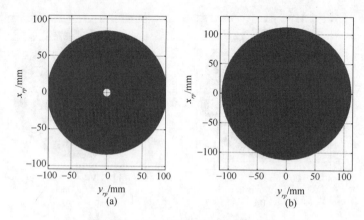

图 2.32　两个扫描系统的扫描域对比

（a）旋转双棱镜；（b）旋转三棱镜。

真了棱镜楔角 $\alpha = 10°$，折射率 $n = 1.517$，棱镜薄端厚度 $d_0 = 5\text{mm}$，通光孔径 $D_p = 80\text{mm}$，棱镜 1 与棱镜 2 间距 $D_1 = 100\text{mm}$，棱镜 2 与棱镜 3 间距 $D_2 = 100\text{mm}$，棱镜 3 与屏幕间距 $D_3 = 300\text{mm}$ 时，三棱镜以不同速比匹配产生的多种扫描轨迹。

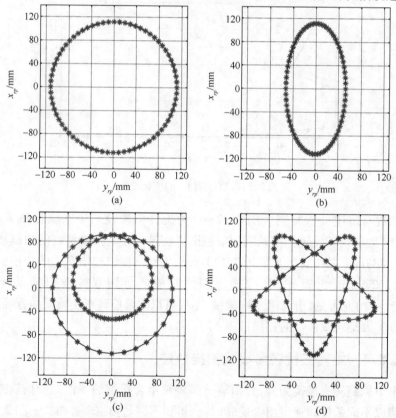

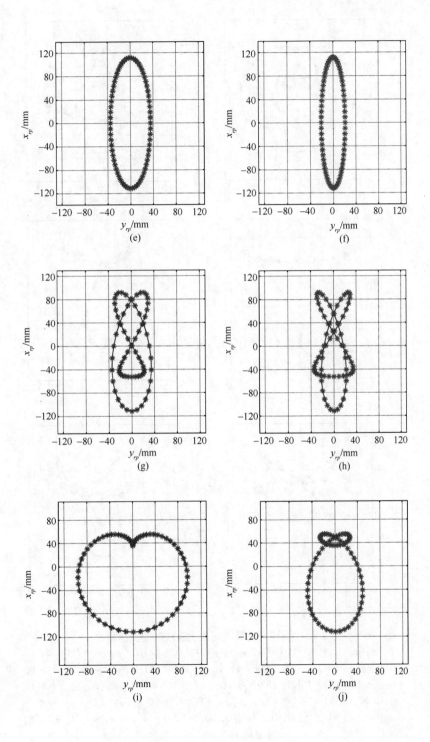

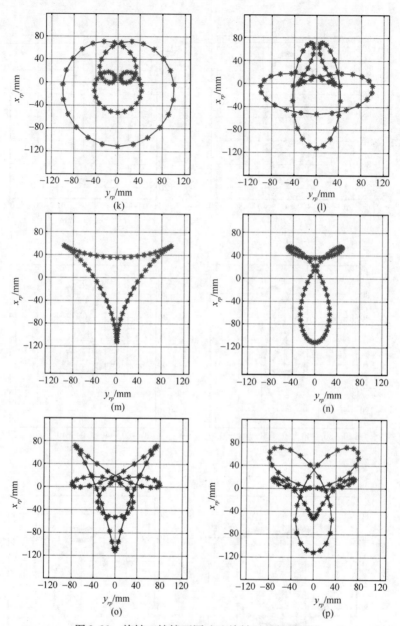

图 2.33　旋转三棱镜不同速比旋转时的扫描轨迹

(a)$\omega_{r1}:\omega_{r2}:\omega_{r3}=1:1:1$；(b)$\omega_{r1}:\omega_{r2}:\omega_{r3}=1:1:-1$；(c)$\omega_{r1}:\omega_{r2}:\omega_{r3}=1:1:1.5$；

(d)$\omega_{r1}:\omega_{r2}:\omega_{r3}=1:1:-1.5$；(e)$\omega_{r1}:\omega_{r2}:\omega_{r3}=1:-1:1$；(f)$\omega_{r1}:\omega_{r2}:\omega_{r3}=1:-1:-1$；

(g)$\omega_{r1}:\omega_{r2}:\omega_{r3}=1:-1:1.5$；(h)$\omega_{r1}:\omega_{r2}:\omega_{r3}=1:-1:-1.5$；(i)$\omega_{r1}:\omega_{r2}:\omega_{r3}=1:2:1$；

(j)$\omega_{r1}:\omega_{r2}:\omega_{r3}=1:2:-1$；(k)$\omega_{r1}:\omega_{r2}:\omega_{r3}=1:2:1.5$；(l)$\omega_{r1}:\omega_{r2}:\omega_{r3}=1:2:-1.5$；

(m)$\omega_{r1}:\omega_{r2}:\omega_{r3}=1:-2:1$；(n)$\omega_{r1}:\omega_{r2}:\omega_{r3}=1:-2:-1$；(o)$\omega_{r1}:\omega_{r2}:\omega_{r3}=1:-2:1.5$；

(p)$\omega_{r1}:\omega_{r2}:\omega_{r3}=1:-2:-1.5$。

可见,旋转三棱镜扫描系统可以实现更加丰富的扫描轨迹。由图 2.33(g)可以看出,旋转三棱镜扫描系统的光束扫描轨迹经过原点,能够有效地消除扫描盲区。对比图 2.26(a)和图 2.33(a)可知,旋转三棱镜扫描系统可以实现更大的光束扫描范围。

2.9　本 章 小 结

本章采用矢量折射法和几何法建立了旋转扫描模式和偏摆扫描模式的理论模型,研究了多模式扫描轨迹、扫描范围、扫描精度、运动参数匹配和多棱镜组合扫描等问题。在双棱镜旋转扫描模型中,分析了出射光的俯仰角与双棱镜间夹角的关系,讨论了棱镜参数变化对扫描范围和径向扫描精度的影响,并研究了扫描盲区的产生机理。在双棱镜偏摆扫描模型中,分析了棱镜摆角与出射光垂直张角和水平张角及其变化率间的关系,从原理上解释了偏摆双棱镜可以在较小的扫描范围内达到较高的水平方向和垂直方向精度,适用于小范围高精度扫描领域。本章最后研究了多棱镜组合扫描模型,介绍了旋转三棱镜理论模型,推导了光束通过三棱镜时各交点的坐标值,并分析了扫描域及其影响因素。

参 考 文 献

[1] Li A H, Ding Y, Bian Y M, et al. Inverse solutions for tilting orthogonal double prisms [J]. Applied Optics, 2014, 53(17): 3712 - 3722.

[2] 丁烨. 双棱镜扫描系统的理论建模与仿真分析[D]. 上海: 同济大学, 2014.

[3] Rosell F A. Prism scanners [J]. Journal of the Optical Society of America, 1960, 50: 521 - 526.

[4] 范大鹏, 周远, 鲁亚飞, 等. 旋转双棱镜光束指向控制技术综述[J]. 中国光学, 2013, 6(2): 136 - 150.

[5] Schwarze C R, Vaillancourt R, Carlson D, et al. Risley - prism based compact laser beam steering for IRCM, laser communications, and laser radar [EB/OL]. Tospfield, MA: Optra Inc, (2005 - 9) [2016 - 10 - 13]. http:// www. optra. com/images/TP - Compact_Beam_Steering. pdf.

[6] Li Y J. Third - order theory of the Risley - prism - based beam steering system [J]. Applied Optics, 2011, 50(5): 679 - 686.

[7] 《光学仪器设计手册》编辑组. 光学仪器设计手册(上)[M]. 北京: 国防工业出版社, 1971.

[8] Senderáková D, Štrba A. Analysis of a wedge prism to perform small - angle beam deviation [J]. Proc. of SPIE, 2003, 5036: 148 - 151.

[9] Li A H, Gao X J, Ding Y. Comparison of refractive rotating dual - prism scanner used in near and far field [J]. Proc. of SPIE, 2014, 9192: 919216 - 919216 - 13.

[10] 孙建锋. 卫星相对运动轨迹光学模拟器的研究[D]. 上海: 中国科学院上海光学精密机械研究所, 2005.

［11］Li A H, Liu L R, Sun J F, et al. Research on a scanner for tilting orthogonal double prisms ［J］. Applied Optics, 2006, 45(31): 8063 - 8069.

［12］Li A H, Sun W S, Yi W L, et al. Investigation of beam steering performances in rotation Risley - prism scanner ［J］. Optics Express, 2016, 24(12): 12840 - 12850.

［13］Li A H, Yi W L, Zuo Q Y, et al. Performance characterization of scanning beam steered by tilting double prisms ［J］. Optics Express, 2016, 24(20): 23543 - 23556.

［14］Sánchez M, Gutow D. Control laws for a 3 - element Risley prism optical beam pointer ［J］. Proc. of SPIE, 2006, 6304: 630403 - 630403 - 7.

第3章 双棱镜多模式扫描逆问题

双棱镜多模式扫描理论的逆问题是指根据已知的光束指向角度或者目标点位置反求棱镜转角（或摆角），这是光学跟踪和目标指向中必须解决的基础问题[1]。由于双棱镜的转角（或摆角）与光束偏转角之间存在非线性关系[2,3]，难以通过解析方法建立逆问题的精确解，而常规数值方法求解存在精度低、效率不高等问题，难以满足实时高精度跟踪的应用要求。本章将介绍双棱镜旋转和偏摆两种扫描模式的逆问题求解过程。

3.1 旋转扫描模式逆问题

在双棱镜多模式扫描系统中，由于棱镜转角和光束偏转角之间存在非线性关系，逆问题求解一直是双棱镜多模式扫描系统理论研究的难点。本部分约定入射光沿光轴方向入射。

3.1.1 两步法求解逆问题

文献[4]给出了采用两步法求解旋转双棱镜逆问题的方法。在远距离情况下，忽略棱镜厚度及双棱镜间距等参数对出射光位置的影响，假设扫描光束从棱镜2出射面的中心点出射[5]。

1. 逆问题的两组目标解

当已知目标点坐标时，可以求出出射光的单位向量 $(x_{tf}, y_{tf}, z_{tf})^T$ 或其俯仰角 ρ 和方位角 φ。在旋转双棱镜扫描系统中，出射光俯仰角 ρ 仅与双棱镜间夹角 $\Delta\theta_r$ 有关，即

$$\rho = \arccos(z_{tf}) = \arccos(\cos\delta_1\cos\delta_2 - \sin\delta_1\sin\delta_2\cos\Delta\theta_r)$$

逆向推导时采用两步法求解，即先根据俯仰角 ρ 的值反求出 $\Delta\theta_r$，再由方位角 φ 的值求解 θ_{r1} 和 θ_{r2}。

为了简化计算，第一步先假设初始状态时 $\theta_{0r1} = 0$，即棱镜1不动，仅旋转棱镜2至 θ_{0r2}，求出 θ_{0r2} 即可求得双棱镜间夹角 $\Delta\theta_r$，此时双棱镜的方位角为 φ_0；第二步根据方位角 φ 的值将棱镜1和棱镜2同时旋转 $\varphi - \varphi_0$ 后，即可求得 θ_{r1} 和 θ_{r2}。同理，第一步假设初始状态时棱镜2不动，仅旋转棱镜1，即可求出第二

81

组解。

1) 第一组解

第一步，假设 $\theta_{0r1}=0$，则 $\Delta\theta_r = \theta_{0r1} - \theta_{0r2} = -\theta_{0r2}$，将其值代入 2.3.1 节所述的推导过程中，并简化光束传播过程中各向量表达式。

双棱镜各面的法向量可简化为

$$N_{11} = (0,0,1)^{\mathrm{T}} \tag{3.1a}$$

$$N_{12} = (\sin\alpha, 0, \cos\alpha)^{\mathrm{T}} \tag{3.1b}$$

$$N_{21} = (-\sin\alpha\cos\theta_{0r2}, \sin\alpha\sin\theta_{0r2}, \cos\alpha)^{\mathrm{T}} \tag{3.1c}$$

$$N_{22} = (0,0,1)^{\mathrm{T}} \tag{3.1d}$$

已知棱镜 1 的入射光向量 A_{r0} 和入射面的折射光向量 A_{r1} 为 $A_{r1} = A_{r0} = (0,0,1)^{\mathrm{T}}$，可求得 $A_{r1} \cdot N_{12} = \cos\alpha$。

棱镜 1 的出射光向量为

$$A_{r2} = n\begin{pmatrix} 0 \\ 0 \\ 1 \end{pmatrix} + \left\{ \sqrt{1-n^2\sin^2\alpha} - n\cos\alpha \right\} \cdot \begin{pmatrix} \sin\alpha \\ 0 \\ \cos\alpha \end{pmatrix}$$

$$= \begin{pmatrix} \sin\alpha(\sqrt{1-n^2\sin^2\alpha} - n\cos\alpha) \\ 0 \\ n\sin^2\alpha + \cos\alpha\sqrt{1-n^2\sin^2\alpha} \end{pmatrix} = \begin{pmatrix} b_1 \\ 0 \\ b_2 \end{pmatrix} \tag{3.2a}$$

式中：棱镜楔角 α 和折射率 n 已知，因此中间变量 b_1、b_2 都是常数。可求得 $A_{r2} \cdot N_{21} = -b_1\sin\alpha\cos\theta_{0r2} + b_2\cos\alpha$。

棱镜 2 入射面的折射光向量为

$$A_{r3} = \frac{1}{n} \cdot \begin{pmatrix} b_1 \\ 0 \\ b_2 \end{pmatrix} + \left\{ \sqrt{1-\left(\frac{1}{n}\right)^2\left[1-(A_{r2}\cdot N_{21})^2\right]} - \frac{1}{n}(A_{r2}\cdot N_{21}) \right\} \cdot$$

$$\begin{pmatrix} -\sin\alpha\cos\theta_{0r2} \\ \sin\alpha\sin\theta_{0r2} \\ \cos\alpha \end{pmatrix} = \frac{1}{n} \cdot \begin{pmatrix} b_1 \\ 0 \\ b_2 \end{pmatrix} + p_1 \cdot \begin{pmatrix} -\sin\alpha\cos\theta_{0r2} \\ \sin\alpha\sin\theta_{0r2} \\ \cos\alpha \end{pmatrix}$$

$$= \begin{pmatrix} \dfrac{b_1}{n} - p_1\sin\alpha\cos\theta_{0r2} \\ p_1\sin\alpha\sin\theta_{0r2} \\ \dfrac{b_2}{n} + p_1\cos\alpha \end{pmatrix} = \begin{pmatrix} q_1 \\ q_2 \\ p_0 \end{pmatrix} \tag{3.2b}$$

式中：设 $m = \boldsymbol{A}_{r2} \cdot \boldsymbol{N}_{21} = -b_1\sin\alpha\cos\theta_{0r2} + b_2\cos\alpha$，则中间变量 $p_1 = \sqrt{1-(1-m^2)/n^2} - m/n$，可求得 $\boldsymbol{A}_{r3} \cdot \boldsymbol{N}_{22} = p_0 = b_2/n + p_1\cos\alpha$。

棱镜 2 的出射光向量为

$$
\boldsymbol{A}_{rf} = n\begin{pmatrix} q_1 \\ q_2 \\ p_0 \end{pmatrix} + \left[\sqrt{1-n^2(1-p_0^2)} - np_0\right] \cdot \begin{pmatrix} 0 \\ 0 \\ 1 \end{pmatrix} = \begin{pmatrix} nq_1 \\ nq_2 \\ \sqrt{1-n^2(1-p_0^2)} \end{pmatrix} = \begin{pmatrix} x_{0rf} \\ y_{0rf} \\ z_{rf} \end{pmatrix}
$$

$$(3.2c)$$

由于逆向推导时出射光向量已知，利用出射光向量 Z 轴分量可逐级反求各中间变量。

综上所述，当棱镜 1 不动时，棱镜 2 需要转过 θ_{0r2} 角度，出射光的俯仰角才能满足出射要求。根据式(3.1)和式(3.2)，求得此时棱镜 2 的转角值为

$$
\theta_{0r2} = 2k\pi \pm \arccos\left(\frac{b_2\cos\alpha - m}{b_1\sin\alpha}\right) \in [0, 2\pi), \ (k \in \mathbf{Z}) \tag{3.3}
$$

式中：$b_1 = \sin\alpha(\sqrt{1-n^2\sin^2\alpha} - n\cos\alpha)$，$b_2 = n\sin^2\alpha + \cos\alpha\sqrt{1-n^2\sin^2\alpha}$，$m = (n^2 - 1 - n^2p_1)/2np_1$，$p_1 = (p_0 - b_2/n)/\cos\alpha$，$p_0 = \sqrt{1-(1-z_{rf}^2)/n^2}$。

此时，双棱镜间夹角 $\Delta\theta_r = -\theta_{0r2}$，出射光向量的 X 轴分量为 $x_{0rf} = nq_1 = b_1 - np_1\sin\alpha\cos\theta_{0r2}$，出射光向量的 Y 轴分量为 $y_{0rf} = nq_2 = np_1\sin\alpha\sin\theta_{0r2}$。

出射光的方位角为

$$
\varphi_0 = \begin{cases} \arccos\left(\dfrac{x_{0rf}}{\sqrt{x_{0rf}^2 + y_{0rf}^2}}\right) & (y_{0rf} \geq 0) \\[3mm] 2\pi - \arccos\left(\dfrac{x_{0rf}}{\sqrt{x_{0rf}^2 + y_{0rf}^2}}\right) & (y_{0rf} < 0) \end{cases} \tag{3.4}
$$

第二步，由于出射光向量已知，可求得出射光的方位角 φ，保持双棱镜间夹角 $\Delta\theta_r$ 不变，将两棱镜同时旋转 $\varphi - \varphi_0$，则棱镜 1 的转角为

$$
\theta_{r1} = \theta_{0r1} + \varphi - \varphi_0 = \varphi - \varphi_0 \tag{3.5a}
$$

棱镜 2 的转角为

$$
\theta_{r2} = \theta_{0r2} + \varphi - \varphi_0 = \theta_{r1} - \Delta\theta_r = \varphi - \varphi_0 - \Delta\theta_r \tag{3.5b}
$$

2) 第二组解

同理，第一步假设初始状态时棱镜 2 不动，即 $\theta'_{0r2} = 0$。根据第 2 章的分析，由于出射光俯仰角 ρ 是关于 $\Delta\theta_r$ 的偶函数，双棱镜间夹角 $\Delta\theta_r$ 的绝对值不变。

当假设初始状态棱镜 2 不动时,$\Delta\theta'_r = \theta_{0r2}$,即 $\theta'_{0r1} = \theta_{0r2}$,将其值代入 2.3.1 节所述的推导过程中,并简化光束传播过程中各向量表达式。

双棱镜各面的法向量可简化为

$$N_{11} = (0,0,1)^{\mathrm{T}} \tag{3.6a}$$

$$N_{12} = (\sin\alpha\cos\theta_{0r2}, \sin\alpha\sin\theta_{0r2}, \cos\alpha)^{\mathrm{T}} \tag{3.6b}$$

$$N_{21} = (-\sin\alpha, 0, \cos\alpha)^{\mathrm{T}} \tag{3.6c}$$

$$N_{22} = (0,0,1)^{\mathrm{T}} \tag{3.6d}$$

已知棱镜 1 入射光向量 A_{r0} 和入射面的折射光向量 A_{r1} 为 $A_{r1} = A_{r0} = (0,0,1)^{\mathrm{T}}$,则可求得 $A_{r1} \cdot N_{12} = \cos\alpha$。

棱镜 1 的出射光向量为

$$
\begin{aligned}
A_{r2} &= n\begin{pmatrix}0\\0\\1\end{pmatrix} + \left\{\sqrt{1-n^2\sin^2\alpha} - n\cos\alpha\right\} \cdot \begin{pmatrix}\sin\alpha\cos\theta_{0r2}\\\sin\alpha\sin\theta_{0r2}\\\cos\alpha\end{pmatrix} \\
&= \begin{pmatrix}\sin\alpha\cos\theta_{0r2}(\sqrt{1-n^2\sin^2\alpha} - n\cos\alpha)\\\sin\alpha\sin\theta_{0r2}(\sqrt{1-n^2\sin^2\alpha} - n\cos\alpha)\\n\sin^2\alpha + \cos\alpha\sqrt{1-n^2\sin^2\alpha}\end{pmatrix} = \begin{pmatrix}b_1\cos\theta_{0r2}\\b_1\sin\theta_{0r2}\\b_2\end{pmatrix}
\end{aligned} \tag{3.7a}
$$

可求得 $A_{r2} \cdot N_{21} = -b_1\sin\alpha\cos\theta_{0r2} + b_2\cos\alpha = m$。

棱镜 2 入射面的折射光向量为

$$
A_{r3} = \frac{1}{n} \cdot \begin{pmatrix}b_1\cos\theta_{0r2}\\b_1\sin\theta_{0r2}\\b_2\end{pmatrix} + \left\{\sqrt{1-\left(\frac{1}{n}\right)^2[1-(A_{r2}\cdot N_{21})^2]} - \frac{1}{n}(A_{r2}\cdot N_{21})\right\} \cdot
$$

$$
\begin{pmatrix}-\sin\alpha\\0\\\cos\alpha\end{pmatrix} = \frac{1}{n} \cdot \begin{pmatrix}b_1\cos\theta_{0r2}\\b_1\sin\theta_{0r2}\\b_2\end{pmatrix} + p_1 \cdot \begin{pmatrix}-\sin\alpha\\0\\\cos\alpha\end{pmatrix}
$$

$$
= \begin{pmatrix}\dfrac{b_1\cos\theta_{0r2}}{n} - p_1\sin\alpha\\[2mm]\dfrac{b_1\sin\theta_{0r2}}{n}\\[2mm]\dfrac{b_2}{n} + p_1\cos\alpha\end{pmatrix} = \begin{pmatrix}q_3\\q_4\\p_0\end{pmatrix} \tag{3.7b}
$$

可求得 $A_{r3} \cdot N_{22} = p_0 = b_2/n + p_1 \cos\alpha$。

棱镜 2 的出射光向量为

$$A_{r3} = n \begin{pmatrix} q_3 \\ q_4 \\ p_0 \end{pmatrix} + \left[\sqrt{1 - n^2(1 - p_0^2)} - np_0 \right] \cdot \begin{pmatrix} 0 \\ 0 \\ 1 \end{pmatrix}$$

$$= \begin{pmatrix} nq_3 \\ nq_4 \\ \sqrt{1 - n^2(1 - p_0^2)} \end{pmatrix} = \begin{pmatrix} x'_{0rf} \\ y'_{0rf} \\ z'_{rf} \end{pmatrix} \qquad (3.7c)$$

此时,双棱镜间夹角 $\Delta\theta_r = \theta_{0r2}$,出射光向量的 X 轴分量 $x'_{0rf} = nq_3 = b_1 \cos\theta_{0r2} - np_1\sin\alpha$,出射光向量的 Y 轴分量为: $y'_{0rf} = nq_4 = b_1\sin\theta_{0r2}$。

出射光的方位角为

$$\varphi'_0 = \begin{cases} \arccos\left(\dfrac{x'_{0rf}}{\sqrt{x'^2_{0rf} + y'^2_{0rf}}} \right) & (y'_{0rf} \geqslant 0) \\[4mm] 2\pi - \arccos\left(\dfrac{x'_{0rf}}{\sqrt{x'^2_{0rf} + y'^2_{0rf}}} \right) & (y'_{0rf} < 0) \end{cases} \qquad (3.8)$$

第二步,由于出射光向量已知,可求得出射光的方位角 φ。保持双棱镜间夹角 $\Delta\theta_r$ 不变,将两棱镜同时旋转 $\varphi - \varphi'_0$,则棱镜 1 的转角为

$$\theta'_{r1} = \theta_{0r2} + \varphi - \varphi'_0 \qquad (3.9a)$$

棱镜 2 的转角为

$$\theta'_{r2} = \varphi - \varphi'_0 \qquad (3.9b)$$

2. 两步法的应用实例

当旋转双棱镜扫描系统应用于目标跟踪时,需要根据目标空间指向位置逆向确定棱镜的转角,从而控制电动机驱动两个棱镜旋转,在尽可能短的时间内实现光束指向的精确调整。

由逆问题推导过程可知,在远距离情况下,只要已知出射光的向量,就能求出相对应的双棱镜旋转角度的精确值。因此只要控制双棱镜的旋转角度,就能实现出射光束在其扫描域内以任意轨迹跟踪目标。

以下分别模拟了旋转双棱镜在远距离情况下跟踪 6 种特殊目标轨迹,得出了相应的双棱镜转角曲线图。棱镜楔角 $\alpha = 10°$,折射率 $n = 1.517$,棱镜的通光孔径 $D_p = 80$mm,棱镜的薄端厚度 $d_0 = 5$mm,双棱镜间距 $D_1 = 100$mm,目标轨迹所在水平面(光屏)距离棱镜 2 的出射点 O_2 距离 $D_2 = 400$mm,假设双棱镜历经 10s 完成整个目标轨迹跟踪。目标轨迹图沿 Z 轴正方向观察所得,其中 X 轴正方向朝上,Y 轴正方向朝右。

例 3.1 与 X 轴平行的直线 $y = 40, x \in [-10, 10]$。

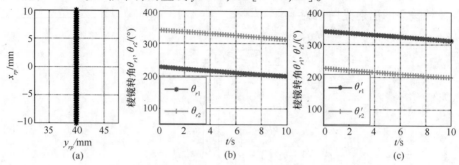

(a)　　　　　　(b)　　　　　　(c)

图 3.1　直线轨迹扫描实例

（a）目标轨迹；（b）双棱镜第一组转角；（c）双棱镜第二组转角。

例 3.2 圆 $x^2 + y^2 = 60^2$。

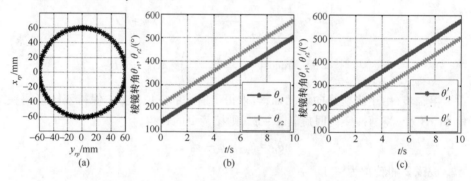

(a)　　　　　　(b)　　　　　　(c)

图 3.2　圆轨迹扫描实例

（a）目标轨迹；（b）双棱镜第一组转角；（c）双棱镜第二组转角。

例 3.3 椭圆 $\dfrac{x^2}{40^2} + \dfrac{y^2}{60^2} = 1$。

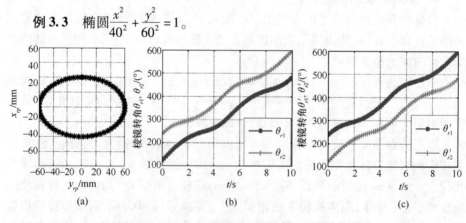

(a)　　　　　　(b)　　　　　　(c)

图 3.3　椭圆轨迹扫描实例

（a）目标轨迹；（b）双棱镜第一组转角；（c）双棱镜第二组转角。

例 3.4 星形线 $\begin{cases} x = 60\cos^3\theta \\ y = 60\sin^3\theta \end{cases}, 0 \leq \theta \leq 2\pi$。

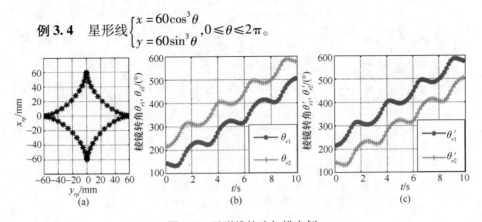

图 3.4 星形线轨迹扫描实例

(a)目标轨迹;(b)双棱镜第一组转角;(c)双棱镜第二组转角。

例 3.5 螺旋线 $\begin{cases} x = 6t\cos t \\ y = 6t\sin t \end{cases}, 0 \leq t \leq 10$。

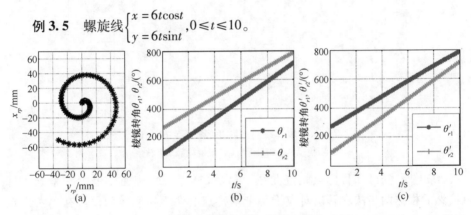

图 3.5 螺旋线轨迹扫描实例

(a)目标轨迹;(b)双棱镜第一组转角;(c)双棱镜第二组转角。

如图 3.1 ~ 图 3.5 所示,分别为直线、圆、椭圆、星形线及螺旋线的轨迹模拟及对应双棱镜转角曲线图。其中图(a)为目标轨迹图;图(b)和图(c)分别为通过两步法所求得的两组双棱镜转角值随时间的变化图。

如图 3.6 所示,图(a)为八瓣玫瑰线的目标轨迹曲线图,图(b)和图(c)分别为通过两步法所求得的两组双棱镜转角值随时间的变化图。从图 3.6(b)和图 3.6(c)可以看出,当目标轨迹实现一、三象限与二、四象限之间的跳变时,对应的转角曲线会有突变,即存在奇点问题。为了消除突变,需要将第一组解与第二组解交换与拼接,以实现棱镜转角曲线的连续。拼接后的转角曲线如图 3.7 所示。

例 3.6 八瓣玫瑰线 $\begin{cases} x = 60\cos 4\theta\cos\theta \\ y = 60\cos 4\theta\sin\theta \end{cases}, 0 \leq \theta \leq 2\pi$。

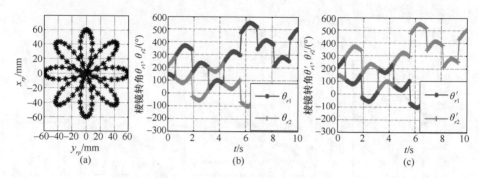

图 3.6 八瓣玫瑰线轨迹扫描实例

（a）目标轨迹；（b）双棱镜第一组转角；（c）双棱镜第二组转角。

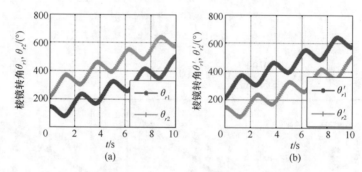

图 3.7 八瓣玫瑰线对应转角经拼接后转角曲线图

（a）双棱镜第一组转角；（b）双棱镜第二组转角。

综上所述，已知目标点轨迹曲线，可以采样得到轨迹曲线上的一系列目标点，然后根据两步法求解出对应于每个采样点的两组棱镜转角值。在不考虑棱镜厚度、双棱镜间距等参数对出射光的影响的情况下，两步法适用于远距离情况下的目标跟踪应用。但是仅已知目标点坐标时，由于光束出射点位置不能确定，出射光向量无法求出，两步法无法求解。为了满足旋转双棱镜应用于有限距离的使用要求，必须寻求其他方法解决有限距离情况下的逆问题。

3.1.2 查表法求解逆问题

1. 查表法的实现过程

查表法[1,6]的本质是通过制作查找表，建立旋转双棱镜扫描系统中两棱镜旋转角度与出射光扫描点坐标间的一一映射关系，其基本实现过程如下：

（1）查找表的建立。出射光扫描点的坐标与棱镜 1 转角 θ_{r1}、棱镜 2 转角 θ_{r2}、棱镜楔角 α、棱镜中心轴处厚度 d、双棱镜间距 D_1 及棱镜 2 出射面中心点至接收屏间的距离 D_2 有关。首先根据旋转双棱镜扫描系统的应用场合选择合理的结构参数和位置参数，双棱镜的转角范围为 0°～360°。根据扫描精度要求确定此旋转双棱镜扫描系统的旋转步长 θ_{tre}，将两棱镜的转动角度分为 $360°/\theta_{\text{tre}}$ 份。根据 2.5.1 节的计算公式，算出两棱镜在一个旋转周期（$0° \sim 360°$）内，以 θ_{tre} 为分辨率的任意角度值组合（θ_{r1}，θ_{r2}）所对应的光屏上扫描点的坐标值（x_{rp}，y_{rp}，z_{rp}）（称为实际点），并将（θ_{r1}，θ_{r2}）与（x_{rp}，y_{rp}，z_{rp}）间的关系写入数据库，建立查找表。

（2）查表。已知扫描目标曲线 $y = f(x)$，按一定的采样频率在目标曲线上采样得到一系列目标点，计算曲线上各目标点坐标值（X_{rp}，Y_{rp}，Z_{rp}）（其中 $Z_{rp} = D_1 + D_2$）。在所建立的查找表中搜索与目标点最接近的实际点，即使得 $\Delta = \sqrt{(X_{rp} - x_{rp})^2 + (Y_{rp} - y_{rp})^2 + (Z_{rp} - z_{rp})^2}$ 达到最小值的（x_{rp}，y_{rp}，z_{rp}），然后计算出查找表中与实际点（x_{rp}，y_{rp}，z_{rp}）所对应的双棱镜旋转角度值（θ_{r1}，θ_{r2}），作为对应扫描目标点的近似棱镜转角值。

（3）数据处理。通过查表所得到的旋转角度（θ_{r1}，θ_{r2}）是一系列离散值。为了得到棱镜旋转角度与时间的连续函数曲线，可对这些离散值进行函数插值或曲线拟合处理。

2. 查表法的应用实例

取棱镜楔角 $\alpha = 10°$，折射率 $n = 1.517$，通光孔径 $D_p = 80\text{mm}$，薄端厚度 $d_0 = 5\text{mm}$，双棱镜间距 $D_1 = 100\text{mm}$，棱镜 2 出射面中心与屏幕 P 的距离 $D_2 = 400\text{mm}$。设定棱镜旋转步长为 $\theta_{\text{tre}} = 0.1°$，可将旋转角度范围分成 3600 份。此系统扫描点的 Z 坐标值恒为 $Z_{rp} = z_{rp} = D_1 + D_2 = 500\text{mm}$。

利用 Matlab 程序中的 meshgrid 函数实现 θ_{r1} 与 θ_{r2} 间的任意组合，得到 3600×3600 大小的矩阵。通过 2.5.1 节推导的公式求出对应的（x_{rp}，y_{rp}）值，分别写入查找表，查找表中数据个数达到 $3600 \times 3600 \times 2 = 2.592 \times 10^7$ 个，查找表制作完成。

以扫描与 X 轴平行的直线为例介绍查表过程，扫描时间为 10s。为直观显示采样过程，只显示 51 个采样点。已知旋转双棱镜扫描域内的目标轨迹函数表达式为 $y = 40$，$x \in [-10, 10]$，首先求出目标轨迹上各采样点的坐标值（X_{rp}，Y_{rp}），然后在查找表中搜索满足 $\min(\Delta)$（其中 $\Delta = \sqrt{(X_{rp} - x_{rp})^2 + (Y_{rp} - y_{rp})^2}$）的（$x_{rp}$，$y_{rp}$）值，并返回此（$x_{rp}$，$y_{rp}$）在查找表矩阵中的行数 N 和列数 M，即可求出对应 $\theta_{r1} = \theta_{\text{tre}} \times (N - 1)$ 和 $\theta_{r2} = \theta_{\text{tre}} \times (M - 1)$，将得到的一系列离散的棱镜转角值写入（$\theta_{r1}$，$\theta_{r2}$）矩阵并输出。（$\theta_{r1}$，$\theta_{r2}$）矩阵中的数据即为各目标点所对应的双棱镜近似转角值。最后用分段低次插值的方法将（θ_{r1}，θ_{r2}）矩阵中的离散点相连，得到旋转双棱镜近似转角扫描曲线。

以下通过 Matlab 软件，仿真了 4 组特殊的目标轨迹所对应的旋转双棱镜转角曲线图。

例3.7 与 X 轴平行的直线 $y=40, x \in [-10,10]$。

如图3.8所示,图(a)为直线的目标轨迹曲线图,图(b)为通过查表法所求得的双棱镜转角随时间的变化图。由于查表法只是查找数据表中最接近目标点的实际点,然后求出该实际点所对应的两棱镜转角组合,实际点与目标点之间必然存在一定偏差。在目标曲线上取51个采样点,通过 Matlab 计算得出对应每个采样点的实际点和两棱镜转角值,计算结果如表3.1所列(由于数据表格过大,仅列出了前16个采样点的数据)。在这51组计算结果中,实际点与目标点的偏差范围为 $0.005\text{mm} \leqslant \Delta \leqslant 0.038\text{mm}$。采用配置为 Intel(R) Core(TM) i5 CPU、8GB 内存的计算机,计算用时18s(以下计算如未特殊注明,均采用此配置的计算机)。

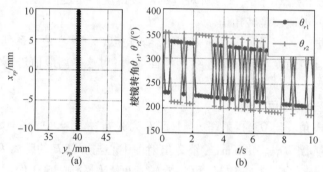

图3.8　直线轨迹扫描实例

(a)目标轨迹;(b)双棱镜转角曲线图。

表3.1　直线目标轨迹查表法计算结果(部分数据)

序号	目标点/mm		实际点/mm		偏差/mm	棱镜转角值/(°)	
	X_{rp}	Y_{rp}	x_{rp}	y_{rp}	Δ	θ_{r1}	θ_{r2}
1	−10	40	−10.004	39.984	0.016	335.5	215.0
2	−9.6	40	−9.598	40.021	0.021	232.0	352.6
3	−9.2	40	−9.197	39.989	0.012	231.4	352.2
4	−8.8	40	−8.809	40.013	0.016	334.0	213.1
5	−8.4	40	−8.388	39.978	0.025	333.5	212.4
6	−8	40	−8.004	39.994	0.007	333.0	211.8
7	−7.6	40	−7.621	40.006	0.022	332.5	211.2
8	−7.2	40	−7.234	40.016	0.038	228.5	349.9
9	−6.8	40	−6.785	40.032	0.035	331.4	209.9
10	−6.4	40	−6.403	40.033	0.033	330.9	209.3
11	−6	40	−5.990	39.972	0.030	330.4	208.6

（续）

序号	目标点/mm		实际点/mm		偏差/mm	棱镜转角值/(°)	
	X_{rp}	Y_{rp}	x_{rp}	y_{rp}	Δ	θ_{r1}	θ_{r2}
12	−5.6	40	−5.609	40.027	0.029	226.1	347.9
13	−5.2	40	−5.204	40.020	0.020	225.5	347.4
14	−4.8	40	−4.800	40.008	0.008	224.9	346.9
15	−4.4	40	−4.396	39.993	0.008	224.3	346.4
16	−4	40	−3.994	39.973	0.028	223.7	345.9

例 3.8 圆 $x^2 + y^2 = 60^2$。

如图 3.9 所示，图(a)为圆形的目标轨迹曲线图，图(b)为通过查表法所求得的双棱镜转角随时间的变化图。采样点数为 64，前 16 个采样点计算结果如表 3.2 所列，实际点与目标点的偏差范围为 $0.015\,\mathrm{mm} \leqslant \Delta \leqslant 0.034\,\mathrm{mm}$，计算用时 23s。

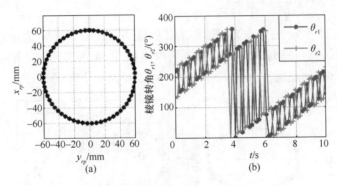

图 3.9 圆轨迹扫描实例

(a)目标轨迹；(b)双棱镜转角曲线图。

表 3.2 圆形目标轨迹查表法计算结果(部分数据)

序号	目标点/mm		实际点/mm		偏差/mm	棱镜转角值/(°)	
	X_{rp}	Y_{rp}	x_{rp}	y_{rp}	Δ	θ_{r1}	θ_{r2}
1	60.000	0.000	60.015	0.021	0.025	218.5	131.8
2	59.700	5.990	59.716	5.981	0.018	224.2	137.5
3	58.804	11.920	58.814	11.945	0.027	153.0	239.7
4	57.320	17.731	57.337	17.727	0.017	158.7	245.4
5	55.264	23.365	55.277	23.372	0.015	241.4	154.7
6	52.655	28.766	52.682	28.747	0.033	247.1	160.4
7	49.520	33.879	49.531	33.889	0.015	175.9	262.6

（续）

序号	目标点/mm		实际点/mm		偏差/mm	棱镜转角值/(°)	
	X_{rp}	Y_{rp}	x_{rp}	y_{rp}	Δ	θ_{r1}	θ_{r2}
8	45.891	38.653	45.893	38.673	0.020	258.6	171.9
9	41.802	43.041	41.825	43.040	0.023	264.3	177.6
10	37.297	47.000	37.294	47.020	0.021	193.1	279.8
11	32.418	50.488	32.440	50.492	0.022	198.8	285.5
12	27.216	53.472	27.228	53.483	0.016	281.5	194.8
13	21.741	55.922	21.722	55.946	0.030	210.3	297.0
14	16.050	57.813	16.058	57.827	0.015	216.0	302.7
15	10.198	59.127	10.195	59.143	0.016	298.7	212.0
16	4.244	59.850	4.270	59.863	0.029	304.4	217.7

例 3.9 椭圆 $\dfrac{x^2}{40^2} + \dfrac{y^2}{60^2} = 1$。

如图 3.10 所示,图(a)为椭圆形的目标轨迹曲线图,图(b)为通过查表法所求得的双棱镜转角随时间的变化图。采样点数为 64,前 16 个采样点计算结果如表 3.3 所列,偏差范围为 $0.004\text{mm} \leqslant \Delta \leqslant 0.045\text{mm}$,计算用时 25s。

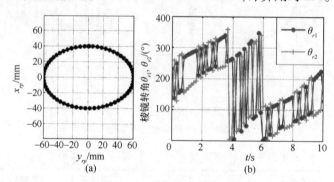

图 3.10　椭圆轨迹扫描实例

(a)目标轨迹;(b)双棱镜转角曲线图。

表 3.3　椭圆形目标轨迹查表法计算结果(部分数据)

序号	目标点/mm		实际点/mm		偏差/mm	棱镜转角值/(°)	
	X_{rp}	Y_{rp}	x_{rp}	y_{rp}	Δ	θ_{r1}	θ_{r2}
1	40.000	0.000	39.987	−0.001	0.013	232.1	109.6
2	39.800	5.990	39.784	5.998	0.018	136.6	258.7
3	39.203	11.920	39.199	11.921	0.004	248.5	127.6

（续）

序号	目标点/mm		实际点/mm		偏差/mm	棱镜转角值/(°)	
	X_{rp}	Y_{rp}	x_{rp}	y_{rp}	Δ	θ_{r1}	θ_{r2}
4	38.213	17.731	38.230	17.708	0.028	153.9	272.9
5	36.842	23.365	36.850	23.384	0.021	162.3	278.8
6	35.103	28.766	35.099	28.755	0.011	268.4	154.8
7	33.013	33.879	33.025	33.878	0.011	273.6	163.3
8	30.594	38.653	30.609	38.681	0.032	278.2	171.4
9	27.868	43.041	27.871	43.068	0.027	282.3	179.0
10	24.864	47.000	24.858	47.006	0.009	286.0	186.1
11	21.612	50.488	21.619	50.461	0.028	289.4	192.7
12	18.144	53.472	18.131	53.487	0.019	209.9	303.6
13	14.494	55.922	14.511	55.912	0.020	295.8	204.6
14	10.700	57.813	10.689	57.795	0.022	220.0	309.2
15	6.799	59.127	6.839	59.128	0.040	302.3	214.6
16	2.829	59.850	2.860	59.848	0.031	228.7	315.6

例 3.10   星形线 $\begin{cases} x = 60\cos^3\theta \\ y = 60\sin^3\theta \end{cases}, 0 \leqslant \theta \leqslant 2\pi$。

如图 3.11 所示,图(a)为星形线的目标轨迹曲线图,图(b)为通过查表法所求得的双棱镜转角随时间的变化图。采样点数为 64,前 16 个采样点计算结果如表 3.4 所列,偏差范围为 $0.004\mathrm{mm} \leqslant \Delta \leqslant 0.040\mathrm{mm}$,计算用时 28s。

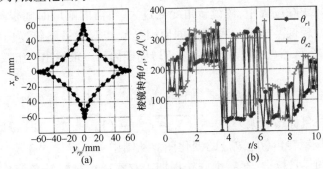

图 3.11   星形线轨迹扫描实例

(a)目标轨迹;(b)双棱镜转角曲线图。

3. 查表法的改进

通过以上 4 个实例可以发现,采用查表法所求得的棱镜转角有时会产生突变。针对目标曲线上相邻的两个较接近的点,通过在数据库中查出距离最近的

表 3.4　星形线目标轨迹查表法计算结果(部分数据)

序号	目标点/mm		实际点/mm		偏差/mm	棱镜转角值/(°)	
	X_{rp}	Y_{rp}	x_{rp}	y_{rp}	Δ	θ_{r1}	θ_{r2}
1	60.000	0.000	60.015	0.021	0.025	218.5	131.8
2	59.105	0.060	59.125	0.071	0.023	219.3	130.8
3	56.483	0.470	56.474	0.468	0.009	139.1	232.8
4	52.314	1.549	52.330	1.520	0.032	137.2	238.6
5	46.883	3.543	46.885	3.563	0.020	232.4	121.6
6	40.552	6.612	40.556	6.628	0.016	240.8	120.1
7	33.732	10.801	33.727	10.801	0.005	143.5	273.3
8	26.845	16.042	26.817	16.047	0.029	266.7	130.4
9	20.291	22.149	20.270	22.146	0.021	283.7	145.5
10	14.411	28.839	14.419	28.812	0.028	298.9	164.1
11	9.464	35.749	9.475	35.760	0.015	201.6	328.9
12	5.600	42.471	5.629	42.489	0.034	313.0	195.2
13	2.855	48.580	2.876	48.555	0.032	219.6	327.6
14	1.148	53.677	1.150	53.704	0.028	225.3	324.2
15	0.295	57.419	0.263	57.405	0.034	229.1	321.0
16	0.021	59.550	0.046	59.572	0.032	231.1	318.7

点所对应的棱镜转角却相差很远,甚至会出现棱镜转角反复跳变的情况。这样会使得在实际跟踪过程中,棱镜转角变化过大,所需的响应时间很长,导致跟踪系统的实时性较低。出现这种现象的原因是旋转双棱镜系统逆向解的不唯一性,即对于一个目标点,理论上在一个旋转周期内可以求解出两组双棱镜的转角解组合。

如图 3.12 所示,以查表法查询目标点(50,40)为例,首先计算出查找表中所有实际点与目标点的偏差 $\Delta = \sqrt{(X_{rp} - x_{rp})^2 + (Y_{rp} - y_{rp})^2}$,并在 Matlab 中画出偏差 Δ 随两棱镜转角(θ_{r1},θ_{r2})的变化图。从图中可以看出误差有两个极小值,这说明对于同一目标点,在一个旋转周期内存在两组棱镜转角值(θ_{r1},θ_{r2})。因此在实际应用中,采用查表法计算棱镜转角时,查询出的两棱镜转角很可能在这两组转角值之间跳动。

1)查表法的判断条件

如表 3.5 所列,当采用不同步长的查找表查询时,所得的偏差极值和偏差极值所对应的两棱镜转角均发生改变。

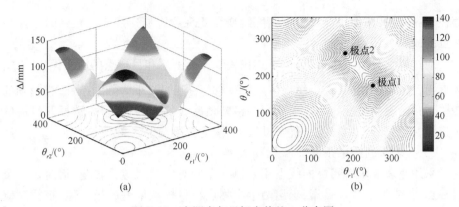

(a)　　　　　　　　　　　　　(b)

图 3.12　实际点与目标点偏差 Δ 分布图

(a)三维分布图；(b)等值线图。

表 3.5　目标点(50,40)偏差

步长/(°)	查找表大小	极值 1 对应转角 $(\theta_{r1},\theta_{r2})/(°)$	极值 1/mm	极值 2 对应转角 $(\theta_{r1},\theta_{r2})/(°)$	极值 2/mm
1	360×360	(254,175)	0.395	(184,262)	0.174
0.5	720×720	(253.5,175.5)	0.093	(184,262)	0.174
0.1	3600×3600	(235.5,175.8)	0.035	(183.8,262.0)	0.028

从表 3.5 中可以看出,当采用步长为 1°和 0.1°的查找表时,最小值为极值 2,而将步长变为 0.5°时,最小值变为极值 1。由此可见,数据库步长不仅会影响查询出的实际点与目标点偏差大小,也会影响到最小值的取值位置。

当目标点位置微量偏移时,以目标点(50,41)为例,通过不同的查找表查询棱镜转角值,并计算实际点与目标点偏差 Δ,结果如表 3.6 所列。

表 3.6　目标点(50,41)误差极值

步长/(°)	查找表大小	极值 1 对应转角 $(\theta_{r1},\theta_{r2})/(°)$	极值 1/mm	极值 2 对应转角 $(\theta_{r1},\theta_{r2})/(°)$	极值 2/mm
1	360×360	(254,177)	0.330	(185,262)	0.103
0.5	720×720	(253.5,177)	0.121	(185,262)	0.103
0.1	3600×3600	(253.8,177.7)	0.022	(184.9,261)	0.019

目标点(50,41)相对于点(50,40)仅在 Y 方向偏移了 1mm。通过对比表 3.5 和表 3.6 可以发现,当采用步长为 1°和 0.1°的查找表查询时,目标点(50,40)和(50,41)偏差 Δ 的最小值都是极值 2。如果采用步长为 0.5°的查找表查询,目标点(50,40)偏差 Δ 的最小值为极值 1,对应棱镜转角为 $(\theta_{r1},\theta_{r2})=(253.5°,175.5°)$,而目标点(50,41)偏差 Δ 的最小值为极值 2,对应棱镜转角为 $(\theta_{r1},\theta_{r2})=(185°,262°)$。虽然目标点仅发生微量偏移,但是由于两组极小值的

存在,两棱镜转角值可能产生大幅度跳变。此现象容易造成实时跟踪时跟踪目标点的脱靶。

通过以上分析可以得出,由于查找表步长的不同和目标点的微量偏移,以实际点与目标点的偏差 $\Delta = \sqrt{(X_{rp} - x_{rp})^2 + (Y_{rp} - y_{rp})^2}$ 最小为判断条件,查找到的棱镜转角会发生突变。为了保证两棱镜转角曲线的连续性,可以选择两组极值中连续性更好的一组作为最优解,以避免棱镜转角发生突变。

2)查表法的约束条件

采用查表法求解目标曲线上相邻目标点所对应的双棱镜转角时,对每一个目标点,首先通过线性搜索,求出两个实际点与目标点偏差的极小值,查找对应的两组双棱镜转角值组合,然后以上一个目标点的两棱镜转角值为基准,选取两棱镜转角变化值之和较小的一组转角值作为当前目标点的棱镜转角值,以避免棱镜转角在两个偏差极值所对应的转角值之间跳动。由此,对于每条目标轨迹,都可以通过查表求解出两组棱镜转角值。图 3.13 ~ 图 3.16 为根据上述方法查询得出的结果。

例 3.11 直线目标轨迹 $y = 40, x \in [-10, 10]$。

如图 3.13 所示,图(a)为直线的目标轨迹曲线图,图(b)和图(c)分别为通过查表法所求得的两组双棱镜转角值随时间的变化图。采样点数为 51,前 16 个采样点计算结果如表 3.7 所列,第一组双棱镜转角解所对应的实际点与目标点的偏差范围为 $0.004\text{mm} \leqslant \Delta \leqslant 0.041\text{mm}$,计算用时 222s。第二组双棱镜转角解所对应的实际点与目标点的偏差范围为 $0.004\text{mm} \leqslant \Delta' \leqslant 0.041\text{mm}$,计算用时 219s。

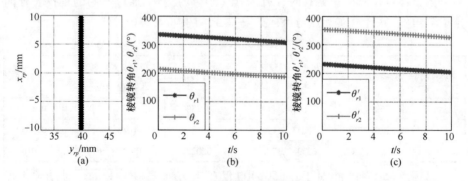

图 3.13 直线轨迹扫描实例

(a)目标轨迹;(b)双棱镜第一组转角;(c)双棱镜第二组转角。

例 3.12 圆形目标轨迹 $x^2 + y^2 = 60^2$。

如图 3.14 所示,图(a)为圆形的目标轨迹曲线图,图(b)和图(c)分别为通过查表法所求得的两组双棱镜转角值随时间的变化图。采样点数为 64,前 16 个

表3.7　直线目标轨迹查表法计算结果(部分数据)

序号	目标点		第一组解					第二组解				
	X_{rp}/mm	Y_{rp}/mm	x_{rp}/mm	y_{rp}/mm	Δ/mm	θ_{r1}/(°)	θ_{r2}/(°)	x'_{rp}/mm	y'_{rp}/mm	Δ'/mm	θ'_{r1}/(°)	θ'_{r2}/(°)
1	-10.000	40.000	-10.004	39.984	0.016	335.5	215.0	-10.008	39.983	0.019	232.6	353.1
2	-9.600	40.000	-9.617	40.016	0.023	335.0	214.4	-9.598	40.021	0.021	232.0	352.6
3	-9.200	40.000	-9.194	39.989	0.012	334.5	213.7	-9.197	39.989	0.012	231.4	352.2
4	-8.800	40.000	-8.809	40.013	0.016	334.0	213.1	-8.787	40.018	0.022	230.8	351.7
5	-8.400	40.000	-8.388	39.978	0.025	333.5	212.4	-8.388	39.978	0.022	230.2	351.3
6	-8.000	40.000	-8.004	39.994	0.007	333.0	211.8	-7.980	39.999	0.020	229.6	350.8
7	-7.600	40.000	-7.621	40.006	0.022	332.5	211.2	-7.572	40.016	0.032	229.0	350.3
8	-7.200	40.000	-7.238	40.015	0.041	332.0	210.6	-7.234	40.016	0.038	228.5	349.9
9	-6.800	40.000	-6.785	40.032	0.035	331.4	209.9	-6.827	40.025	0.037	227.9	349.4
10	-6.400	40.000	-6.403	40.033	0.033	330.9	209.3	-6.421	40.030	0.036	227.3	348.9
11	-6.000	40.000	-5.990	39.972	0.030	330.4	208.6	-6.014	40.031	0.034	226.7	348.4
12	-5.600	40.000	-5.610	39.965	0.037	329.9	208.0	-5.609	40.027	0.029	226.1	347.9
13	-5.200	40.000	-5.191	40.021	0.021	329.3	207.4	-5.204	40.020	0.020	225.5	347.4
14	-4.800	40.000	-4.812	40.007	0.014	328.8	206.8	-4.800	40.008	0.008	224.9	346.9
15	-4.400	40.000	-4.434	39.988	0.036	328.3	206.2	-4.396	39.993	0.008	224.3	346.4
16	-4.000	40.000	-3.986	39.974	0.030	327.7	205.5	0.046	59.572	0.032	231.1	318.7

采样点计算结果如表3.8所列,第一组双棱镜转角解所对应的实际点与目标点的偏差范围为 $0.0015\text{mm} \leqslant \Delta \leqslant 0.040\text{mm}$,计算用时215s。第二组双棱镜转角解所对应的实际点与目标点的偏差范围为 $0.0015\text{mm} \leqslant \Delta' \leqslant 0.040\text{mm}$,计算用时216s。

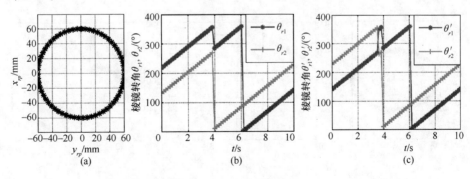

图3.14　圆轨迹扫描实例

(a)目标轨迹;(b)双棱镜第一组转角;(c)双棱镜第二组转角。

表3.8　圆形目标轨迹查表法计算结果(部分数据)

序号	目标点		第一组解					第二组解				
	X_{rp}/mm	Y_{rp}/mm	x_{rp}/mm	y_{rp}/mm	Δ/mm	θ_{r1}/(°)	θ_{r2}/(°)	x'_{rp}/mm	y'_{rp}/mm	Δ'/mm	θ'_{r1}/(°)	θ'_{r2}/(°)
1	60.000	0.000	60.015	0.021	0.025	218.5	131.8	60.015	−0.021	0.025	141.5	228.2
2	59.700	5.990	59.716	5.981	0.018	224.2	137.5	59.667	5.979	0.035	147.2	234.0
3	58.804	11.920	58.767	11.933	0.039	230.0	143.2	58.814	11.945	0.027	153.0	239.7
4	57.320	17.731	57.325	17.767	0.036	235.7	149.0	57.337	17.727	0.017	158.7	245.4
5	55.264	23.365	55.277	23.372	0.015	241.4	154.7	55.231	23.355	0.034	164.4	251.2
6	52.655	28.766	52.682	28.747	0.033	247.1	160.4	52.652	28.802	0.037	170.2	256.9
7	49.520	33.879	49.492	33.860	0.034	252.9	166.1	49.531	33.889	0.015	175.9	262.6
8	45.891	38.653	45.893	38.673	0.020	258.6	171.9	45.920	38.641	0.032	181.6	268.3
9	41.802	43.041	41.825	43.040	0.023	264.3	177.6	41.789	43.006	0.037	187.3	274.1
10	37.297	47.000	37.266	46.980	0.036	270.1	183.3	37.294	47.020	0.021	193.1	279.8
11	32.418	50.488	32.405	50.514	0.029	275.8	189.1	32.440	50.492	0.022	198.8	285.5
12	27.216	53.472	27.228	53.483	0.016	281.5	194.8	27.203	53.440	0.034	204.5	291.3
13	21.741	55.922	21.781	55.923	0.040	287.2	200.5	21.722	55.946	0.030	210.3	297.0
14	16.050	57.813	16.047	57.779	0.035	293.0	206.2	16.058	57.827	0.015	216.0	302.7
15	10.198	59.127	10.195	59.143	0.016	298.7	212.0	10.184	59.095	0.035	221.7	308.5
16	4.244	59.850	4.270	59.863	0.029	304.4	217.7	4.264	59.814	0.041	227.4	314.2

例3.13　椭圆目标轨迹 $\dfrac{x^2}{40^2}+\dfrac{y^2}{60^2}=1$。

如图3.15所示,图(a)为椭圆形的目标轨迹曲线图,图(b)和图(c)分别为通过查表法所求得的两组双棱镜转角值随时间的变化图。采样点数为64,前16

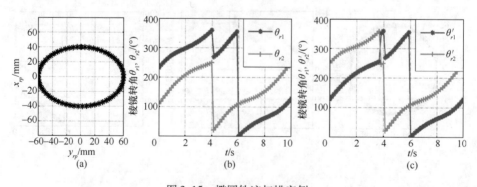

图3.15　椭圆轨迹扫描实例

(a)目标轨迹;(b)双棱镜第一组转角;(c)双棱镜第二组转角。

个采样点计算结果如表 3.9 所列,第一组双棱镜转角解所对应的实际点与目标点的偏差范围为 $0.004\mathrm{mm} \leqslant \Delta \leqslant 0.046\mathrm{mm}$,计算用时 215s。第二组双棱镜转角解所对应的实际点与目标点的偏差范围为 $0.007\mathrm{mm} \leqslant \Delta' \leqslant 0.046\mathrm{mm}$,计算用时 215s。

表 3.9　椭圆目标轨迹查表法计算结果(部分数据)

序号	目标点		第一组解					第二组解				
	X_{rp}/mm	Y_{rp}/mm	x_{rp}/mm	y_{rp}/mm	Δ/mm	θ_{r1} /(°)	θ_{r2} /(°)	x'_{rp}/mm	y'_{rp}/mm	Δ'/mm	θ'_{r1} /(°)	θ'_{r2} /(°)
1	40.000	0.000	39.987	−0.001	0.013	232.1	109.6	39.987	0.001	0.013	127.9	250.4
2	39.800	5.990	39.789	5.965	0.027	240.5	118.4	39.784	5.998	0.018	136.6	258.7
3	39.203	11.920	39.199	11.921	0.004	248.5	127.6	39.205	11.900	0.020	145.3	266.2
4	38.213	17.731	38.232	17.703	0.034	255.8	136.8	38.230	17.708	0.028	153.9	272.9
5	36.842	23.365	36.849	23.387	0.022	262.5	146.0	36.850	23.384	0.021	162.3	278.8
6	35.103	28.766	35.099	28.755	0.011	268.4	154.8	35.076	28.784	0.033	170.3	283.9
7	33.013	33.879	33.025	33.878	0.011	273.5	163.3	33.002	33.894	0.011	177.7	288.2
8	30.594	38.653	30.609	38.681	0.032	278.2	171.4	30.602	38.687	0.035	185.1	291.9
9	27.868	43.041	27.871	43.068	0.027	282.3	179.0	27.859	43.076	0.036	191.9	295.2
10	24.864	47.000	24.858	47.006	0.009	286.1	186.1	24.905	46.981	0.045	198.2	298.1
11	21.612	50.488	21.619	50.461	0.028	289.4	192.7	21.602	50.526	0.039	204.3	300.9
12	18.144	53.472	18.176	53.471	0.033	292.6	198.9	18.131	53.487	0.019	209.9	303.6
13	14.494	55.922	14.511	55.912	0.020	295.3	204.6	14.513	55.911	0.022	215.1	306.3
14	10.700	57.813	10.700	57.844	0.030	299.0	209.9	10.689	57.795	0.022	220.0	309.2
15	6.799	59.127	6.839	59.128	0.040	302.3	214.6	6.795	59.083	0.044	224.5	312.3
16	2.829	59.850	2.785	59.852	0.045	305.9	219.0	2.860	59.848	0.031	228.7	315.6

例 3.14　星形线目标轨迹 $\begin{cases} x = 60\cos^3\theta \\ y = 60\sin^3\theta \end{cases}, 0 \leqslant \theta \leqslant 2\pi$。

如图 3.16 所示,图(a)为星形线的目标轨迹图,图(b)和图(c)分别为通过查表法所求得的两组双棱镜转角值随时间的变化图。采样点数为 64,前 16 个采样点计算结果如表 3.10 所列,第一组双棱镜转角解所对应的实际点与目标点的偏差范围为 $0.006\mathrm{mm} \leqslant \Delta \leqslant 0.046\mathrm{mm}$,计算用时 216s。第二组双棱镜转角解所对应的实际点与目标点的偏差范围为 $0.005\mathrm{mm} \leqslant \Delta' \leqslant 0.046\mathrm{mm}$,计算用时 217s。

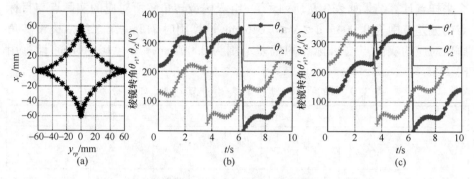

图 3.16　星形线轨迹扫描实例

(a)目标轨迹；(b)双棱镜第一组转角；(c)双棱镜第二组转角。

表 3.10　星形线目标轨迹查表法计算结果(部分数据)

序号	目标点		第一组解					第二组解				
	X_{rp}/mm	Y_{rp}/mm	x_{rp}/mm	y_{rp}/mm	Δ/mm	θ_{r1}/(°)	θ_{r2}/(°)	x'_{rp}/mm	y'_{rp}/mm	Δ'/mm	θ'_{r1}/(°)	θ'_{r2}/(°)
1	60.000	0.000	60.015	0.021	0.025	218.5	131.8	60.015	−0.021	0.025	141.5	228.2
2	59.105	0.060	59.125	0.071	0.023	219.3	130.8	59.075	0.075	0.034	140.8	229.4
3	56.483	0.470	56.526	0.460	0.044	221.8	128.2	56.474	0.468	0.009	139.1	232.8
4	52.314	1.549	52.328	1.586	0.040	226.2	124.8	52.330	1.520	0.032	137.2	238.6
5	46.883	3.543	46.885	3.563	0.020	232.4	121.6	46.884	3.570	0.027	136.3	247.1
6	40.552	6.612	40.556	6.628	0.016	240.8	120.1	40.563	6.584	0.030	137.7	258.4
7	33.732	10.801	33.730	10.792	0.009	252.0	122.2	33.727	10.801	0.005	143.5	273.3
8	26.845	16.042	26.817	16.047	0.029	266.7	130.4	26.815	16.051	0.032	155.1	291.4
9	20.291	22.149	20.270	22.146	0.021	283.7	145.5	20.295	22.123	0.027	171.3	309.5
10	14.411	28.839	14.419	28.812	0.028	298.9	164.1	14.383	28.830	0.030	188.0	322.8
11	9.464	35.749	9.488	35.757	0.025	308.7	181.4	9.475	35.760	0.015	201.6	328.9
12	5.600	42.471	5.629	42.489	0.034	313.0	195.2	5.634	42.488	0.039	211.9	329.7
13	2.855	48.580	2.865	48.613	0.035	313.6	205.7	2.876	48.555	0.032	219.6	327.6
14	1.148	53.677	1.136	53.650	0.029	312.3	213.3	1.150	53.704	0.028	225.3	324.2
15	0.295	57.419	0.297	57.456	0.038	310.3	218.5	0.263	57.405	0.034	229.1	321.0
16	0.021	59.550	−0.002	59.522	0.037	308.9	221.2	0.046	59.572	0.032	231.1	318.7

从以上的 4 个例子中的后 3 个可以看出,由于旋转双棱镜转角是 360°循环的,当所查找出的棱镜转角有一个转角值接近 0°或 360°时,转角值会突变,所以需要考虑转角 360°循环的问题。在程序中加入以下算法:

$$\text{If } \theta_{r1}(i) - \theta_{r1}(i-1) > 180° \quad \theta_{r1}(i) = \theta_{r1}(i) - 360°$$

$$\text{If } \theta_{r1}(i) - \theta_{r1}(i-1) < -180° \quad \theta_{r1}(i) = \theta_{r1}(i) + 360°$$

通过以上算法的优化,使得双棱镜的转角取值范围扩大为 $-\infty \sim +\infty$,解决了转角在 0°~360°范围内突变的问题。优化后的圆形、椭圆和星形线的查表结果如图 3.17 ~ 图 3.19 所示。

例 3.15　圆形目标轨迹 $x^2 + y^2 = 60^2$。

如图 3.17 所示,图(a)为圆形的目标轨迹图曲线图,图(b)和图(c)分别为通过查表法所求得的两组双棱镜转角值随时间的变化图。采样点数为 64,前 16 个采样点计算结果如表 3.11 所列,第一组双棱镜转角解所对应的实际点与目标点的偏差范围为 $0.015\text{mm} \leqslant \Delta \leqslant 0.041\text{mm}$,查表用时 216s。第二组双棱镜转角解所对应的实际点与目标点的偏差范围为 $0.015\text{mm} \leqslant \Delta' \leqslant 0.041\text{mm}$,查表用时 217s。

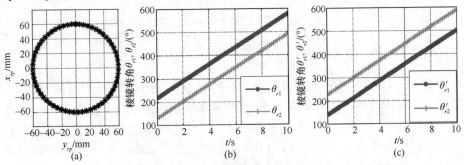

图 3.17　圆轨迹扫描实例

(a)目标轨迹;(b)双棱镜第一组转角;(c)双棱镜第二组转角。

表 3.11　圆形目标轨迹查表法计算结果(部分数据)

序号	目标点		第一组解					第二组解				
	X_{rp}/mm	Y_{rp}/mm	x_{rp}/mm	y_{rp}/mm	Δ/mm	θ_{r1} /(°)	θ_{r2} /(°)	x'_{rp}/mm	y'_{rp}/mm	Δ'/mm	θ'_{r1} /(°)	θ'_{r2} /(°)
1	60.000	0.000	60.015	0.021	0.025	218.5	131.8	60.015	-0.021	0.025	141.5	228.2
2	59.700	5.990	59.716	5.981	0.018	224.2	137.5	59.667	5.979	0.035	147.2	234.0
3	58.804	11.920	58.767	11.933	0.039	230.0	143.2	58.814	11.945	0.027	153.0	239.7
4	57.320	17.731	57.325	17.767	0.036	235.7	149.0	57.337	17.727	0.017	158.7	245.4
5	55.264	23.365	55.277	23.372	0.015	241.4	154.7	55.231	23.355	0.034	164.4	251.2

101

（续）

序号	目标点		第一组解					第二组解				
	X_{rp}/mm	Y_{rp}/mm	x_{rp}/mm	y_{rp}/mm	Δ/mm	θ_{r1}/(°)	θ_{r2}/(°)	x'_{rp}/mm	y'_{rp}/mm	Δ'/mm	θ'_{r1}/(°)	θ'_{r2}/(°)
6	52.655	28.766	52.682	28.747	0.033	247.1	160.4	52.652	28.802	0.037	170.2	256.9
7	49.520	33.879	49.492	33.860	0.034	252.9	166.1	49.531	33.889	0.015	175.9	262.6
8	45.891	38.653	45.893	38.673	0.020	258.6	171.9	45.920	38.641	0.032	181.6	268.3
9	41.802	43.041	41.825	43.040	0.023	264.3	177.6	41.789	43.006	0.037	187.3	274.1
10	37.297	47.000	37.266	46.980	0.036	270.1	183.3	37.294	47.020	0.021	193.1	279.8
11	32.418	50.488	32.405	50.514	0.029	275.8	189.1	32.440	50.492	0.022	198.8	285.5
12	27.216	53.472	27.228	53.483	0.016	281.5	194.8	27.203	53.440	0.034	204.5	291.3
13	21.741	55.922	21.781	55.923	0.040	287.2	200.5	21.722	55.946	0.030	210.3	297.0
14	16.050	57.813	16.047	57.779	0.035	293.0	206.2	16.058	57.827	0.015	216.0	302.7
15	10.198	59.127	10.195	59.143	0.016	298.7	212.0	10.184	59.095	0.035	221.7	308.5
16	4.244	59.850	4.270	59.863	0.029	304.4	217.7	4.264	59.814	0.041	227.4	314.2

例 3.16 椭圆目标轨迹 $\dfrac{x^2}{40^2} + \dfrac{y^2}{60^2} = 1$。

如图 3.18 所示，图（a）为椭圆形的目标轨迹曲线图，图（b）和图（c）分别为通过查表法所求得的两组双棱镜转角值随时间的变化图。采样点数为 64，前 16 个采样点计算结果如表 3.12 所列，第一组双棱镜转角解所对应的实际点与目标点的偏差范围为 $0.004\text{mm} \leqslant \Delta \leqslant 0.046\text{mm}$，查表用时 238s。第二组双棱镜转角解所对应的实际点与目标点的偏差范围为 $0.006\text{mm} \leqslant \Delta' \leqslant 0.046\text{mm}$，查表用时 235s。

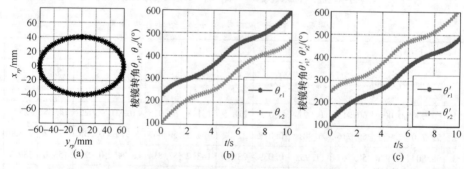

图 3.18　椭圆轨迹扫描实例

（a）目标轨迹；（b）双棱镜第一组转角；（c）双棱镜第二组转角。

表 3.12　椭圆目标轨迹查表法计算结果(部分数据)

序号	目标点		第一组解					第二组解				
	X_{rp}/mm	Y_{rp}/mm	x_{rp}/mm	y_{rp}/mm	Δ/mm	θ_{r1}/(°)	θ_{r2}/(°)	x'_{rp}/mm	y'_{rp}/mm	Δ'/mm	θ'_{r1}/(°)	θ'_{r2}/(°)
1	40.000	0.000	39.987	−0.001	0.013	232.1	109.6	39.987	0.001	0.013	127.9	250.4
2	39.800	5.990	39.789	5.965	0.027	240.5	118.4	39.784	5.998	0.018	136.6	258.7
3	39.203	11.920	39.199	11.921	0.004	248.5	127.6	39.205	11.900	0.020	145.3	266.2
4	38.213	17.731	38.232	17.703	0.034	255.8	136.8	38.230	17.708	0.028	153.9	272.9
5	36.842	23.365	36.849	23.387	0.022	262.5	146.0	36.850	23.384	0.021	162.3	278.8
6	35.103	28.766	35.099	28.755	0.011	268.4	154.8	35.076	28.784	0.033	170.3	283.9
7	33.013	33.879	33.025	33.878	0.011	273.6	163.3	33.002	33.900	0.025	177.9	288.2
8	30.594	38.653	30.609	38.681	0.032	278.2	171.4	30.602	38.687	0.035	185.1	291.9
9	27.868	43.041	27.871	43.068	0.027	282.3	179.0	27.859	43.076	0.036	191.9	295.2
10	24.864	47.000	24.858	47.006	0.009	286.0	186.1	24.905	46.981	0.045	198.2	298.1
11	21.612	50.488	21.619	50.461	0.028	289.4	192.7	21.602	50.526	0.039	204.3	300.9
12	18.144	53.472	18.176	53.471	0.033	292.6	198.8	18.131	53.487	0.019	209.9	303.2
13	14.494	55.922	14.511	55.912	0.020	295.8	204.6	14.513	55.911	0.022	215.1	306.3
14	10.700	57.813	10.700	57.844	0.030	299.0	209.9	10.689	57.795	0.022	220.0	309.2
15	6.799	59.127	6.839	59.128	0.040	302.3	214.6	6.795	59.083	0.044	224.5	312.3
16	2.829	59.850	2.785	59.852	0.045	305.9	219.0	2.860	59.848	0.031	228.7	315.6

例 3.17　星形线目标轨迹 $\begin{cases} x = 60\cos^3\theta \\ y = 60\sin^3\theta \end{cases}$, $0 \leqslant \theta \leqslant 2\pi$。

如图 3.19 所示,图(a)为星形线的目标轨迹曲线图,图(b)和图(c)分别为通过查表法所求得的两组双棱镜转角值随时间的变化图。采样点数为 64,前 16 个采样点计算结果如表 3.13 所列,第一组双棱镜转角解所对应的实际点与目标点的

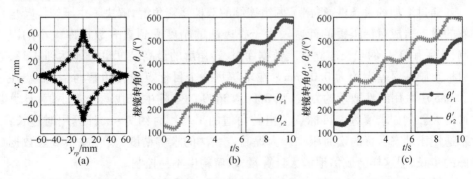

图 3.19　星形线轨迹扫描实例

(a)目标轨迹；(b)双棱镜第一组转角；(c)双棱镜第二组转角。

偏差范围为 0.004mm≤Δ≤0.045mm，查表用时230s。第二组双棱镜转角解所对应的实际点与目标点的偏差范围为 0.005mm≤Δ′≤0.046mm，查表用时247s。

表 3.13　星形线目标轨迹查表法计算结果(部分数据)

序号	目标点		第一组解					第二组解				
	X_{rp}/mm	Y_{rp}/mm	x_{rp}/mm	y_{rp}/mm	Δ/mm	θ_{r1}/(°)	θ_{r2}/(°)	x'_{rp}/mm	y'_{rp}/mm	Δ'/mm	θ'_{r1}/(°)	θ'_{r2}/(°)
1	60.000	0.000	60.015	0.021	0.025	218.5	131.8	60.015	-0.021	0.025	141.5	228.2
2	59.105	0.060	59.125	0.071	0.023	219.3	130.8	59.075	0.075	0.034	140.8	229.4
3	56.483	0.470	56.526	0.460	0.044	221.8	128.2	56.474	0.468	0.009	139.1	232.8
4	52.314	1.549	52.328	1.586	0.040	226.2	124.8	52.330	1.520	0.032	137.2	238.6
5	46.883	3.543	46.885	3.563	0.020	232.4	121.6	46.884	3.570	0.027	136.3	247.1
6	40.552	6.612	40.556	6.628	0.016	240.5	120.1	40.563	6.584	0.030	137.7	258.4
7	33.732	10.801	33.730	10.792	0.009	252.0	122.2	33.727	10.801	0.005	143.5	273.3
8	26.845	16.042	26.817	16.047	0.029	266.7	130.4	26.815	16.051	0.032	155.1	291.4
9	20.291	22.149	20.270	22.146	0.021	283.7	145.5	20.295	22.123	0.027	171.3	309.5
10	14.411	28.839	14.419	28.812	0.028	298.9	164.1	14.383	28.830	0.030	188.0	322.8
11	9.464	35.749	9.488	35.757	0.025	308.7	181.4	9.475	35.760	0.015	201.6	328.9
12	5.600	42.471	5.629	42.489	0.034	313.0	195.2	5.634	42.488	0.039	211.9	329.7
13	2.855	48.580	2.865	48.613	0.035	313.6	205.7	2.876	48.555	0.032	219.6	327.6
14	1.148	53.677	1.136	53.650	0.029	312.3	213.3	1.150	53.704	0.028	225.3	324.2
15	0.295	57.419	0.297	57.456	0.038	310.3	218.5	0.263	57.405	0.034	229.1	321.0
16	0.021	59.550	-0.002	59.522	0.037	308.9	221.2	0.046	59.572	0.032	231.1	318.7

　　优化后的查表法虽然求解误差有所增大，但是提高了棱镜转角值曲线的连续性，便于旋转双棱镜的运动控制。

　　通过增加约束条件，得出了两组连续的双棱镜转角解，解决了由于棱镜转角解的跳动造成目标跟丢的问题。由于查表法的精度受到查表数据库大小的限制，当采用0.1°的步长建立查表数据库时，转角解的最高精度也只能达到0.1°，目标点跟踪误差大约为0.01mm。在求解每一个目标点的转角解时，都需要在Matlab中采用线性搜索的方式，从3600×3600的矩阵中查找两个极小值，计算量巨大。例如求解每个目标点一组转角值的平均用时约为4s，计算用时过长，不适用于动态目标的实时跟踪。为提高查表法的求解精度，只能减小查表数据库的步长，但这样会成倍地增大计算量，求解精度不易控制。

　　综上所述，查表法求解旋转双棱镜逆问题，本质上仍是采用正向问题的求解方法，求解精度不易控制，计算量较大，求解效率难以满足实时跟踪要求。

3.1.3　迭代法求解逆问题

1. 迭代法的基本思想

在旋转双棱镜的逆问题中,折射光束在棱镜 2 上的出射点位置存在瞬变性。通常已知光线经过棱镜 2 偏折后在屏幕上的最终位置,但光束在棱镜 2 上出射点位置未知,使得最终的出射光向量未知。

由 3.1.1 节可知,两步法是在已知出射光向量的前提下推导两棱镜的转角值。在近似情况下,忽略棱镜厚度、双棱镜间距等参数对出射点位置的影响,假设光束在棱镜 2 上出射点位置为棱镜 2 出射面的中心点,可以根据屏幕上的目标点坐标值得到出射光向量。但是在实际应用中,由于棱镜厚度、双棱镜间距等参数对出射点的影响不能忽略,光束出射点并非棱镜 2 出射面与光轴的交点,棱镜 2 上出射点位置存在瞬变性,出射光向量无法得到,导致两步法无法使用。

本节根据远距离和有限距离光束扫描规律,结合远距离情况下的两步法逆推公式和光线正向追迹公式[7],提出采用迭代法[8]的思想求解满足一定精度要求的两棱镜转角解组合 $(\theta_{r1}, \theta_{r2})$。

图 3.20 所示为迭代法求解逆问题的示意图,已知目标点 $P(X_{rp}, Y_{rp})$,首先假设光束在棱镜 2 上出射点位置为棱镜 2 出射面 22 中心点 $N^0(0,0)$(远距离情况),以向量 $\boldsymbol{A}_{rf}^0 = \overrightarrow{N^0 P}$ 为出射光向量,采用两步法逆推公式推导出两棱镜转角解组合 $(\theta_{r1}^1, \theta_{r2}^1)$,再将 $(\theta_{r1}^1, \theta_{r2}^1)$ 代入有限距离情况下的正向扫描公式(精确扫描公式),求出实际扫描点 $P^1(x_{rp}^1, y_{rp}^1)$ 和实际出射点 $N^1(x_{rn}^1, y_{rn}^1)$;然后以向量 $\boldsymbol{A}_{rf}^1 = \overrightarrow{N^1 P}$ 为出射光向量,再次采用两步法逆推公式推导出两棱镜转角组合 $(\theta_{r1}^2, \theta_{r2}^2)$,

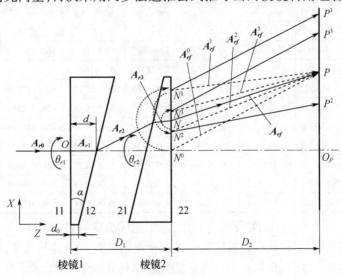

图 3.20　迭代法求解逆问题示意图

并代入有限距离情况下的正向扫描公式,求出实际扫描点 $P^2(x_{rp}^2, y_{rp}^2)$ 和实际出射点 $N^2(x_{rn}^2, y_{rn}^2)$;然后再以 $\mathbf{A}_{rf}^2 = \overrightarrow{N^2P}$ 为出射光向量重复上述过程,反复求解实际扫描点 $P^i(x_{rp}^i, y_{rp}^i)$ 和实际出射点 $N^i(x_{rn}^i, y_{rn}^i)$。通过计算发现实际点 P^i 不断从两端逼近目标点 P,当满足精度要求 $\Delta = \sqrt{(x_{rp}^i - X_{rp})^2 + (y_{rp}^i - Y_{rp})^2} < \delta$($\delta$ 为给定的目标点偏差阈值)时即可停止迭代。

以目标点 $P(0,20)$ 为例,设置目标点偏差阈值 $\delta = 0.0001$ mm,初始出射点为 $N^0(0,0)$,对应同一目标点,有两组棱镜转角解组合,在 Matlab 中通过迭代法求出两组解的过程如表 3. 14 和表 3. 15 所列。

表 3. 14　目标点 $P(0,20)$ 第一组解迭代过程数据

迭代次数	出射点/mm		实际点/mm		偏差/mm	棱镜转角值/(°)	
k	x_{rn}	y_{rn}	x_{rp}	y_{rp}	Δ	θ_{r1}	θ_{r2}
1	6. 830350	2. 312234	6. 830350	22. 312234	7. 211110	195. 936655	344. 383475
2	5. 609818	4. 516284	− 1. 220532	22. 204051	2. 519432	216. 204930	366. 329188
3	5. 861903	4. 149227	0. 252086	19. 632943	0. 445284	212. 988204	367. 110193
4	5. 807144	4. 231077	− 0. 054760	20. 081850	0. 098479	213. 715934	367. 148334
5	5. 818955	4. 213569	0. 011812	19. 982491	0. 021120	213. 560311	367. 145861
6	5. 816402	4. 217359	− 0. 002553	20. 003790	0. 004570	213. 594012	367. 146756
7	5. 816954	4. 216540	0. 000552	19. 999181	0. 000987	213. 586734	367. 146578
8	5. 816835	4. 216717	− 0. 000119	20. 000177	0. 000213	213. 588307	367. 146617
9	5. 816861	4. 216679	0. 000026	19. 999962	0. 000046	213. 587967	367. 146608

表 3. 15　目标点 $P(0,20)$ 第二组解迭代过程数据

迭代次数	出射点/mm		实际点/mm		偏差/mm	棱镜转角值/(°)	
k	x'_{rn}	y'_{rn}	x'_{rp}	y'_{rp}	Δ'	θ'_{r1}	θ'_{r2}
1	− 7. 162066	− 0. 566626	− 12. 978926	15. 216695	13. 832301	366. 874162	213. 315592
2	− 5. 570714	4. 605747	1. 591352	25. 172373	5. 411640	323. 407555	177. 846465
3	− 5. 869522	4. 137182	− 0. 298808	19. 531435	0. 555733	327. 112376	172. 834753
4	− 5. 805519	4. 233487	0. 064003	20. 096305	0. 115633	326. 262754	172. 852656
5	− 5. 819306	4. 213047	− 0. 013787	19. 979560	0. 024655	326. 444326	172. 854261
6	− 5. 816327	4. 217471	0. 002980	20. 004424	0. 005334	326. 404987	172. 853221
7	− 5. 816970	4. 216516	− 0. 000644	19. 999045	0. 001152	326. 413482	172. 853428
8	− 5. 816831	4. 216722	0. 000139	20. 000206	0. 000249	326. 411647	172. 853382
9	− 5. 816861	4. 216678	− 0. 000030	19. 999955	0. 000054	326. 412043	172. 853392

从以上两个表格中的数据可以看出,采用迭代法求解目标点 $P(0,20)$ 所对应的两棱镜转角解时,迭代收敛速度快。在求两组解的过程中均只用了 9 次迭代就使得目标点优于 $\delta = 0.0001$ mm 的偏差要求,棱镜转角优于 0. 01°的误差要求。

在两组棱镜转角解的迭代求解过程中,实际扫描点与目标点的偏差 Δ 和迭

代次数 k 的变化关系如图 3.21 所示。随着迭代次数的增大,迭代误差迅速减小,说明迭代法具有良好的收敛性。同时迭代法的计算数据量也很小。采用配置为 Intel(R) Core(TM) i5 CPU、8GB 内存的计算机,两组解的求解用时分别为 0.3s 和 0.06s。由于迭代法求解时间很短,可以用于动态目标的实时跟踪。

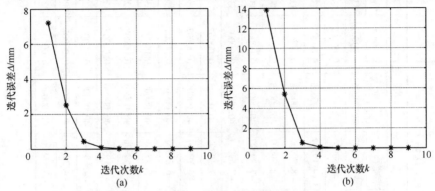

图 3.21　迭代误差与迭代次数的关系图
(a)第一组解; (b)第二组解。

2. 迭代法的应用实例

设置目标点偏差阈值 $\delta = 0.0001\text{mm}$,在 Matlab 中采用迭代法求解 3.1.1 节中 6 组特殊目标轨迹所对应的旋转双棱镜转角,结果如下:

例 3.18　与 X 轴平行的直线 $y = 40, x \in [-10, 10]$。

如图 3.22 所示,图(a)为直线的目标轨迹曲线图,图(b)和图(c)分别为通过迭代法所求得的两组双棱镜转角值随时间的变化图。采样点数为 51,前 16 个采样点计算结果如表 3.16 所列,第一组双棱镜转角解所对应的实际点与目标点的最大偏差为 0.00007mm,计算用时为 0.104s,平均每个目标点的计算用时 0.0020s。第二组双棱镜转角解所对应的实际点与目标点的最大偏差为 0.00007mm,计算用时为 0.107s,平均每个目标点的计算用时 0.0021s。

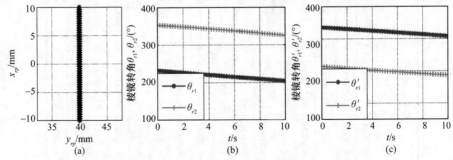

图 3.22　直线轨迹扫描实例
(a)目标轨迹; (b)双棱镜第一组转角; (c)双棱镜第二组转角。

表 3.16 直线目标机迹迭代法计算结果（部分数据）

序号	目标点		第一组解						第二组解					
	X_{tp}/mm	Y_{tp}/mm	k	x'_{tp}/mm	y_{tp}/mm	Δ/mm	θ_{r1}/(°)	θ_{r2}/(°)	k	x'_{tp}/mm	y'_{tp}/mm	Δ'/mm	θ'_{r1}/(°)	θ'_{r2}/(°)
1	−10.00000	40.00000	8	−10.00005	40.00004	0.00007	232.59	353.07	8	−9.99997	40.00006	0.00007	335.48	215.01
2	−9.60000	40.00000	8	−9.60005	40.00004	0.00007	232.00	352.63	8	−9.59997	40.00006	0.00007	334.99	214.36
3	−9.20000	40.00000	8	−9.20005	40.00004	0.00007	231.41	352.19	8	−9.19997	40.00006	0.00007	334.50	213.72
4	−8.80000	40.00000	8	−8.80005	40.00004	0.00007	230.82	351.74	8	−8.79997	40.00006	0.00007	334.00	213.08
5	−8.40000	40.00000	8	−8.40005	40.00004	0.00007	230.22	351.28	8	−8.39997	40.00006	0.00007	333.50	212.44
6	−8.00000	40.00000	8	−8.00005	40.00004	0.00007	229.63	350.82	8	−7.99997	40.00006	0.00007	332.99	211.80
7	−7.60000	40.00000	8	−7.60005	40.00004	0.00007	229.04	350.35	8	−7.59997	40.00006	0.00007	332.48	211.16
8	−7.20000	40.00000	8	−7.20005	40.00005	0.00007	228.45	349.88	8	−7.19997	40.00006	0.00007	331.96	210.53
9	−6.80000	40.00000	8	−6.80005	40.00005	0.00007	227.85	349.40	8	−6.79997	40.00006	0.00007	331.44	209.90
10	−6.40000	40.00000	8	−6.40005	40.00005	0.00007	227.26	348.91	8	−6.39997	40.00006	0.00007	330.92	209.27
11	−6.00000	40.00000	8	−6.00005	40.00005	0.00007	226.67	348.42	8	−5.99996	40.00006	0.00007	330.39	208.64
12	−5.60000	40.00000	8	−5.60005	40.00005	0.00007	226.08	347.92	8	−5.59996	40.00006	0.00007	329.86	208.02
13	−5.20000	40.00000	8	−5.20005	40.00005	0.00007	225.49	347.42	8	−5.19996	40.00006	0.00007	329.33	207.39
14	−4.80000	40.00000	8	−4.80005	40.00005	0.00007	224.90	346.91	8	−4.79996	40.00006	0.00007	328.79	206.78
15	−4.40000	40.00000	8	−4.40005	40.00005	0.00007	224.31	346.40	8	−4.39996	40.00006	0.00007	328.25	206.16
16	−4.00000	40.00000	8	−4.00005	40.00005	0.00007	223.72	345.87	8	−3.99996	40.00006	0.00007	327.70	205.55

例 3.19　圆 $x^2 + y^2 = 60^2$。

如图 3.23 所示,图(a)为圆形的目标轨迹曲线图,图(b)和图(c)分别为通过迭代法所求得的两组双棱镜转角值随时间的变化图。采样点数为 64,前 16 个采样点计算结果如表 3.17 所列,第一组双棱镜转角解所对应的实际点与目标点的最大偏差为 0.00004mm,计算用时为 0.121s,平均每个目标点的计算用时 0.0019s。第二组双棱镜转角解所对应的实际点与目标点的最大偏差为 0.00004mm,计算用时为 0.167s,平均每个目标点的计算用时 0.0026s。

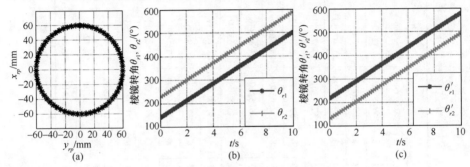

图 3.23　圆轨迹扫描实例

(a)目标轨迹;(b)双棱镜第一组转角;(c)双棱镜第二组转角。

例 3.20　椭圆 $\dfrac{x^2}{40^2} + \dfrac{y^2}{60^2} = 1$。

如图 3.24 所示,图(a)为椭圆形的目标轨迹曲线图,图(b)和图(c)分别为通过迭代法所求得的两组双棱镜转角值随时间的变化图。采样点数为 64,前 16 个采样点计算结果如表 3.18 所列,第一组双棱镜转角解所对应的实际点与目标点的最大偏差为 0.00009mm,计算用时为 0.120s,平均每个目标点的计算用时 0.0019s。第二组双棱镜转角解所对应的实际点与目标点的最大偏差为 0.00009mm,计算用时为 0.123s,平均每个目标点的计算用时 0.0019s。

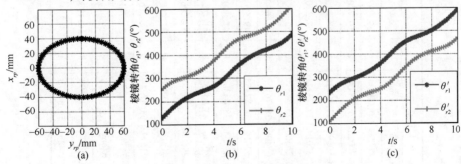

图 3.24　椭圆轨迹扫描实例

(a)目标轨迹;(b)双棱镜第一组转角;(c)双棱镜第二组转角。

表 3.17　圆形目标轨迹迭代法计算结果（部分数据）

序号	目标点			第一组解						第二组解				
	X_{rp}/mm	Y_{rp}/mm	k	x_{rp}/mm	y_{rp}/mm	Δ/mm	θ_{r1}/(°)	θ_{r2}/(°)	k	x'_{rp}/mm	y'_{rp}/mm	Δ'/mm	θ'_{r1}/(°)	θ'_{r2}/(°)
1	60.00000	0.00000	8	59.99997	−0.00004	0.00004	141.51	228.24	8	59.99997	0.00004	0.00004	218.49	131.76
2	59.70025	5.99000	8	59.70023	5.98997	0.00004	147.24	233.97	8	59.70022	5.99004	0.00004	224.22	137.49
3	58.80399	11.92016	8	58.80397	11.92012	0.00004	152.97	239.70	8	58.80396	11.92019	0.00004	229.95	143.22
4	57.32019	17.73121	8	57.32017	17.73117	0.00004	158.70	245.43	8	57.32015	17.73124	0.00004	235.68	148.95
5	55.26366	23.36510	8	55.26365	23.36506	0.00004	164.43	251.16	8	55.26362	23.36512	0.00004	241.41	154.68
6	52.65495	28.76553	8	52.65495	28.76549	0.00004	170.15	256.89	8	52.65491	28.76555	0.00004	247.14	160.41
7	49.52014	33.87855	8	49.52013	33.87850	0.00004	175.88	262.61	8	49.52009	33.87856	0.00004	252.87	166.14
8	45.89053	38.65306	8	45.89053	38.65302	0.00004	181.61	268.34	8	45.89049	38.65307	0.00004	258.60	171.87
9	41.80240	43.04137	8	41.80241	43.04132	0.00004	187.34	274.07	8	41.80236	43.04137	0.00004	264.33	177.60
10	37.29660	46.99961	8	37.29661	46.99957	0.00004	193.07	279.80	8	37.29655	46.99961	0.00004	270.06	183.33
11	32.41814	50.48826	8	32.41815	50.48822	0.00004	198.80	285.53	8	32.41809	50.48825	0.00004	275.79	189.06
12	27.21577	53.47244	8	27.21579	53.47240	0.00004	204.53	291.26	8	27.21572	53.47243	0.00004	281.52	194.79
13	21.74147	55.92235	8	21.74149	55.92231	0.00004	210.26	296.99	8	21.74142	55.92233	0.00004	287.25	200.52
14	16.04993	57.81349	8	16.04996	57.81345	0.00004	215.99	302.72	8	16.04989	57.81347	0.00004	292.98	206.25
15	10.19803	59.12698	8	10.19806	59.12695	0.00004	221.72	308.45	8	10.19799	59.12696	0.00004	298.71	211.98
16	4.24423	59.84970	8	4.24427	59.84967	0.00004	227.45	314.18	8	4.24419	59.84967	0.00004	304.44	217.71

表 3.18　椭圆目标轨迹迭代法计算结果（部分数据）

序号	目标点		第一组解						第二组解					
	X_{tp}/mm	Y_{tp}/mm	k	x_{tp}/mm	y_{tp}/mm	Δ/mm	θ_{t1}/(°)	θ_{t2}/(°)	k	x'_{tp}/mm	y'_{tp}/mm	Δ'/mm	θ'_{t1}/(°)	θ'_{t2}/(°)
1	40.00000	0.00000	8	40.00006	0.00005	0.00007	127.91	250.38	8	40.00006	−0.00005	0.00007	232.09	109.62
2	39.80017	5.99000	8	39.80022	5.99006	0.00007	136.59	258.67	8	39.80023	5.98997	0.00007	240.52	118.45
3	39.20266	11.92016	8	39.20270	11.92022	0.00007	145.33	266.22	8	39.20272	11.92013	0.00007	248.50	127.60
4	38.21346	17.73121	8	38.21349	17.73127	0.00006	153.94	272.94	8	38.21352	17.73120	0.00006	255.85	136.84
5	36.84244	23.36510	8	36.84245	23.36515	0.00005	162.27	278.80	8	36.84249	23.36509	0.00005	262.49	145.96
6	35.10330	28.76553	8	35.10331	28.76557	0.00004	170.27	283.85	8	35.10334	28.76553	0.00004	268.40	154.82
7	33.01342	33.87855	8	33.01343	33.87858	0.00003	177.87	288.18	8	33.01345	33.87855	0.00003	273.62	163.30
8	30.59369	38.65306	7	30.59370	38.65298	0.00008	185.06	291.92	7	30.59361	38.65305	0.00008	278.22	171.36
9	27.86827	43.04137	7	27.86827	43.04134	0.00003	191.85	295.20	7	27.86824	43.04136	0.00003	282.30	178.96
10	24.86440	46.99961	7	24.86439	46.99964	0.00002	198.25	298.15	7	24.86442	46.99962	0.00002	285.99	186.09
11	21.61209	50.48826	7	21.61206	50.48832	0.00007	204.25	300.91	7	21.61216	50.48828	0.00007	289.40	192.74
12	18.14384	53.47244	8	18.14386	53.47242	0.00002	209.88	303.59	8	18.14382	53.47243	0.00002	292.64	198.92
13	14.49431	55.92235	8	14.49433	55.92232	0.00003	215.13	306.31	8	14.49428	55.92233	0.00003	295.81	204.63
14	10.69995	57.81349	8	10.69998	57.81346	0.00004	220.01	309.17	8	10.69992	57.81347	0.00004	299.02	209.86
15	6.79869	59.12698	8	6.79872	59.12695	0.00004	224.54	312.25	8	6.79865	59.12696	0.00004	302.34	214.63
16	2.82949	59.84970	8	2.82952	59.84967	0.00004	228.73	315.63	8	2.82945	59.84967	0.00004	305.86	218.96

例 3.21 星形线 $\begin{cases} x = 60\cos^3\theta \\ y = 60\sin^3\theta \end{cases}$，$0 \leqslant \theta \leqslant 2\pi$。

如图 3.25 所示，图(a)为星形线的目标轨迹曲线图，图(b)和图(c)分别为通过迭代法所求得的两组双棱镜转角值随时间的变化图。采样点数为 64，前 16 个采样点计算结果如表 3.19 所列，第一组双棱镜转角解所对应的实际点与目标点的最大偏差为 0.00010mm，计算用时为 0.128s，平均每个目标点的计算用时 0.0020s。第二组双棱镜转角解所对应的实际点与目标点的最大偏差为 0.00010mm，计算用时为 0.130s，平均每个目标点的计算用时 0.0021s。

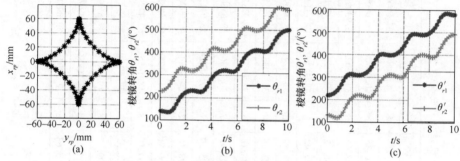

图 3.25　星形线轨迹扫描实例
(a)目标轨迹；(b)双棱镜第一组转角；(c)双棱镜第二组转角。

例 3.22 螺旋线 $\begin{cases} x = 6t\cos t \\ y = 6t\sin t \end{cases}$，$0 \leqslant t \leqslant 10$。

如图 3.26 所示，图(a)为螺旋线的目标轨迹曲线图，中心处圆为旋转双棱镜扫描盲区，图(b)和图(c)分别为通过迭代法所求得的两组双棱镜转角值随时间的变化图。目标曲线采样点数为 64，由于存在盲区，前 8 个采样点无法扫描，因此无法得到其对应的转角，图中也并未画出。除盲区外前 16 个采样点计算结果如表 3.20 所列。第一组双棱镜转角解所对应的实际点与目标点的最大偏差

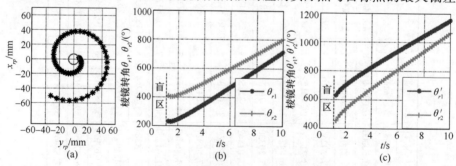

图 3.26　螺旋线轨迹扫描实例
(a)目标轨迹；(b)双棱镜第一组转角；(c)双棱镜第二组转角。

表 3.19　星形线目标轨迹迭代法计算结果（部分数据）

序号	目标点		第一组解						第二组解					
	X_{tp}/mm	Y_{tp}/mm	k	x_{tp}/mm	y_{tp}/mm	Δ/mm	θ_{r1}/(°)	θ_{r2}/(°)	k	x'_{tp}/mm	y'_{tp}/mm	Δ'/mm	θ'_{r1}/(°)	θ'_{r2}/(°)
1	60.00000	0.00000	8	59.99997	-0.00004	0.00004	141.51	228.24	8	59.99997	0.00004	0.00004	218.49	131.76
2	59.10523	0.05970	8	59.10521	0.05967	0.00004	140.81	229.35	8	59.10521	0.05973	0.00004	219.31	130.77
3	56.48303	0.47048	8	56.48301	0.47046	0.00002	139.11	232.79	8	56.48301	0.47050	0.00002	221.84	128.16
4	52.31429	1.54851	4	52.31427	1.54855	0.00005	137.22	238.65	4	52.31427	1.54846	0.00005	226.17	124.74
5	46.88311	3.54324	8	46.88313	3.54326	0.00003	136.27	247.07	8	46.88314	3.54322	0.00003	232.38	121.57
6	40.55227	6.61172	8	40.55232	6.61177	0.00007	137.74	258.45	8	40.55233	6.61169	0.00007	240.78	120.07
7	33.73207	10.80120	9	33.73206	10.80118	0.00002	143.50	273.29	9	33.73205	10.80120	0.00002	252.01	122.22
8	26.84521	16.04166	9	26.84520	16.04163	0.00003	155.06	291.33	9	26.84518	16.04166	0.00003	266.66	130.39
9	20.29090	22.14908	9	20.29089	22.14905	0.00003	171.34	309.52	9	20.29087	22.14907	0.00003	283.67	145.49
10	14.41137	28.83901	9	14.41137	28.83899	0.00003	187.97	322.74	9	14.41134	28.83900	0.00003	298.93	164.16
11	9.46372	35.74939	8	9.46368	35.74948	0.00009	201.61	328.93	8	9.46379	35.74945	0.00009	308.74	181.42
12	5.59963	42.47052	8	5.59960	42.47056	0.00006	211.93	329.77	8	5.59967	42.47055	0.00006	313.05	195.21
13	2.85472	48.57957	7	2.85479	48.57949	0.00010	219.64	327.60	7	2.85465	48.57950	0.00010	313.63	205.67
14	1.14846	53.67661	7	1.14844	53.67664	0.00004	225.28	324.23	7	1.14849	53.67663	0.00004	312.27	213.32
15	0.29461	57.41887	8	0.29463	57.41886	0.00003	229.08	320.95	8	0.29459	57.41886	0.00003	310.33	218.46
16	0.02124	59.55023	8	0.02127	59.55020	0.00004	231.11	318.75	8	0.02120	59.55020	0.00004	308.85	221.21

表 3.20　螺旋线目标轨迹迭代法计算结果（部分数据）

序号	目标点		第一组解						第二组解					
	X_{TP}/mm	Y_{TP}/mm	k	x_{TP}/mm	y_{TP}/mm	Δ/mm	θ_{r1}/(°)	θ_{r2}/(°)	k	x'_{TP}/mm	y'_{TP}/mm	Δ'/mm	θ'_{r1}/(°)	θ'_{r2}/(°)
9	2.25853	7.27660	9	2.25858	7.27657	0.00006	233.75	409.95	9	2.25848	7.27660	0.00006	631.76	455.56
10	1.21496	8.48488	9	1.21490	8.48494	0.00008	231.25	404.56	9	1.21504	8.48492	0.00008	652.45	479.15
11	-0.15719	9.52251	9	-0.15724	9.52255	0.00006	233.61	404.73	9	-0.15714	9.52255	0.00006	668.28	497.16
12	-1.82642	10.31575	9	-1.82644	10.31577	0.00003	238.06	407.27	9	-1.82640	10.31577	0.00003	682.02	512.81
13	-3.74620	10.79714	7	-3.74622	10.79715	0.00002	243.73	411.16	7	-3.74618	10.79716	0.00002	694.54	527.11
14	-5.85622	10.90837	8	-5.85630	10.90840	0.00008	250.20	415.96	8	-5.85621	10.90845	0.00008	706.26	540.50
15	-8.08428	10.60293	9	-8.08425	10.60293	0.00003	257.24	421.38	9	-8.08428	10.60291	0.00003	717.41	553.27
16	-10.34850	9.84836	9	-10.34846	9.84836	0.00004	264.71	427.28	9	-10.34849	9.84833	0.00004	728.12	565.56
17	-12.56009	8.62808	9	-12.56004	8.62808	0.00004	272.51	433.53	9	-12.56007	8.62804	0.00004	738.51	577.49
18	-14.62636	6.94271	9	-14.62631	6.94272	0.00004	280.57	440.07	9	-14.62634	6.94267	0.00004	748.64	589.14
19	-16.45399	4.81079	9	-16.45395	4.81080	0.00005	288.84	446.84	9	-16.45396	4.81075	0.00005	758.56	600.57
20	-17.95242	2.26894	9	-17.95238	2.26896	0.00005	297.28	453.79	9	-17.95239	2.26891	0.00005	768.31	611.80
21	-19.03724	-0.62866	9	-19.03720	-0.62863	0.00005	305.87	460.90	9	-19.03720	-0.62868	0.00005	777.92	622.89
22	-19.63348	-3.81136	9	-19.63345	-3.81133	0.00005	314.57	468.13	9	-19.63344	-3.81138	0.00005	787.40	633.84
23	-19.67871	-7.19379	9	-19.67868	-7.19376	0.00005	323.38	475.48	9	-19.67867	-7.19380	0.00005	796.78	644.68
24	-19.12580	-10.67813	9	-19.12578	-10.67809	0.00004	332.28	482.92	9	-19.12575	-10.67813	0.00004	806.07	655.43

为 0.00010mm,计算用时为 0.159s,平均每个目标点的计算用时 0.0025s。第二组双棱镜转角解所对应的实际点与目标点的最大偏差为 0.00010mm,计算用时为 0.158s,平均每个目标点的计算用时 0.0025s。

例 3.23 八瓣玫瑰线 $\begin{cases} x = 60\cos4\theta\cos\theta \\ y = 60\cos4\theta\sin\theta \end{cases}, 0 \leq \theta \leq 2\pi$。

如图 3.27 所示,图(a)为八瓣玫瑰线的目标轨迹曲线图,中心处圆为旋转双棱镜扫描盲区,图(b)和图(c)分别为通过迭代法所求得的两组双棱镜转角值随时间的变化图,图(d)和图(e)分别是第一、二组解中 A、B 部分盲区的放大图。目标曲线上采样点数为 127,由于存在扫描盲区,图中转角曲线图不连续。除盲区外前 16 个采样点计算结果如表 3.21 所列。第一组双棱镜转角解所对应的实际点与目标点的最大偏差为 0.00010mm,计算用时为 0.201s,平均每个目标点的计算用时 0.0016s。第二组双棱镜转角解所对应的实际点与目标点的最大偏差为 0.00010mm,计算用时为 0.204s,平均每个目标点的计算用时 0.0016s。

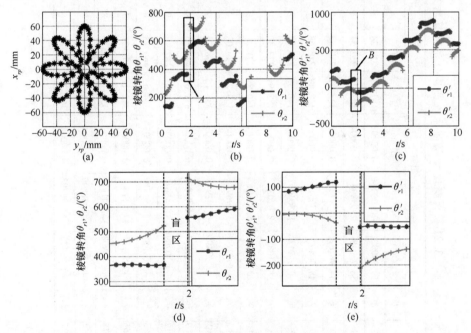

图 3.27　八瓣玫瑰线轨迹扫描实例

(a)目标轨迹;(b)双棱镜第一组转角;(c)双棱镜第二组转角;
(d)第一组解盲区放大图;(e)第二组解盲区放大图。

通过上述 6 个迭代法的求解实例可以得出,当设置目标点求解精度为 $\delta = 0.0001mm$ 时,每个目标点求解过程一般不超过 9 次迭代,两组解迭代收敛速度相近。与查表法相比,迭代法的计算量很小,求解每个采样目标点的平均用时约

表 3.21 八瓣玫瑰线目标轨迹迭代法计算结果（部分数据）

序号	目标点		第一组解						第二组解					
	X_{tp}/mm	Y_{tp}/mm	k	x_{tp}/mm	y_{tp}/mm	Δ/mm	θ_{r1}/(°)	θ_{r2}/(°)	k	x'_{tp}/mm	y'_{tp}/mm	Δ'/mm	θ'_{r1}/(°)	θ'_{r2}/(°)
1	60.00000	0.00000	8	59.99997	-0.00004	0.00004	141.51	228.24	8	59.99997	0.00004	0.00004	218.49	131.76
2	58.73050	2.93897	8	58.73048	2.93894	0.00004	143.37	232.51	8	58.73048	2.93900	0.00004	222.36	133.22
3	54.98757	5.51716	7	54.98762	5.51722	0.00008	143.42	239.43	7	54.98763	5.51711	0.00008	228.04	132.03
4	48.96408	7.40020	7	48.96403	7.40014	0.00008	142.17	248.63	7	48.96402	7.40024	0.00008	235.02	128.56
5	40.96914	8.30486	8	40.96918	8.30490	0.00006	140.32	259.87	8	40.96919	8.30483	0.00006	242.59	123.05
6	31.41034	8.02038	9	31.41032	8.02036	0.00003	138.91	273.40	9	31.41031	8.02039	0.00003	249.74	115.25
7	20.77042	6.42504	9	20.77039	6.42501	0.00004	140.32	291.21	9	20.77037	6.42505	0.00004	254.05	103.17
8	9.57975	3.49688	9	9.57976	3.49692	0.00004	159.28	329.03	9	9.57978	3.49686	0.00004	240.83	71.08
10	-12.27501	-5.92950	9	-12.27499	-5.92948	0.00003	335.15	498.79	9	-12.27498	-5.92951	0.00003	76.41	-87.23
11	-21.91219	-11.97069	9	-21.91217	-11.97065	0.00004	331.61	477.56	9	-21.91215	-11.97069	0.00004	85.69	-60.26
12	-30.10270	-18.45612	9	-30.10269	-18.45610	0.00002	337.21	467.18	9	-30.10268	-18.45612	0.00002	85.81	-44.15
13	-36.51584	-24.98183	8	-36.51585	-24.98187	0.00005	344.63	460.13	8	-36.51588	-24.98182	0.00005	84.13	-31.37
14	-40.92932	-31.11465	7	-40.92931	-31.11462	0.00002	352.11	455.21	7	-40.92929	-31.11465	0.00002	82.37	-20.73
15	-43.23908	-36.41978	8	-43.23908	-36.41975	0.00002	358.78	452.37	8	-43.23906	-36.41978	0.00002	81.44	-12.15
16	-43.46199	-40.48904	8	-43.46199	-40.48899	0.00004	363.97	451.92	8	-43.46195	-40.48904	0.00004	81.97	-5.97
17	-41.73112	-42.96797	8	-41.73113	-42.96793	0.00004	367.26	454.20	8	-41.73108	-42.96797	0.00004	84.42	-2.52

为 0.002s,求解效率较高,是实现实时跟踪动态目标的理想算法。在实际应用中,通过设置迭代偏差阈值来控制目标点求解精度,整个动态跟踪过程可控。

3.2 偏摆扫描模式逆问题

3.2.1 解析法求解逆问题

1. 解析法求解逆问题过程

假设入射光沿光轴方向入射,已知出射光的垂直张角 ρ_V 和水平张角 ρ_H 或者出射光向量值 $(x_{tf}, y_{tf}, z_{tf})^T$,双棱镜摆角范围为 $\theta_{tmin} \sim \theta_{tmax}$,则偏摆双棱镜扫描系统出射光向量为

$$A_{tf} = (x_{tf}, y_{tf}, z_{tf})^T$$

$$= \left(\frac{\tan\rho_V}{\sqrt{\tan^2\rho_V + \tan^2\rho_H + 1}}, \frac{\tan\rho_H}{\sqrt{\tan^2\rho_V + \tan^2\rho_H + 1}}, \frac{1}{\sqrt{\tan^2\rho_V + \tan^2\rho_H + 1}} \right)^T$$

$$(3.10)$$

由 2.3.2 节可知,偏摆双棱镜扫描系统出射光向量的 X 轴分量为 $x_{tf} = \cos\beta_{t2}$,可求得棱镜 2 的入射光与 X 轴正方向的夹角 β_{t2} 的值:$\beta_{t2} = \arccos x_{tf}$,又 $i_1 = -\theta_{t1}$,则根据式(2.15),β_{t2} 可表达为

$$\beta_{t2} = \frac{\pi}{2} + \delta_1 = \frac{\pi}{2} + \arcsin(\sin\theta_{t1}\cos\alpha + \sin\alpha\sqrt{n^2 - \sin^2\theta_{t1}}) - \theta_{t1} - \alpha \quad (3.11)$$

由式(3.11)可知,棱镜 2 入射光与 X 轴正方向的夹角 β_{t2} 仅与棱镜 1 的摆角 θ_{t1} 有关,即 β_{t2} 可以表示为仅关于 θ_{t1} 的函数:$\beta_{t2} = f(\theta_{t1})$,因此可根据式(3.11)采用变量分离的方法反求棱镜 1 的摆角 θ_{t1},表示为 $\theta_{t1} = f^{-1}(\beta_{t2})$。

同理,已知偏摆双棱镜扫描系统的水平张角 $\rho_H = \arctan(y_{tf}/z_{tf}) = \gamma_{t2} - \delta_2 = -\delta_2$,可求得棱镜 2 的偏转角 δ_2 的值 $\delta_2 = -\rho_H$,又 $i_2 = \gamma_{t2} + \alpha + \theta_{t2} = \alpha + \theta_{t2}$,则 δ_2 为

$$\delta_2 = \theta_{t2} - \arcsin[\sin(\alpha + \theta_{t2})\cos\alpha - \sin\alpha\sqrt{n_2^2 - \sin^2(\alpha + \theta_{t2})}] \quad (3.12)$$

由式(3.12)可知,棱镜 2 的偏转角 δ_2 仅与棱镜 2 的摆角 θ_{t2} 有关,即 δ_2 可以表示为仅关于 θ_{t2} 的函数,$\delta_2 = g(\theta_{t2})$,因此同样可根据式(3.12)采用变量分离的方法反求棱镜 2 的摆角 θ_{t2},表示为 $\theta_{t2} = g^{-1}(\delta_2)$。

综上所述,棱镜 1 的摆角表达式为[1]:

$$\theta_{t1} = \frac{1}{2}\left(k_2\pi + (-1)^{k_2}\arcsin\frac{n^2 - \dfrac{l_1^2 + l_2^2 + 1}{2}}{\sqrt{(l_1 l_2)^2 + \left(\dfrac{l_1^2 + 1 - l_2^2}{2}\right)^2}} + k_1\pi + \arctan\left(\dfrac{l_1^2 + 1 - l_2^2}{2l_1 l_2}\right) \right)$$

$$(3.13a)$$

式中,$\theta_{t1} \in [\theta_{t\min}, \theta_{t\max}]$ $(k_1, k_2 \in \mathbf{Z})$;$l_1 = (\cos m_t - \cos\alpha)/\sin\alpha$;$l_2 = \sin m_t/\sin\alpha$;$m_t = \beta_{t2} + \alpha - \pi/2$;$\beta_{t2} = \arccos x_{tf} = \arccos(\rho_V/\sqrt{\tan^2\rho_V + \tan^2\rho_H + 1})$。

棱镜 2 的摆角表达式为

$$\theta_{t2} = \frac{1}{2}\left(k_4\pi + (-1)^{k_4}\arcsin\frac{\overline{n}_2^2 - \dfrac{l_3^2 + l_4^2 + 1}{2}}{\sqrt{(l_3 l_4)^2 + \left(\dfrac{l_3^2 + 1 - l_4^2}{2}\right)^2}} - \right.$$

$$\left. 2\alpha + k_3\pi + \arctan\left(\frac{l_3^2 + 1 - l_4^2}{2l_3 l_4}\right) \right) \tag{3.13b}$$

式中:$\theta_{t2} \in [\theta_{t\min}, \theta_{t\max}]$ $(k_3, k_4 \in \mathbf{Z})$;$l_3 = (\cos\alpha - \cos(\rho_H - \alpha))/\sin\alpha$;$l_4 = -\sin(\rho_H - \alpha)/\sin\alpha$。

2. 解析法的应用实例

根据逆问题推导过程可知,在理想情况下,只要已知出射光向量或者出射光的水平张角和垂直张角,就能求出相对应的双棱镜摆角的精确值。因此,只要控制双棱镜的摆角就能使出射光线以任意轨迹跟踪目标。

以下分别模拟在理想情况下 5 种特殊目标轨迹的棱镜运动曲线图。在近似情况下,忽略出射点位置对出射光扫描点位置的影响,设棱镜楔角 $\alpha = 10°$,折射率 $n = 1.517$,双棱镜的摆角范围为 $0° \sim 10°$,扫描曲线的接收屏距离棱镜 2 的出射点 O_2 距离 $D_2 = 1\text{mm}$,扫描速度为匀速,历时 10s。扫描轨迹图沿 Z 轴正方向观察所得,其中 X 轴正方向朝上,Y 轴正方向朝左。

例 3.24 与 Y 轴平行的直线 $x = -0.0950$,$y \in [-0.095200, -0.091797]$。

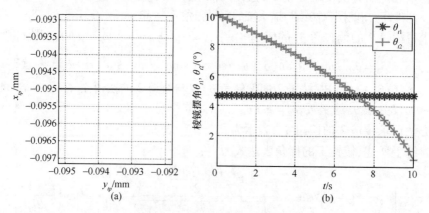

图 3.28　水平直线轨迹扫描实例

(a)目标轨迹;(b)双棱镜的摆角曲线图。

例3.25　与 X 轴平行的直线 $y = -0.0950, x \in [-0.099157, -0.092715]$。

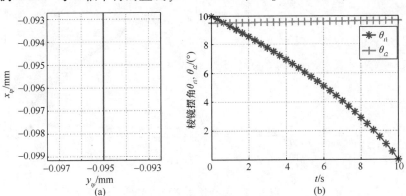

图 3.29　竖直直线轨迹扫描实例

(a) 目标轨迹；(b) 双棱镜的摆角曲线图。

例3.26　斜直线 $y = \dfrac{x}{2} - 0.0455, x \in [-0.099157, -0.092715]$。

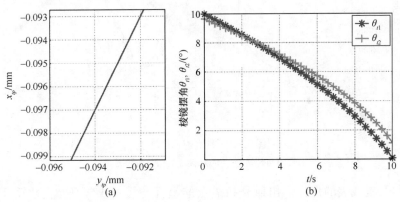

图 3.30　斜直线轨迹扫描实例

(a) 目标轨迹；(b) 双棱镜的摆角曲线图。

例3.27　抛物线 $y = 300(x + 0.0960)^2 - 0.0950, x \in [-0.099157, -0.092715]$。

例3.28　圆 $(x + 0.0960)^2 + (y + 0.0935)^2 = 0.0015^2$。

3.2.2　查表法求解逆问题

1. 查表法的实现过程

本节提出查表法[1]来解决有限距离情况下的逆问题,其本质是通过制作查找表建立两棱镜摆角与出射光扫描点坐标间的映射关系。其基本实现过程如下:

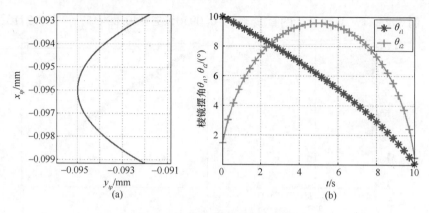

图 3.31 抛物线轨迹扫描实例

（a）目标轨迹；（b）双棱镜的摆角曲线图。

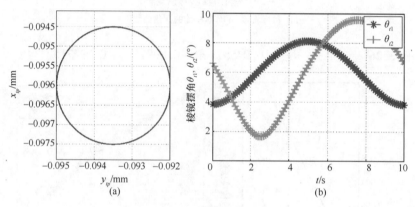

图 3.32 圆轨迹扫描实例

（a）目标轨迹；（b）双棱镜的摆角曲线图。

（1）查找表的建立。出射光扫描点的坐标与棱镜1摆角 θ_{t1}、棱镜2摆角 θ_{t2}、棱镜楔角 α、棱镜中心轴处厚度 d、双棱镜间距 D_1 及棱镜2出射面中心点至接收屏间的距离 D_2 有关。首先根据应用场合选择合理的双棱镜结构参数和位置参数，并设定双棱镜的摆角范围为 $\theta_{tmin} \sim \theta_{tmax}$。根据扫描精度要求确定此偏摆双棱镜扫描系统的偏摆步长 θ_{tre}，将两棱镜的偏摆角度分为 $(\theta_{tmax} - \theta_{tmin})/\theta_{tre}$ 份。根据2.5.2节的计算公式，计算出棱镜1和棱镜2在 $\theta_{tmin} \sim \theta_{tmax}$ 范围内，以 θ_{tre} 为分辨率的任意角度值组合 $(\theta_{t1}, \theta_{t2})$ 所对应的扫描点的坐标值 (x_{tp}, y_{tp}, z_{tp})，并将 $(\theta_{t1}, \theta_{t2})$ 与 (x_{tp}, y_{tp}, z_{tp}) 间的关系写入数据库，建立查找表。

（2）查表。已知扫描目标曲线 $y = f(x)$，按一定的采样频率在目标曲线上采样得到一系列目标点，计算曲线上各目标点坐标值 (X_{tp}, Y_{tp}, Z_{tp})（其中 $Z_{tp} = D_1 + D_2$），在所建立的查找表中搜索与目标点最接近的点，即使得 $\Delta =$

$\sqrt{(X_{tp}-x_{tp})^2+(Y_{tp}-y_{tp})^2+(Z_{tp}-z_{tp})^2}$ 取最小值时的 (x_{tp},y_{tp},z_{tp})，然后计算出查找表中与 (x_{tp},y_{tp},z_{tp}) 所对应的双棱镜偏摆角度值 $(\theta_{t1},\theta_{t2})$，作为对应扫描目标点的近似棱镜摆角值。

（3）数据处理。通过查表所得到的偏摆角度 $(\theta_{t1},\theta_{t2})$ 是一系列离散值。为了得到棱镜偏摆角度与时间的连续函数曲线，可对这些离散值进行函数插值或曲线拟合处理。

2. 查表法的应用实例

取棱镜楔角 $\alpha=10°$，折射率 $n=1.517$，通光孔径 $D_p=80\text{mm}$，薄端厚度 $d_0=5\text{mm}$，双棱镜间距 $D_1=100\text{mm}$，棱镜 2 出射面中心与屏幕 P 的距离 $D_2=400\text{mm}$，棱镜摆角范围为 $0°\sim10°$。设定棱镜摆角步长为 $\theta_{\text{tre}}=0.004°$，将偏摆角度范围分成 2500 份。此系统扫描点的 Z 坐标值恒为 $Z_{tp}=z_{tp}=D_1+D_2=500\text{mm}$。

利用 Matlab 程序中的 meshgrid 函数实现 θ_{t1} 与 θ_{t2} 间的任意组合，得到 2500×2500 大小的矩阵。通过 2.5.2 节推导的公式求出对应的 (x_{tp},y_{tp}) 值，分别写入查找表，查找表中数据个数达到 $2500\times2500\times2=1.25\times10^7$ 个，查找表制作完成。

下面以扫描与 Y 轴平行的直线为例介绍查表过程，匀速扫描，扫描时间为 10s。采样频率 40Hz，扫描过程中采样点个数为 400 个（实例图中为直观显示采样过程，只显示 40 个采样点）。已知偏摆双棱镜扫描域内目标轨迹的函数表达式为 $x=-45,y\in[-39.63,-37.44]$，首先求出目标轨迹上各采样点的坐标值 (X_{tp},Y_{tp})，然后在查找表中搜索使得 $\Delta=\sqrt{(X_{tp}-x_{tp})^2+(Y_{tp}-y_{tp})^2}$ 取最小值时的 (x_{tp},y_{tp}) 值，并返回此 (x_{tp},y_{tp}) 在查找表中的行数 N 和列数 M，可求出对应的双棱镜摆角为 $\theta_{t1}=\theta_{\text{tre}}\times(M-1)$ 和 $\theta_{t2}=\theta_{\text{tre}}\times(N-1)$，将得到的一系列离散的棱镜摆角值写入 $(\theta_{t1},\theta_{t2})$ 矩阵并输出。$(\theta_{t1},\theta_{t2})$ 矩阵中的数据即为各采样点对应的偏摆双棱镜扫描系统的近似摆角值。最后将 $(\theta_{t1},\theta_{t2})$ 矩阵中的离散点用分段低次插值相连，即可得到偏摆双棱镜近似摆角扫描曲线。

以下仿真了 5 组特殊的扫描曲线所对应的双棱镜摆角曲线（图 3.33~图 3.37）。

例 3.29　与 Y 轴平行的直线 $x=-45,y\in[-39.63,-37.44]$。

例 3.30　与 X 轴平行的直线 $y=-38,x\in[-47.17,-44.82]$。

例 3.31　斜直线 $y=\dfrac{x}{2}-15.5,x\in[-47.17,-44.82]$。

例 3.32　抛物线 $y=(x+45.995)^2-39,x\in[-47.17,-44.82]$。

例 3.33　圆 $(x+45.995)^2+(y+38.535)^2=1$。

在图 3.33 中，对于平行于 Y 轴的直线轨迹，主要由棱镜 2 的偏摆实现，其摆

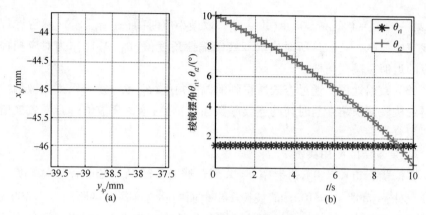

图 3.33　水平直线轨迹扫描实例

（a）目标轨迹；（b）双棱镜的摆角曲线图。

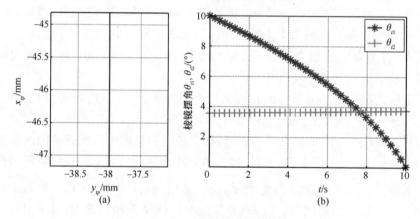

图 3.34　竖直直线轨迹扫描实例

（a）目标轨迹；（b）双棱镜的摆角曲线图。

角由 10° 变化到 0.3°，棱镜 2 的摆角和跟踪轨迹之间存在非线性关系。由于棱镜 1 和棱镜 2 的耦合关系，棱镜 1 的摆角在 0.05° 范围内发生变化。在图 3.34 中，对于平行于 X 轴的直线轨迹，主要由棱镜 1 的偏摆实现，其摆角由 10° 变化到 0°，棱镜 2 的摆角在 0.16° 范围内发生变化。

　　图 3.35 给出目标轨迹为斜线时棱镜 1 和棱镜 2 的摆角曲线。直线轨迹的斜率不同将产生不同的双棱镜摆角曲线样式和相对关系。图 3.36 的目标轨迹为抛物线形式，由于该抛物线的上下两部分关于 $x = -0.096$ 对称，棱镜 2 的摆角曲线也近似对称，棱镜 1 的摆角为变化范围从 10° 到 0° 的曲线。同理，对于图 3.37 中的圆形目标跟踪轨迹，由于轨迹的起始点相同且圆形轨迹具有对称性，棱镜 1 和棱镜 2 的摆角曲线都呈现周期性变化的特点，且曲线的起点值和终点值相同。

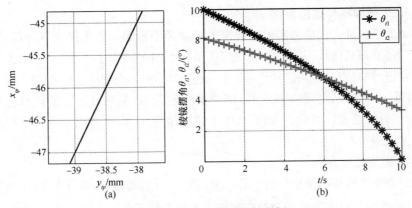

图 3.35　斜直线轨迹扫描实例

（a）目标轨迹；（b）双棱镜的摆角曲线图。

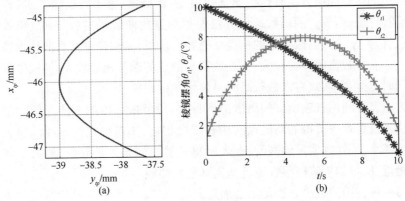

图 3.36　抛物线轨迹扫描实例

（a）目标轨迹；（b）双棱镜的摆角曲线图。

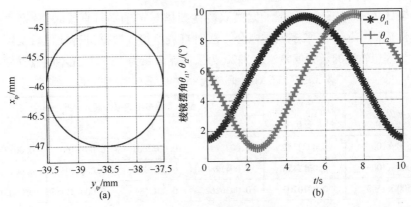

图 3.37　圆轨迹扫描实例

（a）目标轨迹；（b）双棱镜的摆角曲线图。

3. 采样频率和数据步长

查表法精度受摆角的步长和数据的采样频率影响。若采样频率过低,则无法准确还原扫描曲线;若采样频率过高,采样点间距离小于查找表步长,无法分辨摆角值,同时查表所用时间也越长。在采样频率一定的情况下,查找表步长越小,查找表越详细,得到的$(\theta_{t1},\theta_{t2})$值越接近实际值,但同时查表所耗费的时间越长,实时性变差。因此,在满足精度要求的情况下,应该合理地选择采样频率和数据库步长。

4. 数据处理方法

由查表法所得的偏摆角度值$(\theta_{t1},\theta_{t2})$是一系列离散值,为了得到连续的摆角曲线,需要补全离散值间的对应数据。此类问题的解决方法主要有两种,即函数插值方法和函数逼近方法。

常用的函数插值方法有拉格朗日插值、牛顿插值、厄米特插值、三次样条插值、分段低次插值等。用函数插值方法所得的摆角曲线经过$(\theta_{t1},\theta_{t2})$矩阵中的离散点,但由于这些离散数据的精度受查找表步长影响,使得拟合曲线保留了查表误差。若查找表的步长较大,查表所得离散点的误差相应较大,插值效果不理想。同时,插值多项式在次数较高时易发生龙格现象。

为了充分利用查表所得的离散值,可用分段低次插值的方法。例如采用分段线性插值将查表所得的离散点间用直线段相连,用折线代替曲线。当查找表步长足够小,采样频率足够高时,查表所得离散点的误差足够小,离散点间距离足够接近,所得的折线能很好地近似实际摆角曲线。

另一种常用的解决方法是函数逼近方法。其基本思想为利用最佳平方逼近方法,用一条近似曲线逼近已知离散点。这种方法不要求曲线经过所有的离散点,可以一定程度上消除误差影响。

表 3.22 和表 3.23 列举了偏摆双棱镜扫描与 Y 轴平行直线时,分别采用分段线性插值和最小二乘多项式拟合方法对查表所得的数据进行处理后实际扫描轨迹与理想轨迹的最大偏差。表 3.22 为采样点个数为 100 时,在不同数据库大小

表 3.22　不同数据库大小情况下的最大偏差

数据库大小	分段线性插值最大偏差/mm	最小二乘多项式拟合最大偏差/mm			
		4 阶	5 阶	6 阶	7 阶
500×500	0.0032155	0.0032234	0.0022601	0.0011766	0.0017705
1000×1000	0.0015456	0.0041260	0.0013244	0.0006495	0.0017705
1500×1500	0.0010707	0.0036262	0.0013909	0.0004317	0.0003107
2000×2000	0.0008029	0.0037033	0.0015282	0.0004220	0.0003948
2500×2500	0.0006590	0.0042479	0.0009206	0.0009339	0.0004431

情况下,查表所得数据经处理后实际轨迹的最大偏差。由表可知,查找表越详细,分段线性插值最大偏差越小。同时,采用合理阶数的多项式对离散点进行最小二乘拟合可以有效降低最大偏差。如当数据库个数为 1000×1000,采用四次多项式拟合时效果较差,六次多项式拟合时效果较好,最大偏差仅为分段线性插值最大偏差的 42%,而随着多项式次数的进一步提高,最大偏差反而逐渐增大。因此,应该选择适中的多项式阶数。

表 3.23 为数据库数据大小为 2500×2500 时,不同采样点个数情况下查表所得数据经处理后实际轨迹的最大偏差。由表可知,当采样点较少时,分段线性插值最大偏差点具有一定的偶然性,最大偏差上下浮动较大。当采样点个数大于 60 时,最大偏差趋于稳定,但由于采样点个数增多,采样比较充分,可以取得较偏离精确值的点,因此最大偏差略有波动。当采样点个数大于 100 时,通过合理选择多项式阶数对离散点进行最小二乘拟合,可以得到拟合效果较好的曲线,使其实际扫描轨迹的最大偏差小于 4×10^{-4} mm。

表 3.23 不同采样点个数情况下的最大偏差

采样点个数	分段线性插值最大偏差/mm	最小二乘多项式拟合最大偏差/mm				
		4 阶	5 阶	6 阶	7 阶	8 阶
10	0.0005537	0.0022980	0.0009113	0.0007160	0.0006826	0.0006217
20	0.0006189	0.0031485	0.0010751	0.0006325	0.0007816	0.0006929
30	0.0006417	0.0037071	0.0008029	0.0008234	0.0004735	0.0004527
40	0.0005537	0.0034783	0.0008282	0.0006778	0.0003659	0.0004566
50	0.0005524	0.0034087	0.0009484	0.0005066	0.0002025	0.0004449
60	0.0006521	0.0037808	0.0008542	0.0007044	0.0002319	0.0003533
70	0.0006221	0.0038835	0.0010094	0.0005172	0.0003300	0.0002429
80	0.0006452	0.0040834	0.0010094	0.0006609	0.0004864	0.0003004
90	0.0006723	0.0035488	0.0015304	0.0003250	0.0003914	0.0002856
100	0.0006590	0.0042479	0.0009206	0.0009339	0.0004431	0.0005712
500	0.0006508	0.0040552	0.0013870	0.0005065	0.0002221	0.0001626
1000	0.0006832	0.0040115	0.0013888	0.0005217	0.0002902	0.0001006

5. 查表法的改进

减小查找表的步长有利于提高近似摆角值的精度,但随着查找表的数据个数的增多,查表所耗费的时间也相应增大,无法满足实时性要求比较高的场合。

第一,可以在精度满足要求的情况下,选择合理的采样点个数,减少无效查表过程。第二,可以改进查找表的结构,建立子表格。首先制作 2500×2500 的总查找表,根据总查找表可以得出出射光扫描点的取值范围,然后将此取值范围

基本等分为 10×10 的子区间,将子区间的数值取出建立子表格(由于出射光扫描点在其扫描域内不是均布的,因此子表格内数据个数略有不同)。查表时首先根据目标扫描点的值所在区间判断对应子表格编号,然后在子表格中进行查找,寻得对应近似摆角值。此子表格的建立可以大大降低查找过程中数据比较的次数,有效减低查表所耗费的时间,提高系统的实时性。

3.3 本章小结

本章首先综述了旋转双棱镜扫描系统逆问题的两步法[4,9]求解过程,给出了一个旋转周期内的两组棱镜转角组合解。然后通过建立两棱镜的旋转角度与出射光扫描点坐标间的映射关系,采用查表法求解目标点对应的棱镜转角。查表法数据计算量较大,数据表精度有限,计算时间长,难以满足动态目标的实时跟踪要求。在此基础上,本章提出了迭代法求解逆问题,将逆向求解的两步法与正向非近轴光线追迹法相结合,不仅求解棱镜转角精度高,而且计算量小,求解效率高,是实现动态跟踪的理想算法。本章还提出用解析法求解偏摆双棱镜扫描系统的逆问题,详细推导了已知出射光的垂直张角和水平张角求解两棱镜摆角的过程;同时建立了查表法来求解偏摆双棱镜的逆向解,可以为高精度实时扫描跟踪提供参考。

参 考 文 献

[1] Li A H, Ding Y, Bian Y M, et al. Inverse solutions for tilting orthogonal double prisms [J]. Applied Optics, 2014, 53(17): 3712 ~ 3722.

[2] Zhou Y, Lu Y F, Hei M, et. al. Motion control of the wedge prisms in Risley – prism – based beam steering system for precise target tracking [J]. Applied Optics, 2013, 52(12): 2849 – 2857.

[3] Tao X, Cho H, Janabi – Sharifi F. Active optical system for variable view imaging of micro objects with emphasis on kinematic analysis [J]. Applied Optics, 2008, 47(22): 4121 – 4132.

[4] Amirault C T, DiMarzio C A. Precision pointing using a dual – wedge scanner [J]. Applied Optics, 1985, 24(9): 1302 – 1308.

[5] 高心健. 旋转双棱镜动态跟踪系统研究[D]. 上海:同济大学, 2015.

[6] 丁烨. 双棱镜扫描系统的理论建模与仿真分析[D]. 上海:同济大学, 2014.

[7] Li A H, Gao X J, Ding Y. Comparison of refractive rotating dual – prism scanner used in near and far field [J]. Proc. of SPIE, 2014, 9192: 919216 – 919216 – 13.

[8] Li A H, Gao X J, Sun W S, et al. Inverse solutions for a Risley prism scanner with iterative refinement by a forward solution [J]. Applied Optics, 2015, 54(33): 9981 – 9989.

[9] Li Y J. Closed form analytical inverse solutions for Risley – prism – based beam steering systems in different configurations[J]. Applied Optics, 2011, 50(22): 4302 – 4309.

第4章 双棱镜多模式扫描光束性质

本章将阐述双棱镜多模式扫描系统的扫描光束性质,主要研究内容包括光束扫描的非线性关系、奇点问题、光束变形问题以及光束扫描误差等。由于棱镜的转角(或摆角)与光束的偏转角之间存在非线性关系[1-3],需要建立棱镜运动的非线性控制策略。在旋转双棱镜扫描系统中,当目标位于扫描域边界时,理论上要求棱镜转速达到无穷大,给实时控制带来困难[1]。由于双棱镜折射导致的光束变形将使远场光束能量分布发生改变,对光束定向能应用产生负面影响。针对不同的双棱镜运动组合,考虑光束传输受到光机误差的影响,必须建立双棱镜多模式扫描误差模型,这对于分析双棱镜高精度扫描机制具有重要意义。

4.1 非线性问题

根据双棱镜多模式扫描系统的光束传输模型,由于受到系统结构参数的影响,扫描光束的偏转角曲线具有非线性特征,主要包括 3 个方面:①棱镜转角(或摆角)与光束偏转角之间的非线性关系;②棱镜的转速(或偏摆速度)与光束的偏转速度之间的非线性关系;③棱镜的角加速度与光束的偏转角加速度之间的非线性关系。

为了便于分析,在旋转双棱镜扫描系统中,仅以第一组双棱镜转角解所对应的转动范围为例,分析旋转双棱镜扫描系统中的非线性问题,即棱镜 1 转角 θ_{r1} 范围为 $0° \sim 360°$,双棱镜间夹角 $\Delta\theta_r$ 范围为 $-180° \sim 0°$(参见 3.1.1 节)。

引入光束俯仰角沿 X 轴的分量 ρ_X 和沿 Y 轴的分量 ρ_Y,分别定义为[3]

$$\rho_X = \rho\cos\varphi ; \rho_Y = \rho\sin\varphi \qquad (4.1)$$

根据式(2.11),可得旋转双棱镜扫描系统中棱镜转角 θ_{r1}、θ_{r2} 与光束偏转角 ρ_X、ρ_Y 之间的关系[3],如图 4.1 所示,其中,棱镜楔角 $\alpha = 15°$,棱镜折射率 $n = 1.517$。

从图 4.1 可以看出,由于棱镜的转角 θ_{r1}、θ_{r2} 与光束的偏转角 ρ_X、ρ_Y 之间存在复杂的非线性关系,采用解析方法难以直接求解逆问题,考虑采用数值解法处理这类问题。3.1 节已经对逆问题的数值解法做了具体介绍。

为了分析棱镜转速与光束偏转速度之间的非线性关系,可将出射光的偏转

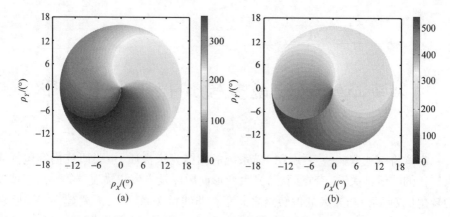

图 4.1　旋转双棱镜转角与光束偏转角的非线性关系

(a)棱镜 1 转角 θ_{r1} 和光束偏转角 ρ_X、ρ_Y；(b)棱镜 2 转角 θ_{r2} 和光束偏转角 ρ_X、ρ_Y。

速度分解为切向偏转速度 ω_{ft} 和径向偏转速度 ω_{fr}[1]。其中,出射光的切向偏转速度 ω_{ft} 定义为出射光方位角的变化速率;径向偏转速度 ω_{fr} 定义为出射光俯仰角的变化速率,分别表示为

$$\omega_{ft} = \frac{\mathrm{d}\varphi}{\mathrm{d}t} ; \omega_{fr} = \frac{\mathrm{d}\rho}{\mathrm{d}t} \tag{4.2}$$

　　由两步法的第二步可知(参见 3.1.1 节),出射光的俯仰角达到预定值后,保持双棱镜间夹角不变,同时转动两棱镜可以调整出射光的方位角至其预定值。因此,棱镜转速 ω_{r1}、ω_{r2} 与出射光切向偏转速度 ω_{ft} 相同。此处仅分析棱镜转速 ω_{r1}、ω_{r2} 与出射光径向偏转速度 ω_{fr} 之间的关系。如图 4.2 所示,分别表示了棱镜楔角为 $\alpha = 5°$、$10°$ 和 $15°$,出射光方位角 φ 不变,俯仰角 ρ 从 $0°$ 到最大值 $\rho_{\max}$ 变化时,棱镜转速 ω_{r1}、ω_{r2} 与出射光径向偏转速度 ω_{fr} 之间的关系。

　　从图 4.2 可以看出,出射光束俯仰角 ρ 从 $0°$ 到最大俯仰角 $\rho_{\max}$ 变化时,棱镜的转速 ω_{r1}、ω_{r2} 变化较大;当俯仰角 ρ 趋近 $\rho_{\max}$ 时,棱镜转速与出射光径向偏转速度之比 ω_{r1}/ω_{fr} 和 ω_{r2}/ω_{fr} 均趋向无穷,这对棱镜的运动控制提出了挑战。为了实现棱镜与跟踪目标的同步运动,棱镜的转速必须不断变化以调整光束指向来适应目标跟踪的要求。

　　根据式(4.2)可知,出射光的偏转角加速度可分解为切向偏转角加速度 α_{ft} 和径向偏转角加速度 α_{fr},分别为

$$\alpha_{ft} = \frac{\mathrm{d}^2 \varphi}{\mathrm{d}t^2} ; \alpha_{fr} = \frac{\mathrm{d}^2 \rho}{\mathrm{d}t^2} \tag{4.3}$$

　　图 4.3 所示为棱镜角加速度 α_{r1}、α_{r2} 与出射光径向偏转角加速度 α_{fr} 之间的关系。可以看出,棱镜角加速度 α_{r1}、α_{r2} 具有更明显的非线性变化趋势。出射光俯仰角 ρ 从 $0°$ 到最大俯仰角 $\rho_{\max}$ 变化时,相对于棱镜转速 ω_{r1}、ω_{r2},棱镜角加速度

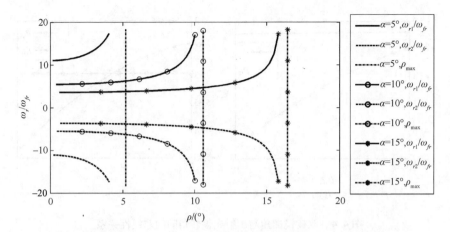

图 4.2 旋转双棱镜转速 ω_{r1}、ω_{r2} 与出射光径向偏转速度 ω_{fr} 之间的非线性关系

α_{r1}、α_{r2} 变化更加剧烈；当俯仰角 ρ 趋近 ρ_{max} 时,棱镜角加速度与出射光径向偏转角加速度之比 α_{r1}/α_{fr} 和 α_{r2}/α_{fr} 也趋向无穷。因此,在同步跟踪应用中,必须同时考虑棱镜转速与角加速度的上限以实现棱镜与目标的同步运动。

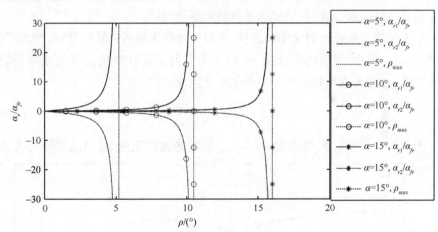

图 4.3 旋转双棱镜角加速度 α_{r1}、α_{r2} 与
出射光径向偏转角加速度 α_{fr} 之间的非线性关系

在偏摆双棱镜扫描系统中,根据式(2.16)可以求出双棱镜摆角与出射光偏转角之间的关系。分别假设一个棱镜不偏摆,而另一个棱镜单独偏摆,双棱镜摆角 θ_{t1}、θ_{t2} 与出射光偏转角 ρ_V、ρ_H 之间的关系如图 4.4 所示。其中,棱镜楔角 $\alpha = 10°$,棱镜折射率 $n = 1.517$。

从图 4.4 可知,棱镜 1 摆角 θ_{t1} 与出射光垂直张角 ρ_V 以及棱镜 2 摆角 θ_{t2} 与出射光水平张角 ρ_H 之间存在非线性关系。对于偏摆双棱镜,由于棱镜摆角与出射

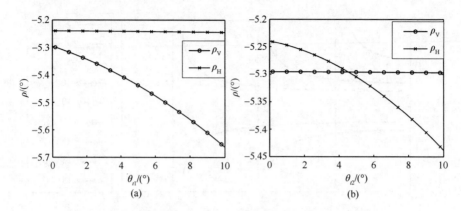

图 4.4 双棱镜摆角与出射光偏转角间的非线性关系
（a）棱镜 1 摆角 θ_{t1} 与光束偏转角 ρ_V、ρ_H；（b）棱镜 2 摆角 θ_{t2} 与光束偏转角 ρ_V、ρ_H。

光偏转角之间存在严格的对应关系,因此根据光束的垂直张角与水平张角可以得出唯一一组双棱镜摆角解,而不必像旋转双棱镜一样考虑两组逆向解的非线性关系影响。同时,由于偏摆双棱镜的棱镜摆角 θ_{t1}、θ_{t2} 与出射光偏转角 ρ_V、ρ_H 之间存在非线性关系,采用数值解法更容易求解逆问题。

对于偏摆双棱镜出射光偏转速度,可将其分解为垂直偏转速度 ω_{fV} 和水平偏转速度 ω_{fH}。其中,垂直偏转速度 ω_{fV} 定义为出射光垂直张角的变化速率,水平偏转速度 ω_{fH} 定义为出射光水平张角的变化速率,分别表示为

$$\omega_{fV} = \frac{d\rho_V}{dt} ; \omega_{fH} = \frac{d\rho_H}{dt} \tag{4.4}$$

图 4.5 为双棱镜偏摆速度 ω_{t1}、ω_{t2} 与出射光偏转速度 ω_{fV}、ω_{fH} 之间的关系。

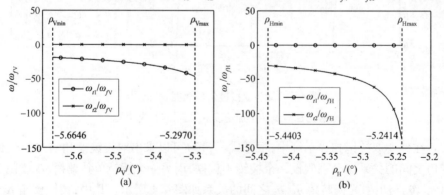

图 4.5 双棱镜偏摆速度与出射光偏转速度间的非线性关系
（a）双棱镜偏摆速度 ω_{t1}、ω_{t2} 与出射光垂直偏转速度 ω_{fV}；
（b）双棱镜偏摆速度 ω_{t1}、ω_{t2} 与出射光水平偏转速度 ω_{fH}。

可以看出,棱镜的偏摆速度与出射光偏转速度之比 ω_{t1}/ω_{fV}、ω_{t2}/ω_{fH} 较大,说明为了实现棱镜与跟踪目标的同步运动,需要较大的棱镜偏摆速度。跟踪目标越靠近光轴,棱镜偏摆速度要求越快,需要采用合适的控制策略以解决非线性光束扫描控制问题。另一方面,随着出射光垂直张角 ρ_V 的增大,棱镜 1 的偏摆速度与出射光垂直偏转速度之比 ω_{t1}/ω_{fV} 变化较大,而棱镜 2 偏摆速度与出射光垂直偏转速度之比 ω_{t2}/ω_{fV} 几乎为零。相似地,随着出射光水平张角 ρ_H 的增大,棱镜 2 的偏转速度与出射光水平偏转速度之比 ω_{t2}/ω_{fH} 变化较大,而棱镜 1 偏摆速度与出射光水平偏转速度之比 ω_{t1}/ω_{fH} 几乎为零。这进一步验证了垂直张角的变化主要受棱镜 1 摆角的影响,而水平张角的变化主要受棱镜 2 摆角的影响。

4.2　奇 点 问 题

在旋转双棱镜扫描系统连续扫描时,如果光束扫描轨迹趋近于扫描区域中心或扫描区域边缘,那么棱镜的转速将趋近于无穷大,即电动机需要输出较大的加速度。对于连续轨迹的跟踪扫描来说,这将导致无法平滑稳定地跟踪位于扫描域中心及扫描域边缘区域的目标,这种现象称为旋转双棱镜扫描系统的奇点问题[1]。

根据式(4.2),出射光的切向偏转速度 ω_{ft} 及径向偏转速度 ω_{fr} 为[4]:

$$\omega_{ft} = \frac{\mathrm{d}\varphi}{\mathrm{d}t} = \frac{1}{x} \cdot \frac{1}{1+(y/x)^2} \cdot \frac{\partial y}{\partial t} - \frac{y}{x^2} \cdot \frac{1}{1+(y/x)^2} \cdot \frac{\partial x}{\partial t} \tag{4.5a}$$

$$\omega_{fr} = \frac{\mathrm{d}\rho}{\mathrm{d}t} = \frac{1}{D_2} \cdot \frac{1}{1+(r/D_2)^2} \cdot \frac{x}{r} \cdot \frac{\partial x}{\partial t} + \frac{1}{D_2} \cdot \frac{1}{1+(r/D_2)^2} \cdot \frac{y}{r} \cdot \frac{\partial y}{\partial t} \tag{4.5b}$$

式中:$r = \sqrt{x^2+y^2}$;$D_2 = 1\mathrm{mm}$;x、y 分别为旋转双棱镜中棱镜 2 出射面上出射点 $N_r(x_{rn}, y_{rn}, z_{rn})$ 和接收屏 P 上扫描点 $P_r(x_{rp}, y_{rp}, z_{rn})$ 之间横坐标与纵坐标的差值。

出射光的偏转速度 ω_{ft} 和 ω_{fr} 与扫描点沿 X 轴与 Y 轴移动速度 v_x 和 v_y 之间的关系为

$$\frac{\omega_{ft}}{v_x} = \frac{\partial\varphi}{\partial x} = -\frac{y}{x^2} \cdot \frac{1}{1+(y/x)^2} \tag{4.6a}$$

$$\frac{\omega_{ft}}{v_y} = \frac{\partial\varphi}{\partial y} = \frac{1}{x} \cdot \frac{1}{1+(y/x)^2} \tag{4.6b}$$

$$\frac{\omega_{fr}}{v_x} = \frac{\partial\rho}{\partial x} = \frac{1}{D_2} \cdot \frac{1}{1+(r/D_2)^2} \cdot \frac{x}{r} \tag{4.6c}$$

$$\frac{\omega_{fr}}{v_y} = \frac{\partial\rho}{\partial y} = \frac{1}{D_2} \cdot \frac{1}{1+(r/D_2)^2} \cdot \frac{y}{r} \tag{4.6d}$$

从图 4.6 和图 4.7 可以看出,当扫描轨迹匀速趋近于扫描域盲区边缘时,即 (x,y) 趋近于 $(0,0)$ 点时,r 趋近于 0,ω_{ft} 趋近于无穷,而 ω_{fr} 趋近于 0。此时,棱镜的转速对出射光切向偏转速度 ω_{ft} 影响明显。理论上,当扫描轨迹趋近于扫描域中心时,棱镜的转速为无穷大,奇点产生。

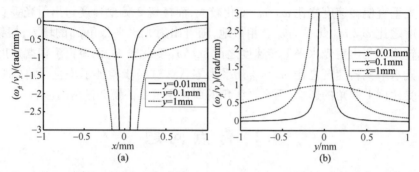

图 4.6　出射光切向偏转速度与扫描点移动速度之间关系

(a) 与扫描点沿 X 轴移动速度之间关系 ω_{ft}/v_x;(b) 与扫描点沿 Y 轴移动速度之间关系 ω_{ft}/v_y。

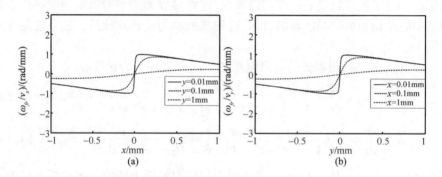

图 4.7　出射光径向偏转速度与扫描点移动速度之间关系

(a) 与扫描点沿 X 轴移动速度之间关系 ω_{fr}/v_x;(b) 与扫描点沿 Y 轴移动速度之间关系 ω_{fr}/v_y。

当扫描轨迹匀速趋近于扫描域外边缘时,棱镜的转速与出射光径向偏转速度的比值 ω_{r1}/ω_{fr} 和 ω_{r2}/ω_{fr} 趋近于无穷,而棱镜转速与出射光切向偏转速度 ω_{r1}/ω_{ft} 和 ω_{r2}/ω_{ft} 的比值恒为 1。此时,棱镜的转速主要对出射光径向偏转速度 ω_{fr} 影响明显。理论上,当扫描轨迹趋向于扫描域外边缘时,棱镜的转速亦趋向于无穷大,奇点产生。

由于驱动电动机的最高转速不可能无限增大,在光束趋近于扫描域中心及扫描域边缘时,将不能实现平滑稳定跟踪,导致这两个区域内的目标无法被实时跟踪。据文献[4]报道,增加一个棱镜构造三棱镜系统有望实现平滑稳定的跟踪。

当扫描轨迹通过扫描域中心,在平面坐标系第一、三象限或二、四象限过渡时,由两步法的第二步求解时方位角 φ 存在 180°跳变,因此棱镜的转角值也存在 180°周期性跳变,实例可参见 3.1.1 节。

4.3　光束变形问题

在双棱镜多模式扫描系统中,随着棱镜楔角和折射率的增大,扫描光束变形会越来越严重。当达到一定程度时,这种变形已经不能忽视[5,6]。本节根据第 3 章的理论,采用光线追迹法分别研究旋转和偏摆两种扫描模式下的出射光束变形问题。

4.3.1　旋转扫描模式光束变形

旋转双棱镜扫描光束变形性质在文献[7]中已有论述,但是仅仅给出了旋转角度引起的光束变形规律。本节将结合棱镜参数深入分析扫描光束的变形问题。

1. 入射光平行光轴入射

图 4.8 为旋转双棱镜扫描系统示意图,棱镜 1 和棱镜 2 绕 Z 轴旋转,双棱镜间距为 D_1,棱镜 2 与光屏 P 间距为 D_2,入射光向量为 A_{r0}。假设入射光束的形状为圆形,且平行于光轴方向入射,即沿 Z 轴正方向。设圆形入射光的半径为 r,入射光照射在面 11 上的中心点位置为 $(\Delta_x, \Delta_y, 0)$,那么圆形入射光束边缘在棱镜面 11 上的方程如式(4.7)所示,单位:mm。

$$\begin{cases} x = \Delta_x + r\cos\theta \\ y = \Delta_y + r\sin\theta \\ z = 0 \end{cases} \tag{4.7}$$

式中:$\theta \in [0°, 360°]$。

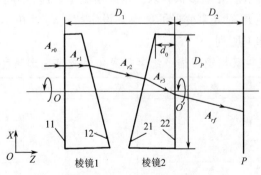

图 4.8　旋转双棱镜扫描系统示意图

为了便于观测,设定参数分别为棱镜折射率 $n = 3$,楔角 $\alpha = 10°$,薄端厚度 $d_0 = 10\text{mm}$,通光孔径 $D_p = 400\text{mm}$,双棱镜间距 $D_1 = 400\text{mm}$,棱镜 2 与光屏 P 间

距 $D_2 = 400\text{mm}$，入射光束半径 $r = 20\text{mm}$，入射光照射在面 11 上的中心点位置坐标为 $(0,0,0)$。

根据 2.5.1 节中旋转双棱镜出射光坐标点公式，分别计算圆形光束经过双棱镜时在各个面上的位置。

如图 4.9 所示，引入光束变形程度 ε，定义如下：设直径为 D_0 的圆形光束经过双棱镜扫描系统后，出射光束最大压缩（或者最大拉伸）处的短轴（或者长轴）为 D_0'，那么光束变形程度定义为 $\varepsilon = |D_0 - D_0'|/D_0 \times 100\%$。

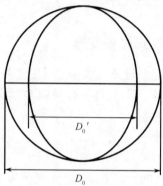

图 4.9　光束变形程度 ε 示意图

图 4.10 分别给出了 4 种棱镜转角组合 $(\theta_{r1}, \theta_{r2})$ 下的光束变形程度 ε。当 $\theta_{r1} = 0°$、$\theta_{r2} = 0°$ 时，变形程度 $\varepsilon = 9.16\%$；当 $\theta_{r1} = 0°$、$\theta_{r2} = 45°$ 时，变形程度 $\varepsilon = 9.25\%$；当 $\theta_{r1} = 0°$、$\theta_{r2} = 90°$ 时，变形程度 $\varepsilon = 8.46\%$；当 $\theta_{r1} = 0°$、$\theta_{r2} = 180°$ 时，变形程度 $\varepsilon = 0$。

本节在不改变入射光束形状和入射角的情况下，分析不同棱镜楔角 α、折射率 n 和双棱镜间距 D_1 对光束变形的影响。设定棱镜转角 $\theta_{r1} = 0°$、$\theta_{r2} = 0°$，光束变形程度 ε 如表 4.1 所列。

表 4.1　旋转双棱镜扫描系统参数变化对光束变形程度 ε 的影响

折射率 n	楔角 $\alpha/(°)$	双棱镜间距 D_1/mm	光束变形程度 ε
1.517			1.14%
2	10		3.26%
		400	9.16%
	5		2.09%
3	13		1.714%
	10	600	9.16%
		800	9.16%

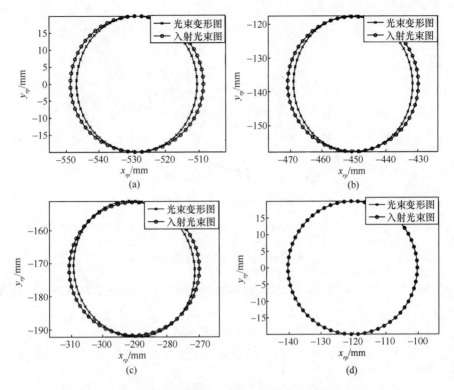

图 4.10　不同棱镜转角组合下旋转双棱镜对光束的变形作用

(a) $\theta_{r1} = 0°$、$\theta_{r2} = 0°$；(b) $\theta_{r1} = 0°$、$\theta_{r2} = 45°$；(c) $\theta_{r1} = 0°$、$\theta_{r2} = 90°$；(d) $\theta_{r1} = 0°$、$\theta_{r2} = 180°$。

从表 4.1 中可以看出,随着棱镜折射率 n 和楔角 α 的增大,光束变形程度 ε 增大。当折射率 n 由 1.517 改变为 3 时,光束的变形程度 ε 由 1.14% 增加到 9.16%,而双棱镜间距 D_1 对光束变形程度 ε 不产生影响。旋转双棱镜在一个方向表现出对出射光束的压缩,而同时在其垂直方向表现出对出射光束的拉伸。当双棱镜间夹角 $\Delta\theta_r = 0°$ 时,只存在压缩现象;当 $\Delta\theta_r = 180°$ 时,出射光束的形状不产生变化。

2. 入射光任意角入射

当入射光与 Z 轴有一定的夹角时,入射光夹角以变量 δ_v 和 δ_h 来表示。如图 4.11 所示,δ_v 为入射光矢量相对于 Z 轴正向的夹角,称为入射光的俯仰角;δ_h 为入射光矢量在 XOY 平面内的投影与 X 轴正向的夹角,称为入射光的方位角。

设圆形入射光的半径为 r,以任意角度进入旋转双棱镜扫描系统,其中心线与面 11 的交点为 $(\Delta_x, \Delta_y, 0)$,可知该圆形入射光束在面 11 上的投影为椭圆。分为两种情况讨论:

(1) 设入射光方位角 $\delta_h = 0°$,且俯仰角 $\delta_v \neq 0°$ 时,椭圆的长半轴为 $r/\cos\delta_v$,

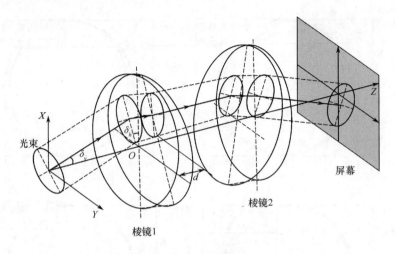

图 4.11 入射光束传输模型图

短半轴为 r。取在棱镜面 11 上的投影光束边缘上任一点坐标为 (x,y,z)，其方程为

$$\begin{cases} x = \Delta_x + r\cos\theta / \cos\delta_v \\ y = \Delta_y + r\sin\theta \\ z = 0 \end{cases} \tag{4.8}$$

（2）当入射光方位角 $\delta_h \neq 0°$，且俯仰角 $\delta_v \neq 0°$，即椭圆长轴与 Y 轴夹角为 δ_h 时，入射光束边缘在棱镜面 11 上与情况（1）中点 (x,y,z) 相对应点的坐标为 (X, Y, Z)，如式（4.9）所示：

$$\begin{Bmatrix} X \\ Y \\ Z \end{Bmatrix} = \begin{bmatrix} \cos\delta_h & -\sin\delta_h & 0 \\ \sin\delta_h & \cos\delta_h & 0 \\ 0 & 0 & 1 \end{bmatrix} \begin{Bmatrix} x \\ y \\ z \end{Bmatrix} \tag{4.9}$$

因此，在情况（2）下，入射光束与棱镜面 11 的交点满足式（4.10）：

$$\begin{cases} X = \cos\delta_h(\Delta_x + r\cos\theta / \cos\delta_v) - \sin\delta_h(\Delta_y + r\sin\theta) \\ Y = \cos\delta_h(\Delta_y + r\sin\theta) + \sin\delta_h(\Delta_x + r\cos\theta / \cos\delta_v) \\ Z = 0 \end{cases} \tag{4.10}$$

入射光束单位方向向量为 $\boldsymbol{A}_{r0} = (\sin\delta_v\cos\delta_h, \sin\delta_v\sin\delta_h, \cos\delta_v)^T$。根据矢量折射定理，可以依次计算出折射光束与双棱镜各个面的交点坐标值。

设棱镜面 11 中心点为原点 $O(0,0,0)$，双棱镜间距 $D_1 = 400\text{mm}$，棱镜 2 与光屏 P 间距 $D_2 = 400\text{mm}$。棱镜折射率 $n = 3$，楔角 $\alpha = 10°$，薄端厚度 $d_0 = 10\text{mm}$，通光孔径 $D_p = 400\text{mm}$；入射光俯仰角 $\delta_v = 4°$，方位角 $\delta_h = 60°$，入射光半径 $r = 20\text{mm}$，入射光中心线与面 11 的交点坐标为 $(10,0,0)$。

图 4.12 分别给出了 4 种棱镜转角组合 (θ_{r1}，θ_{r2}) 下的光束变形程度 ε。当 $\theta_{r1}=0°$、$\theta_{r2}=0°$ 时，变形程度 $\varepsilon=8.145\%$；当 $\theta_{r1}=0°$、$\theta_{r2}=45°$ 时，变形程度 $\varepsilon=7.971\%$；当 $\theta_{r1}=0°$、$\theta_{r2}=90°$ 时，变形程度 $\varepsilon=6.537\%$；当 $\theta_{r1}=0°$、$\theta_{r2}=180°$ 时，变形程度 $\varepsilon=0.244\%$。

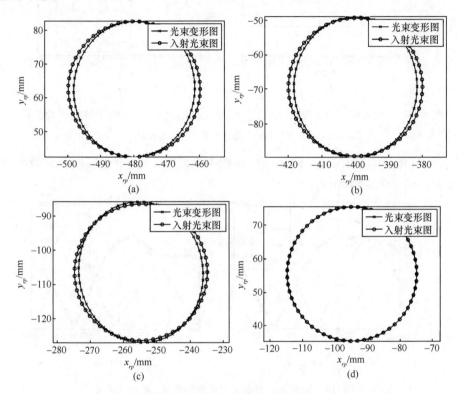

图 4.12　不同棱镜转角组合下旋转双棱镜对光束的变形作用

(a) $\theta_{r1}=0°$、$\theta_{r2}=0°$；(b) $\theta_{r1}=0°$、$\theta_{r2}=45°$；(c) $\theta_{r1}=0°$、$\theta_{r2}=90°$；(d) $\theta_{r1}=0°$、$\theta_{r2}=180°$。

如图 4.12 所示，当旋转双棱镜在一个方向表现出对出射光束的压缩时，在其相垂直方向表现出对出射光束的拉伸。当棱镜转角 $\theta_{r1}=0°$、$\theta_{r2}=0°$ 时，只存在压缩现象；当棱镜转角 $\theta_{r1}=0°$、$\theta_{r2}=180°$ 时，出射光束的形状几乎不受影响。

当棱镜间相对转角 $|\theta_{r1}-\theta_{r2}|$ 取不同值时，光束变形程度 ε 与棱镜 1 转角 θ_{r1} 的关系如图 4.13 所示。当入射光平行于光轴入射时，如图 4.13 (a) 所示，光束变形程度 ε 不随棱镜转角 θ_{r1} 的变化而变化；当入射光与 Z 轴存在夹角时，如图 4.13 (b) 所示，当 $|\theta_{r1}-\theta_{r2}|=180°$ 时，光束变形程度可以忽略不计；当 $|\theta_{r1}-\theta_{r2}|\neq 180°$ 时，光束变形程度 ε 随着棱镜转角 θ_{r1} 的变化而变化。

当入射光与 Z 轴存在夹角时，假设 θ_{r1} 为一定值，改变 θ_{r2} 的值，光束变形程度 ε 的变化规律如图 4.14 (a) 所示；假设 θ_{r2} 为一定值，改变 θ_{r1} 的值，光束变形程

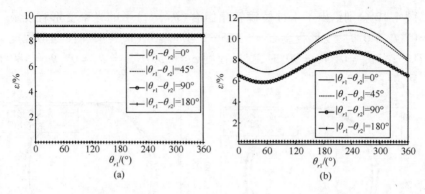

图 4.13　不同棱镜间相对转角 $|\theta_{r1} - \theta_{r2}|$ 时，光束变形程度 ε 与棱镜 1 转角 θ_{r1} 的关系

(a)光束平行光轴入射；(b)光束任意角入射。

度 ε 的变化规律如图 4.14(b)所示。从图中可以看出，光束变形程度 ε 最小值出现在 $|\theta_{r1} - \theta_{r2}| = 180°$ 处。

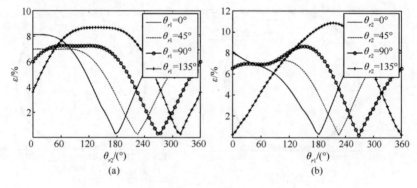

图 4.14　光束变形程度 ε 与棱镜转角 θ_{r1}、θ_{r2} 的关系

(a) θ_{r1} 为一定值；(b) θ_{r2} 为一定值。

令两个棱镜的转角均为定值，观察不同入射光俯仰角 δ_v 和方位角 δ_h 下旋转双棱镜对光束的变形作用。图 4.15(a)和图 4.15(b)分别仿真了当棱镜转角 $\theta_{r1} = 0°$、$\theta_{r2} = 0°$ 和 $\theta_{r1} = 0°$、$\theta_{r2} = 90°$ 时，变形程度 ε 随入射光俯仰角 δ_v 和方位角 δ_h 的变化规律。

从图 4.15(a)可以看出，当 $\theta_{r1} = 0°$、$\theta_{r2} = 0°$ 时，光束变形程度 ε 的变化趋势关于 $\delta_h = 180°$ 对称。当方位角 δ_h 在 0°~180°范围内时，光束变形程度 ε 随着方位角 δ_h 的增大而增大。δ_h 在 0°~90°范围内，当俯仰角 $\delta_v = 2°$ 时，ε 取值范围为 8.04%~9.07%；当俯仰角 $\delta_v = 6°$ 时，ε 取值范围为 5.61%~9.07%，光束变形程度 ε 随着俯仰角 δ_v 的增大而减小。类似地，δ_h 在 90°~180°范围内，当俯仰角 $\delta_v = 2°$ 时，ε 取值范围为 9.07%~10.23%；当俯仰角 $\delta_v = 6°$ 时，ε 取值范围为

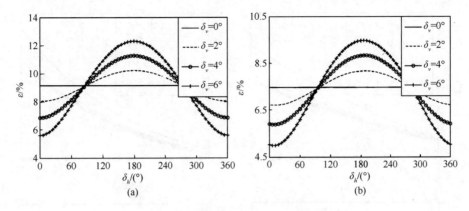

图 4.15　不同棱镜转角组合下光束变形程度 ε
随入射光束俯仰角 δ_v 和方位角 δ_h 的变化规律

（a）$\theta_{r1}=0°$、$\theta_{r2}=0°$；（b）$\theta_{r1}=0°$、$\theta_{r2}=90°$。

9.07% ~ 12.31%，光束变形程度 ε 随着俯仰角 δ_v 的增大而增大。

当入射光束与 Z 轴存在夹角时，改变棱镜楔角 α、折射率 n、双棱镜间距 D_1 和棱镜主截面中心厚度 d，观察变形程度 ε 随旋转双棱镜各参数的变化规律，如图 4.16 所示。

从图 4.16 可以看出，当棱镜间相对转角 $|\theta_{r1} - \theta_{r2}| = 180°$ 时，棱镜参数对光束变形程度 ε 的影响可忽略不计，与前面对图 4.13（b）的分析结果一致。当棱镜间相对转角 $|\theta_{r1} - \theta_{r2}| \neq 180°$ 时，取棱镜转角 $\theta_{r1}=0°$、$\theta_{r2}=0°$，如果材料的折射率 n 由 2 改变为 3，那么光束的变形程度 ε 由 2.676% 增加到 8.145%；如果棱镜楔角 α 由 5° 改变为 10°，那么光束的变形程度 ε 由 1.714% 增加到 8.145%。当棱镜转角 $\theta_{r1}=0°$、$\theta_{r2}=90°$ 和 $\theta_{r1}=90°$、$\theta_{r2}=0°$ 时，可以得到类似的分析结果。此外，双棱镜间距 D_1 和主截面中心厚度 d 不影响光束变形的大小。

3. 不同棱镜组合形式对光束变形的影响

由于单个棱镜有平面侧朝里或朝外两种布置形式，旋转双棱镜扫描系统共有 4 种不同的组合形式[8]，如图 4.17 所示。图 4.8 为图 4.17（a）所示的第一种组合形式。

设棱镜面 11 中心点为原点 $O(0,0,0)$，双棱镜间距 $D_1=400\text{mm}$，棱镜 2 与光屏 P 间距 $D_2=400\text{mm}$。棱镜折射率 $n=3$，楔角 $\alpha=10°$，薄端厚度 $d_0=10\text{mm}$，通光孔径 $D_p=400\text{mm}$。

采用上述入射光初始条件，即入射光俯仰角 $\delta_v=4°$，方位角 $\delta_h=60°$。如表 4.2 所列，根据图 4.17 中的 4 种不同组合形式，计算各种棱镜转角组合下的光束变形程度 ε、最大光束变形程度 $\varepsilon_{\max}$ 以及其对应的棱镜转角 $(\theta_{r1}, \theta_{r2})$。最大变形程度对应的光束形状如图 4.18 所示。

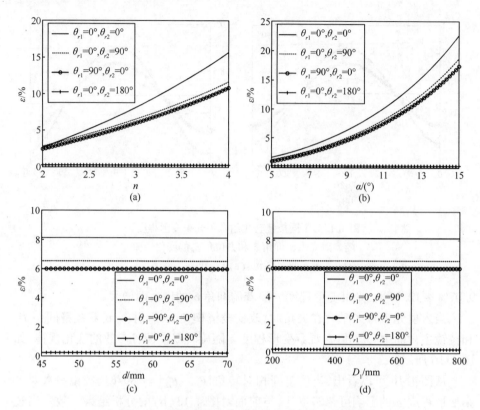

图 4.16　棱镜参数变化对光束变形程度 ε 的影响

(a)折射率 n 与 ε 的关系；(b)楔角 α 与 ε 的关系；

(c)主截面中心厚度 d 与 ε 的关系；(d)双棱镜间距 D_1 与 ε 的关系。

比较表 4.2 的数据，第四种组合形式下的光束变形程度 ε 较小，而第二种组合形式下的光束变形程度 ε 较大，但是系统设计还需综合考虑光束偏转范围和扫描盲区等因素的影响。

表 4.2　4 种不同组合形式下光束变形程度的比较

组合形式	ε				ε_{max}	ε_{max}对应的 $(\theta_{r1}, \theta_{r2})$
	$(0°,0°)$	$(0°,90°)$	$(90°,0°)$	$(0°,180°)$		
第一种	8.145%	7.971%	6.537%	0.244%	11.276%	$(240°,240°)$
第二种	22.743%	16.668%	8.034%	8.407%	36.372%	$(240°,240°)$
第三种	22.743%	10.423%	6.490%	0.244%	25.310%	$(240°,240°)$
第四种	1.689%	1.043%	3.516%	6.917%	7.692%	$(240°,60°)$

4.3.2　偏摆扫描模式光束变形

偏摆双棱镜扫描系统的光束传输示意图可以参见图 2.7。设入射光向量为

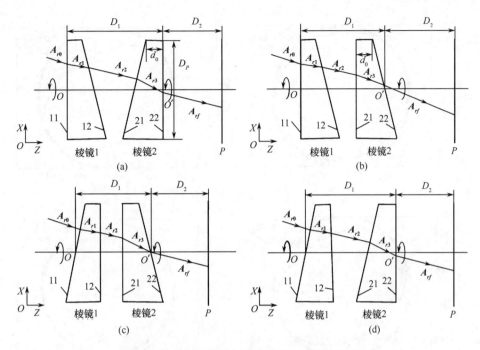

图4.17　旋转双棱镜扫描系统的4种组合形式

（a）第一种组合形式；（b）第二种组合形式；（c）第三种组合形式；（d）第四种组合形式。

A_{t0}，棱镜1绕X轴偏摆，棱镜2绕Y轴偏摆，双棱镜间距为D_1，棱镜2与光屏P间距为D_2。假设入射光束的形状为圆形，其半径$r = 20$mm。计算所用的参数分别为棱镜折射率$n = 3$，楔角$\alpha = 10°$，薄端厚度$d_0 = 10$mm，通光孔径$D_p = 400$mm，双棱镜间距$D_1 = 400$mm，棱镜2与屏幕P间距$D_2 = 400$mm，圆形入射光束边缘在平面11上的方程如式（4.11）所示，单位：mm。

$$\begin{cases} x = 20\cos\theta \\ y = 10 + 20\sin\theta \\ z = 0 \end{cases} \qquad (4.11)$$

式中：$\theta \in [0°, 360°]$，入射光在棱镜面11上的中心点为$(0, 10, 0)$。

　　根据2.5.2节中偏摆双棱镜出射光坐标点的公式，分别计算圆形光束经过双棱镜时在各个面上的位置。

　　图4.19所示为4种棱镜摆角组合$(\theta_{t1}, \theta_{t2})$下的光束变形程度$\varepsilon$。当$\theta_{t1} = 0°$、$\theta_{t2} = 0°$时，变形程度$\varepsilon = 8.46\%$；当$\theta_{t1} = 0°$、$\theta_{t2} = 5°$时，变形程度$\varepsilon = 9.52\%$；当$\theta_{t1} = 0°$、$\theta_{t2} = 10°$时，变形程度$\varepsilon = 13.01\%$；当$\theta_{t1} = 10°$、$\theta_{t2} = 10°$时，变形程度$\varepsilon = 20.30\%$。

　　为了分析偏摆双棱镜中各参数对光束变形程度ε的影响，本节在不改变入射光束形状和入射角的情况下，改变棱镜楔角α、折射率n和双棱镜间距D_1，观

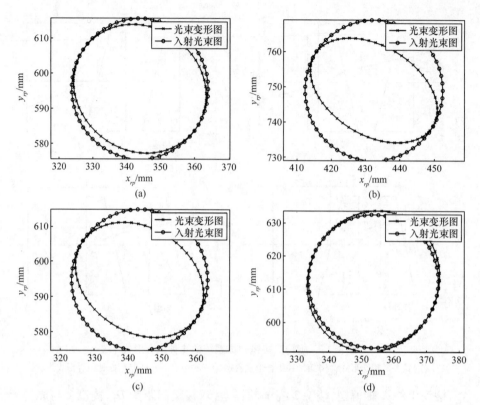

图 4.18　4 种组合形式下最大变形程度对应的光束形状

（a）第一种组合形式；（b）第二种组合形式；（c）第三种组合形式；（d）第四种组合形式。

察光束变形的变化规律。设定棱镜的摆角 $\theta_{t1}=0°$、$\theta_{t2}=5°$，光束变形程度 ε 如表 4.3 所列。

表 4.3　偏摆双棱镜扫描系统参数变化对光束变形程度 ε 的影响

折射率 n	楔角 $\alpha/(°)$	双棱镜间距 D_1/mm	光束变形程度 ε
1.517			2.56%
2	10		4.61%
		400	9.52%
	5		2.91%
3	13		16.97%
	10	350	9.52%
		300	9.52%

　　比较图 4.12 和图 4.19 可以看出，偏摆双棱镜扫描系统也在一个方向表现出对出射光束的压缩，同时在其垂直方向表现出对出射光束的拉伸。对比表

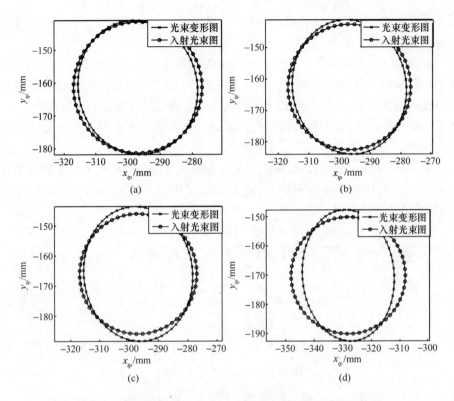

图 4.19　不同棱镜摆角组合下偏摆双棱镜对光束的变形作用

（a）$\theta_{t1}=0°$、$\theta_{t2}=0°$；（b）$\theta_{t1}=0°$、$\theta_{t2}=5°$；（c）$\theta_{t1}=0°$、$\theta_{t2}=10°$；（d）$\theta_{t1}=10°$、$\theta_{t2}=10°$。

4.1 和表 4.3 可以看出，与旋转双棱镜扫描系统相比，偏摆双棱镜对光束的变形作用更明显。随着棱镜折射率 n 和楔角 α 的增大，光束变形程度 ε 增大。当材料的折射率 n 由 1.517 改变为 3 时，光束的变形程度 ε 由 2.56% 增加到 9.52%，而双棱镜间距 D_1 不影响光束变形程度 ε 的大小。

4.4　双棱镜多模式扫描误差建模

如果不考虑系统误差的影响，双棱镜多模式扫描系统的光束指向误差主要由级联棱镜耦合运动的综合精度决定，包括棱镜安装误差、轴承安装误差、机械传动误差等。通过等效分析的方法，上述误差可以归结为棱镜的位置误差。

本节主要从棱镜旋转和偏摆运动耦合的角度，建立双棱镜位置误差模型，推导出光束指向误差的精确表达式，研究棱镜位置倾斜误差和轴承位置倾斜误差对光束指向精度的影响（机械传动误差可等效为棱镜偏转误差，具体的机械结构可参照第 5 章）。根据给定的指向精度要求，计算设计误差的容许极限值，这对于提高双棱镜扫描系统的设计水平具有实际意义。本节的分析方法对双棱镜扫描误差分析具有普适性。

棱镜旋转误差和偏摆误差是影响光束指向精度的重要误差源,可以归纳为棱镜和轴承的位置倾斜误差[9]。本节采用的分析方法为:设棱镜或轴承存在绕某轴线的位置倾斜误差,在已知轴线的单位向量和倾斜角度误差的情况下,对比理论出射光向量 A_{f0} 和实际的出射光向量 A_{f1},计算引入误差后的光束变化矩阵 M_P,得 $M_P \cdot A_{f0} = A_{f1}$。

采用 Rodrigues 旋转公式,可以方便地求解一个向量绕任意轴线旋转后的新向量[10]。设旋转轴线单位向量为 $(u_x, u_y, u_z)^T$,则单个棱镜入射面或出射面法向量的旋转矩阵 M_P 可以表述为

$$M_P = A_p + \cos\delta \cdot (I - A_p) + \sin\delta \cdot B_p \tag{4.12}$$

式中:I 为三阶单位矩阵;δ 为旋转角度;A_p、B_p 由下式给出:

$$A_p = \begin{bmatrix} u_x^2 & u_x u_y & u_x y_z \\ u_y u_x & u_y^2 & u_y u_z \\ u_z u_x & u_z u_y & u_z^2 \end{bmatrix} \tag{4.13a}$$

$$B_p = \begin{bmatrix} 0 & -u_z & u_y \\ u_z & 0 & -u_x \\ -u_y & u_x & 0 \end{bmatrix} \tag{4.13b}$$

对于旋转和偏摆双棱镜来说,都存在偏摆误差(绕 X,Y 轴)和旋转误差(绕 Z 轴)两种误差位置形式。如图 4.20(a) 所示,旋转双棱镜中棱镜绕 Y 轴偏摆,产生偏摆误差;如图 4.20(b) 所示,偏摆双棱镜中棱镜绕 Z 轴旋转,产生旋转误差。这里仅分析偏摆双棱镜的位置误差对光束指向精度的影响,旋转双棱镜位置误差分析可以用类似的分析方法得到。

4.4.1 棱镜位置倾斜引起的指向误差

由于偏摆双棱镜是非对称系统,在讨论棱镜位置倾斜引起的指向误差时,不仅要考虑棱镜倾斜误差角的大小,还要考虑倾斜方向。本节分别分析棱镜 1 和棱镜 2 的位置倾斜误差对出射光指向精度的影响。

在偏摆双棱镜扫描系统中,棱镜 1 和棱镜 2 的偏摆轴线分别为 Y 轴和 X 轴。以棱镜 1 为例,在偏摆角度为 0°时,棱镜 1 的入射面 11 平行于平面 XOY。偏摆棱镜的任意位置倾斜误差可由图 4.21 中的两种误差综合表示。图 4.21(a) 描述的是棱镜绕 Z 轴有旋转误差,大小为 δ_z,棱镜入射面和出射面法向量的旋转矩阵 M_{P1} 可表述为

$$M_{P1} = Rot(Z, \delta_z) \tag{4.14}$$

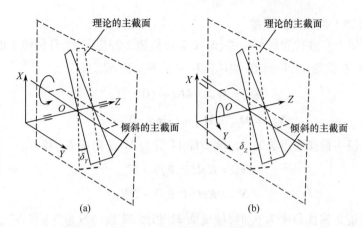

图 4.20　棱镜位置误差模型

(a)旋转双棱镜中棱镜绕 Y 轴有偏摆角度误差;(b)偏摆双棱镜中棱镜绕 Z 轴有旋转角度误差。

为了便于分析棱镜偏摆误差,定义轴线 OL:在面 11 内,由平行于 X 轴的向量 $(1,0,0)^T$ 绕 Z 轴逆时针旋转 θ_0 得到,即 OL 为过原点位于 XOY 平面内的轴线。假设棱镜绕 OL 偏转,当 OL 与 X 轴重合时,即绕 X 轴偏转;当与 Y 轴重合时,即绕 Y 轴偏转。

轴线 OL 的单位方向向量为:$(u_x,u_y,u_z)^T = (\cos\theta_0,\sin\theta_0,0)^T$。图 4.21(b)为棱镜主截面绕轴线 OL 逆时针旋转 δ_0 所得,即引入棱镜偏摆误差角度 δ_0。当 $\theta_0 = 0$ 时,OL 即为 X 轴,此时 δ_0 即为绕 X 轴的偏摆误差;当 $\theta_0 = 90°$ 时,OL 即为 Y 轴,此时 δ_0 即为绕 Y 轴的偏摆误差。根据 Rodrigues 旋转公式,得到棱镜入射面或出射面法向量的旋转矩阵均为 M_{P2},有

$$M_{P2} = A_p + \cos\delta_0 \cdot (I - A_p) + \sin\delta_0 \cdot B_p \qquad (4.15)$$

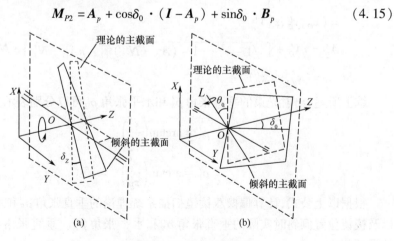

图 4.21　偏摆棱镜位置倾斜误差模型

(a)棱镜 1 绕 Z 轴的倾斜误差 δ_z;(b)棱镜 1 绕轴线 OL 的角度误差 δ_0。

1. 棱镜 1 位置倾斜误差

当棱镜 1 存在位置倾斜误差(δ_z 或 δ_0),棱镜 2 理想装配,且棱镜 1 的偏摆角度为 0°时,棱镜面 11 和面 12 的单位法向量 N'_{110} 和 N'_{120} 为

$$N'_{110} = M_{P2} \cdot M_{P1} \cdot (0,0,1)^T \tag{4.16a}$$

$$N'_{120} = M_{P2} \cdot M_{P1} \cdot (\sin\alpha_1, 0, \cos\alpha_1)^T \tag{4.16b}$$

当棱镜 1 偏摆角度为 θ_{t1} 时,棱镜面 11 和面 12 法向量 N'_{11} 和 N'_{12}:

$$N'_{11} = Rot(Y, \theta_{t1}) \cdot N'_{110} \tag{4.17a}$$

$$N'_{12} = Rot(Y, \theta_{t1}) \cdot N'_{120} \tag{4.17b}$$

当棱镜 2 偏摆角度为 θ_{t2} 时,棱镜面 21 和面 22 法向量为 N'_{21} 和 N'_{22}:

$$N'_{21} = (0, \sin(\alpha_2 + \theta_{t2}), \cos(\alpha_2 + \theta_{t2}))^T \tag{4.17c}$$

$$N'_{22} = (0, -\sin\theta_{t2}, \cos\theta_{t2})^T \tag{4.17d}$$

根据矢量折射定律可知,棱镜 1 入射光向量为 A_{t0},折射光向量为 A'_{t1},出射光向量为 A'_{t2},棱镜 2 入射光向量为 A'_{t2},折射光向量为 A'_{t3},出射光向量为 A'_{tf},表达式分别如下:

$$A'_{t1} = A_{t0} = (0,0,1)^T \tag{4.18a}$$

$$A'_{t2} = nA'_{t1} + \left\{ \sqrt{1 - n^2 \cdot [1 - (A'_{t1} \cdot N'_{12})^2]} - nA'_{t1} \cdot N'_{12} \right\} \cdot N'_{12}$$

$$= (x'_{t2}, y'_{t2}, z'_{t2})^T \tag{4.18b}$$

$$A'_{t3} = \frac{1}{n}A'_{t2} + \left\{ \sqrt{1 - \left(\frac{1}{n}\right)^2 \cdot [1 - (A'_{t2} \cdot N'_{21})^2]} - \frac{1}{n}A'_{t2} \cdot N'_{21} \right\} \cdot N'_{21}$$

$$= (x'_{t3}, y'_{t3}, z'_{t3})^T \tag{4.18c}$$

$$A'_{tf} = nA'_{t3} + \left\{ \sqrt{1 - n^2 \cdot [1 - (A'_{t3} \cdot N'_{22})^2]} - nA'_{t3} \cdot N'_{22} \right\} \cdot N'_{22}$$

$$= (x'_{tf}, y'_{tf}, z'_{tf})^T \tag{4.18d}$$

综上所述,出射光束的垂直张角 ρ'_V 和水平张角 ρ'_H 可以分别表示为

$$\rho'_V = \arctan\left(\frac{x'_{tf}}{z'_{tf}}\right) \tag{4.19a}$$

$$\rho'_H = \arctan\left(\frac{y'_{tf}}{z'_{tf}}\right) \tag{4.19b}$$

根据以上公式,计算偏摆双棱镜扫描系统理论的垂直张角 ρ_V 和水平张角 ρ_H 以及棱镜位置倾斜时实际的垂直张角 ρ'_V 和水平张角 ρ'_H。垂直张角和水平张角的误差值为

$$\Delta\rho_V = |\rho'_V - \rho_V| \tag{4.20a}$$

$$\Delta\rho_H = \left| \rho_H' - \rho_H \right| \tag{4.20b}$$

实际应用中,棱镜 1 绕 Y 轴偏转,而绕 X 轴的偏摆角度误差无法通过直线电动机调整。根据实际的装配条件,设定棱镜 1 绕 X 轴的偏摆误差约为 $\delta_0 = 0.2''$。

本节误差分析中取棱镜楔角 $\alpha = 5°$,折射率 n 取值范围为 $1.517 \sim 4$,棱镜摆角 θ_{t1} 和 θ_{t2} 的范围均为 $0° \sim 10°$。图 4.22 表示当棱镜 1 绕 X 轴偏摆误差 $\delta_0 = 0.2''$ 时,倾斜方向 θ_0 与最大垂直张角误差 $\Delta\rho_{Vmax}$、最大水平张角误差 $\Delta\rho_{Hmax}$ 的关系。从图中可以看出,当 $n = 1.517$ 时,$\Delta\rho_{Hmax}$ 在 $\theta_0 = 0°$ 或 $180°$ 时取到最大值 $0.51\mu rad$;$\Delta\rho_{Vmax}$ 在 $\theta_0 = 90°$ 时取到最大值 $0.52\mu rad$。棱镜 1 绕 Y 轴偏摆误差的最大值取直线电动机步进角 $\delta_0 = 0.08''$,则出射光垂直张角 ρ_V 误差约为 $0.21\mu rad$。

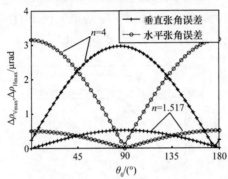

图 4.22　$\delta_0 = 0.2''$ 时,θ_0 与 $\Delta\rho_{Hmax}$ 和 $\Delta\rho_{Vmax}$ 的关系

图 4.23 描述了棱镜 1 只有绕 Z 轴的旋转误差 $\delta_z = 0.2''$ 时,$\Delta\rho_{Hmax}$ 和 $\Delta\rho_{Vmax}$ 随楔角 α 的变化情况,同时分析了不同折射率 n 的影响。从图中可以看出,当 $n = 1.517$、$\alpha = 5°$ 时,若 $\delta_z = 0.2''$,水平张角误差 $\Delta\rho_{Hmax}$ 约为 $0.044\mu rad$,垂直张角误差 $\Delta\rho_{Vmax}$ 较小,可忽略不计。

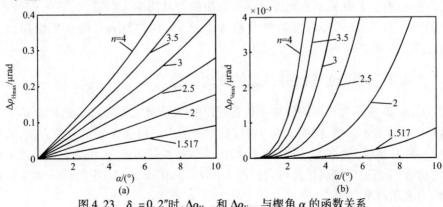

图 4.23　$\delta_z = 0.2''$ 时,$\Delta\rho_{Hmax}$ 和 $\Delta\rho_{Vmax}$ 与楔角 α 的函数关系

(a)$\Delta\rho_{Hmax}$ 与 α 的函数关系;(b)$\Delta\rho_{Vmax}$ 与 α 的函数关系。

147

2. 棱镜 2 位置倾斜误差

当棱镜 2 存在位置倾斜误差(δ_z 或 δ_0),棱镜 1 理想装配时,指向误差计算与前面类似。

实际应用中,棱镜 2 绕 X 轴偏转,而绕 Y 轴的偏摆角度误差无法通过直线电动机调整。根据实际的装配条件,设定棱镜 2 绕 Y 轴的偏摆误差约为 $\delta_0 = 0.2''$。

图 4.24 表示当棱镜 2 绕 Y 轴偏摆误差 $\delta_0 = 0.2''$ 时,倾斜方向 θ_0 与最大垂直张角误差 $\Delta\rho_{Vmax}$、最大水平张角误差 $\Delta\rho_{Hmax}$ 的关系。从图中可以看出,当 $n = 1.517$ 时,$\Delta\rho_{Hmax}$ 在 $\theta_0 = 172°$ 时取到最大值 $0.015\mu rad$;$\Delta\rho_{Vmax}$ 在 $\theta_0 = 90°$ 时取到最大值 $0.0068\mu rad$。棱镜 2 绕 X 轴偏摆误差的最大值取直线电动机步进角 $\delta_0 = 0.08''$,则出射光垂直张角 ρ_V 误差约为 $0.006\mu rad$。

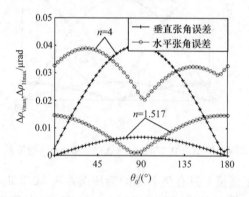

图 4.24　$\delta_0 = 0.2''$ 时,θ_0 与 $\Delta\rho_{Hmax}$ 和 $\Delta\rho_{Vmax}$ 的关系

图 4.25 所示为棱镜 2 只有绕 Z 轴的旋转误差 $\delta_z = 0.2''$ 时,$\Delta\rho_{Hmax}$ 和 $\Delta\rho_{Vmax}$ 随 α 的变化情况,并分析了不同折射率 n 的影响。从图中可以看出,当 $n = 1.517$、$\alpha = 5°$ 时,若 $\delta_z = 0.2''$,垂直张角误差 $\Delta\rho_{Vmax}$ 约为 $0.045\mu rad$,而水平张角误差 $\Delta\rho_{Hmax}$ 较小,可忽略不计。

4.4.2　轴承位置倾斜引起的指向误差

图 4.26 所示为偏摆棱镜轴承位置倾斜的情况,通过轴承中心线的倾斜表达出来。以棱镜 1 为例,图 4.26(a)描述的是轴承中心线绕 X 轴的偏摆误差,大小为 δ_x;图 4.26(b)描述的是轴承中心线绕 Z 轴的旋转误差,大小为 δ_z。棱镜 1 偏摆轴承的任意位置倾斜误差可通过图 4.26(a)和图 4.26(b)中的误差角度 δ_x 和 δ_z 综合表示出来。

研究棱镜 1 和棱镜 2 的偏摆轴承位置倾斜误差对光束指向精度的影响,假设只有一个轴承中心线倾斜,另一个轴承装配理想。

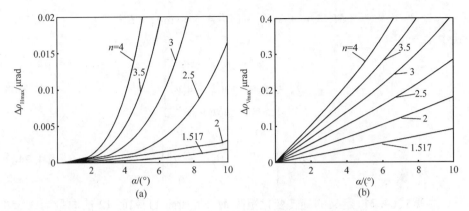

图 4.25　$\delta_z = 0.2''$时，$\Delta\rho_{Hmax}$ 和 $\Delta\rho_{Vmax}$ 与楔角 α 的函数关系

（a）$\Delta\rho_{Hmax}$ 与 α 的函数关系；（b）$\Delta\rho_{Vmax}$ 与 α 的函数关系。

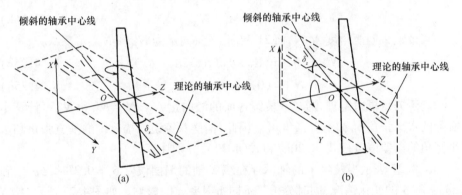

图 4.26　偏摆棱镜轴承位置倾斜误差模型

（a）轴承中心线绕 X 轴的偏摆误差；（b）轴承中心线绕 Z 轴的旋转误差。

1. 棱镜 1 轴承位置倾斜误差

当棱镜 1 轴承位置倾斜，棱镜 2 轴承理想装配时，倾斜前棱镜 1 轴承中心线方向向量为

$$(u_x, u_y, u_z)^{\mathrm{T}} = (0, 1, 0)^{\mathrm{T}} \tag{4.21}$$

倾斜后棱镜 1 轴承中心线方向向量为

$$(u'_x, u'_y, u'_z)^{\mathrm{T}} = \boldsymbol{Rot}(Z, \delta_z) \cdot \boldsymbol{Rot}(X, \delta_x) \cdot (u_x, u_y, u_z)^{\mathrm{T}}$$
$$= (-\sin\delta_z\cos\delta_x, \cos\delta_z\cos\delta_x, \sin\delta_x)^{\mathrm{T}} \tag{4.22}$$

当棱镜 1 偏摆角度为 0°时，棱镜面 11 和面 12 的单位法向量为 $\boldsymbol{N}'_{110}$ 和 $\boldsymbol{N}'_{120}$：

$$\boldsymbol{N}'_{110} = (0, 0, 1)^{\mathrm{T}} \tag{4.23a}$$

$$\boldsymbol{N}'_{120} = (\sin\alpha, 0, \cos\alpha)^{\mathrm{T}} \tag{4.23b}$$

当棱镜 1 偏摆角度为 θ_{t1} 时，采用 Rodrigues 旋转公式，求出棱镜入射面和出射面的法向量的旋转矩阵均为 $\boldsymbol{M}_b$：

$$M_b = A_b + \cos\theta_{t1} \cdot (I - A_b) + \sin\theta_{t1} \cdot B_b \qquad (4.24\text{a})$$

式中

$$A_b = \begin{bmatrix} u_x'^2 & u_x'u_y' & u_x'u_z' \\ u_y'u_x' & u_y'^2 & u_y'u_z' \\ u_z'u_x' & u_z'u_y' & u_z'^2 \end{bmatrix} \qquad (4.24\text{b})$$

$$B_b = \begin{bmatrix} 0 & -u_z' & u_y' \\ u_z' & 0 & -u_x' \\ -u_y' & u_x' & 0 \end{bmatrix} \qquad (4.24\text{c})$$

根据式(4.24)定义的旋转变化矩阵 M_b,可知面 11 和面 12 法向量为 N_{11}' 和 N_{12}':

$$N_{11}' = M_b \cdot N_{110}' \qquad (4.25\text{a})$$

$$N_{12}' = M_b \cdot N_{120}' \qquad (4.25\text{b})$$

当棱镜 2 偏摆角度为 θ_{t2},面 21 和面 22 法向量为 N_{21}' 和 N_{22}':

$$N_{21}' = (0, \sin(\alpha_2 + \theta_{t2}), \cos(\alpha_2 + \theta_{t2}))^T \qquad (4.25\text{c})$$

$$N_{22}' = (0, -\sin\theta_{t2}, \cos\theta_{t2})^T \qquad (4.25\text{d})$$

基于矢量折射定理,通过双棱镜各面的法向量 N_{11}'、N_{12}'、N_{21}' 和 N_{22}' 可计算出实际的水平张角 ρ_H' 和垂直张角 ρ_V'。因此,偏摆双棱镜扫描系统的垂直张角和水平张角的误差值可按式(4.20a)和式(4.20b)分别计算。

图 4.27 表示当棱镜 1 的轴承存在绕 X 轴的偏摆误差 $\delta_x = 0.2''$ 时,$\Delta\rho_{Vmax}$ 和 $\Delta\rho_{Hmax}$ 随 α 的变化情况,同时分析了不同折射率 n 的影响。如图 4.27 所示,绕 X 轴的偏摆误差对水平张角误差 $\Delta\rho_{Hmax}$ 影响较大,对垂直张角误差 $\Delta\rho_{Vmax}$ 的影响较小。若棱镜 1 的轴承绕 X 轴的偏摆误差 $\delta_x = 0.2''$,当 $\alpha = 5°$ 时,水平张角误差

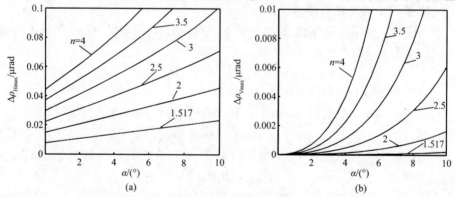

图 4.27　$\delta_x = 0.2''$ 时,$\Delta\rho_{Hmax}$ 和 $\Delta\rho_{Vmax}$ 与楔角 α 的函数关系

(a)$\Delta\rho_{Hmax}$ 与 α 的函数关系;(b)$\Delta\rho_{Vmax}$ 与 α 的函数关系。

$\Delta\rho_{\mathrm{Hmax}}$ 为 0.015μrad。

图 4.28 表示当棱镜 1 的轴承存在绕 Z 轴的旋转误差 $\delta_z = 0.2''$ 时，$\Delta\rho_{\mathrm{Vmax}}$ 和 $\Delta\rho_{\mathrm{Hmax}}$ 随 α 的变化情况，同时分析了不同折射率 n 的影响。从图 4.28 中可以看出，绕 Z 轴的旋转误差对水平张角误差 $\Delta\rho_{\mathrm{Hmax}}$ 影响较大，对垂直张角误差 $\Delta\rho_{\mathrm{Vmax}}$ 的影响较小。若棱镜 1 的轴承绕 Z 轴的旋转误差 $\delta_z = 0.2''$，当 $\alpha = 5°$ 时，水平张角误差 $\Delta\rho_{\mathrm{Hmax}}$ 为 0.088μrad。

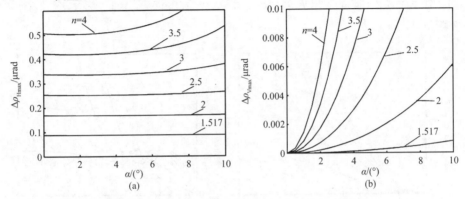

图 4.28　$\delta_z = 0.2''$ 时，$\Delta\rho_{\mathrm{Hmax}}$ 和 $\Delta\rho_{\mathrm{Vmax}}$ 与楔角 α 的函数关系

（a）$\Delta\rho_{\mathrm{Hmax}}$ 与 α 的函数关系；（b）$\Delta\rho_{\mathrm{Vmax}}$ 与 α 的函数关系。

2. 棱镜 2 轴承位置倾斜误差

当棱镜 2 的轴承存在位置倾斜误差，棱镜 1 的轴承理想装配时，光束指向误差计算过程与前面类似。

图 4.29 表示当棱镜 2 的轴承存在绕 Y 轴的偏摆误差 $\delta_y = 0.2''$ 时，$\Delta\rho_{\mathrm{Vmax}}$ 和 $\Delta\rho_{\mathrm{Hmax}}$ 随 α 的变化情况，同时分析了不同折射率 n 的影响。如图 4.29 所示，绕 Y

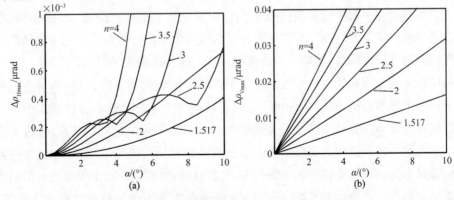

图 4.29　$\delta_y = 0.2''$ 时，$\Delta\rho_{\mathrm{Hmax}}$ 和 $\Delta\rho_{\mathrm{Vmax}}$ 与楔角 α 的函数关系

（a）$\Delta\rho_{\mathrm{Hmax}}$ 与 α 的函数关系；（b）$\Delta\rho_{\mathrm{Vmax}}$ 与 α 的函数关系。

轴的偏摆误差对垂直张角误差 $\Delta\rho_{Vmax}$ 影响较大,对水平张角误差 $\Delta\rho_{Hmax}$ 的影响较小。若偏摆轴承绕 Y 轴的偏摆误差为 0.2″,当 $\alpha=5°$ 时,出射光垂直张角误差 $\Delta\rho_{Vmax}$ 为 0.0079 μrad。

图 4.30 表示当棱镜 2 的轴承存在绕 Z 轴的旋转误差 $\delta_z=0.2″$ 时,$\Delta\rho_{Vmax}$ 和 $\Delta\rho_{Hmax}$ 随 α 的变化情况,同时分析了不同折射率 n 的影响。如图 4.30 所示,绕 Z 轴的旋转误差对垂直张角误差 $\Delta\rho_{Vmax}$ 和水平张角误差 $\Delta\rho_{Hmax}$ 影响均较小,可忽略。

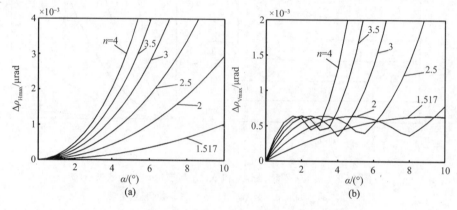

图 4.30　$\delta_z=0.2″$ 时,$\Delta\rho_{Hmax}$ 和 $\Delta\rho_{Vmax}$ 与楔角 α 的函数关系

(a)$\Delta\rho_{Hmax}$ 与 α 的函数关系;(b)$\Delta\rho_{Vmax}$ 与 α 的函数关系。

4.5　本　章　小　结

本章研究了双棱镜多模式扫描系统的非线性问题、奇点问题、光束变形问题以及光束扫描误差问题等。首先阐述了双棱镜多模式扫描系统中光束扫描的非线性问题,以旋转双棱镜第一组转角解对应的转角范围为例,分析了旋转双棱镜扫描系统的光束非线性扫描机制。对于旋转双棱镜扫描系统,当扫描轨迹趋近于扫描区域中心或扫描区域边缘时,棱镜转速将产生奇异性。通过建立出射光的偏转速度 ω_{ft}、ω_{fr} 与扫描点沿 X 轴和 Y 轴移动速度 v_x、v_y 之间的关系,分析了奇点出现的位置及原因。研究了光束通过双棱镜扫描系统后的变形程度,表明双棱镜对出射光束具有拉伸和压缩效应,尤其是棱镜楔角、折射率等参数对出射光束的变形程度有较大的影响,研究结论对光束变形补偿与校正具有参考价值。本章最后建立了双棱镜多模式扫描系统的位置误差模型,给出了棱镜倾斜和轴承倾斜两类位置误差的计算分析方法。

参 考 文 献

［1］ Li A H, Sun W S, Yi W L, et al. Investigation of beam steering performances in rotation Risley-prism scanner [J]. Optics Express, 2016, 24(12): 12840 – 12850.

［2］ Tao X, Cho H, Janabi-Sharifi F. Active optical system for variable view imagingof micro objects with emphasison kinematic analysis [J]. Applied Optics, 2008, 47(22): 4121 – 4132.

［3］ Zhou Y, Lu Y F, Hei M, et al. Motion control of the wedge prisms in Risley-prism-based beam steering system for precise target tracking [J]. Applied Optics, 2013, 52(12): 2849 – 2857.

［4］ Sánchez M, Gutow D. Control laws for a 3 – element Risley prism optical beam pointer [J]. Proc. of SPIE, 2006, 6304: 630403 – 630403 – 7.

［5］ Mao W W, Xu Y Z. Distortion of optical wedges with a large angle ofincidence in a collimated beam [J]. Optical Engineering, 1999, 38(4): 580 – 585.

［6］ Li A H, Zuo Q Y, Sun W S, et al. Beam distortion of rotation double prisms with an arbitrary incident angle [J]. Applied Optics, 2016, 55(19): 5164 – 5171.

［7］ Sun J F, Liu L R, Yun M J, et al. Distortion of beam shape by a rotating double-prism wide-angle laser beam scanner [J]. Optical Engineering, 2006, 45(4): 043004 – 043004 – 4.

［8］ Li Y J. Closed form analytical inverse solutions for Risley-prism-based beam steering systems in different configurations [J]. Applied Optics, 2011, 50(22): 4302 – 4309.

［9］ 李安虎, 左其友, 卞永明, 等. 亚微弧度级激光跟踪转镜装配误差分析 [J]. 机械工程学报, 2016, 52(10): 9 – 16.

［10］ Mebius J E. Derivation of the Euler-Rodrigues formula for three-dimensional rotations from the general formula for four-dimensional rotations [EB/OL]. [2016 – 10 – 13]. http://arxiv. org/pdf/math/0701759v1. pdf.

第5章 双棱镜多模式扫描系统设计

双棱镜多模式扫描系统可广泛应用在光电跟踪及扫描成像等场合,其扫描模式、扫描范围、扫描精度、扫描速度、轨迹特征等是评价装置技术性能的重要指标。本章研究了双棱镜多模式扫描系统的装置设计及其关键技术,包括双棱镜多模式扫描系统的组合形式、双棱镜的驱动机构及实现方法、旋转双棱镜扫描装置的软硬件设计及技术性能、偏摆双棱镜扫描装置的结构设计及扫描性能仿真、双棱镜复合运动装置的结构设计及扫描性能仿真等。

5.1 双棱镜多模式扫描系统组合形式

以圆形棱镜为例,将棱镜两通光面中垂直于旋转轴的一侧称为"平面",另一侧称为"楔面"。双棱镜扫描系统中单个棱镜有两种布置形式:"平面"朝外与"楔面"朝外。两两组合,旋转双棱镜扫描系统共有 4 种组合形式:"楔平 – 平楔"、"平楔 – 平楔"、"楔平 – 楔平"及"平楔 – 楔平",如图 5.1 所示[1]。

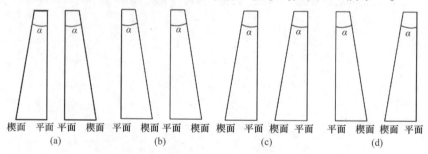

图 5.1 双棱镜系统四种组合形式

(a)楔平 – 平楔;(b)平楔 – 平楔;(c)楔平 – 楔平;(d)平楔 – 楔平。

根据棱镜 2 布置形式的不同,可将 4 种组合形式分成两组,"楔平 – 平楔"和"平楔 – 平楔"为组 1,"楔平 – 楔平"和"平楔 – 楔平"为组 2[1]。建立如图 2.5 所示的坐标系,根据矢量折射定律,当入射光平行于转轴时,棱镜 1 转角为 θ_{r1},棱镜 2 转角为 θ_{r2},则组 1 的出射光向量 $\boldsymbol{A}_{rf1} = (x_{rf1}, y_{rf1}, z_{rf1})^{\mathrm{T}}$ 可以表示为[1]

$$x_{rf1} = a_1 \cos\theta_{r1} + a_3 \sin\alpha\cos\theta_{r2} \tag{5.1a}$$

$$y_{rf1} = a_1 \sin\theta_{r1} + a_3 \sin\alpha\sin\theta_{r2} \tag{5.1b}$$

$$z_{rf1} = a_2 - a_3\cos\alpha \tag{5.1c}$$

组 2 的出射光向量 $\boldsymbol{A}_{rf2} = (x_{rf2}, y_{rf2}, z_{rf2})^{\mathrm{T}}$ 可以表示为[1]

$$x_{rf2} = b_1\cos\theta_{r1} - b_3\sin\alpha\cos\theta_{r2} \tag{5.2a}$$

$$y_{rf2} = b_1\sin\theta_{r1} - b_3\sin\alpha\sin\theta_{r2} \tag{5.2b}$$

$$z_{rf2} = -\sqrt{1 - n^2 + (b_2 + b_3\cos a)^2} \tag{5.2c}$$

其中系数 a_1、a_2、a_3、b_1、b_2 和 b_3 见表 5.1 和表 5.2。

表 5.1　组 1 出射光向量表达式系数

系数	楔平 – 平楔组合	平楔 – 平楔组合
a_1	$\sin\alpha(\cos\alpha - \sqrt{n^2 - \sin^2\alpha})$	$\sin\alpha(-n\cos\alpha + \sqrt{1 - n^2\sin^2\alpha})$
a_2	$-\sin^2\alpha + \cos\alpha\sqrt{n^2 - \sin^2\alpha}$	$-\sqrt{n^2 - 1 + [n\sin^2\alpha + \cos\alpha\sqrt{1 - n^2\sin^2\alpha}]^2}$
a_3	$-(a_1\sin\alpha\cos\Delta\theta_r - a_2\cos\alpha) + \sqrt{1 - n^2 + (a_1\sin\alpha\cos\Delta\theta_r - a_2\cos\alpha)^2}\ (\Delta\theta_r = \theta_{r2} - \theta_{r1})$	

表 5.2　组 2 出射光向量表达式系数

系数	楔平 – 楔平组合	平楔 – 楔平组合
b_1	$\sin\alpha(\cos\alpha - \sqrt{n^2 - \sin^2\alpha})$	$\sin\alpha(-n\cos\alpha + \sqrt{1 - n^2\sin^2\alpha})$
b_2	$\sqrt{1 - n^2 + (\sin^2\alpha + \cos\alpha\sqrt{n^2 - \sin^2\alpha})^2}$	$n\sin^2\alpha + \cos\alpha\sqrt{1 - n^2\sin^2\alpha}$
b_3	$b_1\sin\alpha\cos\Delta\theta_r - b_2\cos\alpha + \sqrt{n^2 - 1 + (b_1\sin\alpha\cos\Delta\theta_r - b_2\cos\alpha)^2}\ (\Delta\theta_r = \theta_{r2} - \theta_{r1})$	

根据式(5.1)和式(5.2)可求得,当棱镜楔角 $\alpha = 10°$,折射率 $n = 1.517$ 时,"楔平 – 平楔"组合形式下出射光俯仰角 ρ 的范围为 $0° \sim 10.6255°$;"平楔 – 平楔"组合形式下出射光俯仰角 ρ 的范围为 $0.0709° \sim 10.6986°$;"楔平 – 楔平"组合形式下出射光俯仰角 ρ 的范围为 $0.0690° \sim 10.4086°$;"平楔 – 楔平"组合形式下出射光俯仰角 ρ 的范围为 $0° \sim 10.4796°$。可以看出,对于远距离扫描情况,虽然"平楔 – 平楔"组合形式和"楔平 – 楔平"组合形式下出射光俯仰角的最小值较小,但仍会产生较大的偏离距离,形成旋转双棱镜的扫描盲区。对"楔平 – 平楔"组合形式和"平楔 – 楔平"组合形式,由于其最小俯仰角为 $0°$,假设出射点在棱镜 2 出射面的中心,则不存在扫描盲区。考虑不同扫描距离的通用性,"平楔 – 平楔"组合形式和"楔平 – 楔平"组合形式不作采用。由于"楔平 – 平楔"组合形式两平面侧之间会发生多次光束反射,形成的折射光会对扫描点产生干扰,本章的旋转双棱镜扫描系统设计主要以"平楔 – 楔平"组合形式为主。

类似地,偏摆双棱镜系统也存在 4 种组合形式:"楔平 – 平楔"、"平楔 – 平楔"、"楔平 – 楔平"及"平楔 – 楔平"。棱镜薄端朝向的不同所导致的仅是扫描点所在的象限不同。由图 2.16 可知,在棱镜的摆角 θ_{t1} 和 θ_{t2} 变化范围为 $-45° \sim$

45°时,偏摆双棱镜扫描系统的出射光张角是非单调变化的。为了便于运动控制,优先选用出射光张角单调变化的情形。当棱镜摆角从0°开始递增时,"平楔－楔平"组合形式可以满足该要求。因此,本章的偏摆双棱镜扫描系统采用了"平楔－楔平"的组合形式,其中棱镜1薄端朝上,棱镜2薄端朝外。

5.2 双棱镜多模式扫描系统运动机构

5.2.1 旋转双棱镜运动机构

运动机构是双棱镜扫描装置的关键组成部分,直接决定光束的扫描模式、扫描速度和扫描精度等性能指标。不同的运动形式在双棱镜扫描系统的空间布置、机构设计和控制要求上存在较大的差异,这是系统设计中需要解决的重要内容。

1. 力矩电动机驱动方式

图5.2所示为Optra公司[2]研制的电动机直接驱动式转动棱镜装置。该装置采用力矩电动机耦合棱镜实现全圆周旋转,优点是两个电动机各自直接驱动棱镜的旋转,速度和转向可以分别控制,扫描精度高,扫描模式丰富,扫描轨迹稳定。但是对于全圆周旋转棱镜来说,力矩电动机直接驱动方式存在力矩波动和齿槽效应等问题,将影响直接驱动的精度;而且用于大型棱镜系统的直接驱动电动机一般需要特殊定制,研制成本也比较高。作者[3]曾提出采用两个力矩电动机分别耦合到双棱镜镜筒上,直接驱动双棱镜旋转,实现折射光束的大范围扫描。

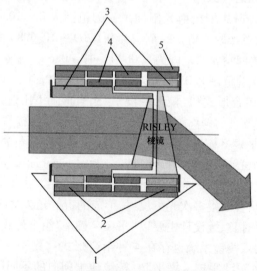

图5.2 力矩电动机直接驱动的转镜装置

1—编码器;2—定子;3—转子;4—轴承;5—镜框。

2. 同步带传动方式

伺服电动机通过张紧带驱动棱镜旋转,具有结构简单,易于布置等优点,同时还便于调节棱镜转速和位置,满足不同场合的扫描要求。如图 5.3 所示为带传动旋转双棱镜扫描装置[4]。采用三相无刷电动机,响应速度快,电动机尺寸小于 40mm^2,峰值扭矩额定值 7.2N·m,而正弦波驱动易于实现平顺工作和高分辨率控制要求。

图 5.3　带传动旋转双棱镜扫描装置

作者团队[5]提出了一种驱动大口径棱镜旋转的同步带驱动装置,具有传动比准确、无滑差等特点,并结合旋转编码器实现反馈调节,可以完成棱镜旋转角度的精密控制。同步带驱动系统具有传动平稳,能吸振,噪声小,布置灵活,结构紧凑等优点。

3. 齿轮传动方式

袁艳等[6]提出了一种齿轮传动式旋转双棱镜扫描装置。该装置利用两组齿轮副啮合传递电动机力矩,分别驱动两个棱镜旋转,其运动速度和运动方向互不干涉。采用直流力矩电动机驱动、直齿圆柱齿轮啮合传动、光学楔镜精密轴系支承以及光学楔镜可靠装夹、定位等技术,易于实现大口径入射光束的高精度扫描。该装置的缺点是沿光轴方向尺寸较大,结构复杂而且不紧凑。

云茂金等[7]提到了齿轮驱动转镜的旋转控制方法,但没有给出详细的结构设计。刘立人等[8]提出采用电动机组配合齿轮传动实现旋转双棱镜的不同运动组合,用来模拟卫星的相对运动。但是给出的电动机组合驱动方案及控制系统较复杂,还存在电动机驱动精度相互影响及空间布置困难等问题。

4. 蜗轮蜗杆传动方式

作者[9]提出了一种实现粗精两级扫描的转动棱镜装置,通过旋转电动机带动蜗轮蜗杆运动机构驱动棱镜及内外镜框总成,实现全圆周旋转。该装置采用蜗轮蜗杆使棱镜绕光轴旋转以实现粗扫描,电动机直接耦合水平转动轴(或垂直转动轴)使棱镜主截面绕水平轴(或垂直轴)偏摆以实现精扫描。作者团队还提出了蜗轮蜗杆传动的旋转双棱镜装置[10]，如图 5.4 所示。蜗轮蜗杆传动方式具有大传动比、结构简单紧凑等优点，但是存在啮合间隙，难以消除回程误差等问题。

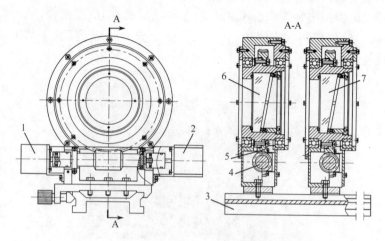

图 5.4　蜗轮蜗杆传动的旋转双棱镜装置

1—编码器;2—步进电动机;3—基座导轨;4—蜗杆;5—蜗轮;6—棱镜 1;7—棱镜 2。

上述几种旋转双棱镜运动机构的特点比较如表 5.3 所列。

表 5.3　几种主要的旋转双棱镜运动机构比较

运动机构	基本传动原理	优点	局限性	适用场合
力矩电动机	力矩电动机直接驱动棱镜旋转	速度、转向分别控制;扫描模式丰富、轨迹稳定	力矩波动和齿槽效应影响精度,大型电动机需定制	小口径、运动连续性和精度要求不高
同步带	伺服电动机通过同步带驱动棱镜旋转	结构简单,便于棱镜转速和位置调节;平稳、吸振、噪声小;传动比准确、无滑差	橡胶老化出现开裂、变形、拉长、断裂等现象	棱镜与驱动分置;不宜在恶劣环境下使用
齿轮	两组齿轮副啮合传递力矩,分别驱动两棱镜旋转	速度、转向分别控制;实现大口径光束的高精度、稳定扫描	沿光轴方向装置尺寸大,结构复杂不紧凑	大口径系统高精度扫描;对装置尺寸限制不大
蜗轮蜗杆	旋转电动机驱动蜗杆、蜗轮,带动棱镜旋转	传动比大、结构简单紧凑	存在啮合间隙,难以消除回程误差	大口径、棱镜无需频繁换向;低速扫描

158

5.2.2 偏摆双棱镜运动机构

偏摆双棱镜运动机构的特点是双棱镜需要往复运动、短行程、变速比,存在回程间隙、运动冲击以及非线性控制等问题。作者团队提出了多种偏摆双棱镜运动机构形式。

1. 步进电动机直接驱动方式

孙建锋等[11]提出采用步进电动机直接耦合转动轴实现光学元件的偏摆,但是没有给出具体的机械结构。采用步进电动机驱动摆动轴的方案中,步进电动机与棱镜摆动轴之间直接耦合,降低了机械传动误差。步进电动机的转角和棱镜的摆角一致,两者间关系简单,结构紧凑。但棱镜摆角分辨率直接受步进电动机步距角分辨率的制约,步进电动机的精度和性能直接影响系统的运行精度。该扫描系统也没有给出偏摆双棱镜转动角度的反馈信息,难以实时修正双棱镜的转角误差。

2. 直线电动机螺杆推进方式

作者[12]提出了一种直线电动机螺杆推进式摆镜机构。图 5.5 为该装置中的直线电动机螺杆推进机构模型,主要由直线步进电动机、电动机螺杆、螺帽、限位螺钉、滑块、底座、摆镜连接板等结构组成。螺帽安装在电动机螺杆的前端,左右两根预紧弹簧使摆镜连接板上的 V 形槽始终与螺帽接触。限位螺钉保证镜框静止时不偏离初始位置。电动机螺杆通过导向架与导轨滑块相连,保证螺杆平稳推进。该机构将电动机的直线运动转化为摆镜的小角度摆动,从原理上提高了控制精度。主要不足在于电动机与棱镜之间运动关系比较复杂,电动机的速度与加速度呈非规律性变化,螺帽与 V 形槽间易产生摩擦与异响等。

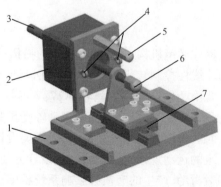

图 5.5　直线电动机螺杆推进式摆镜机构

1—底座;2—直线步进电动机;3—电动机螺杆;4—预紧弹簧挂环;

5—限位螺钉;6—螺帽(顶在 V 形槽上);7—滑块。

3. 双滑块牵连方式

为了克服直线电动机螺杆推进机构中螺帽与 V 形槽间产生的摩擦与异响，作者[13]设计了一种基于双滑块牵连式摆镜机构的偏摆棱镜扫描装置，如图 5.6 所示。

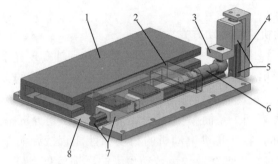

图 5.6 双滑块牵连型摆镜机构
1—直线电动机；2—盖板；3—L 形板；4—镜框连接板；
5—竖直导轨和滑块；6—关节轴承；7—水平导轨和滑块；8—底座。

主要由直线电动机、盖板、水平导轨、水平滑块、关节轴承、竖直导轨、垂直滑块、底座、L 形板、镜框连接板等结构组成。直线电动机动子、盖板及水平滑块间刚性连接，水平滑块在水平导轨上做往复运动，通过关节轴承牵引 L 形板带动竖直滑块在竖直导轨上往复运动。这样，电动机的直线运动经过关节轴承的转换，形成了镜框的偏摆运动。与直线电动机螺杆推进机构相比，该机构将螺帽与 V 形槽间的点接触替换为竖直滑块与导轨间的面接触，减小了摩擦力，改善了零件的工作环境，提高了摆镜机构的工作性能。但与直线电动机螺杆推进机构类似，电动机与摆镜之间运动关系较复杂。同时，滑块与关节轴承间的运动间隙会影响系统的工作精度。

4. 凸轮传动式

图 5.7 为凸轮传动式摆镜机构[14]。针对特定的扫描轨迹，采用凸轮机构驱动方案可以将复杂的非线性控制转化到凸轮的轮廓设计上，提高控制系统的鲁棒性。该摆镜机构主要由凸轮、电动机、涡卷弹簧、V 形带、带轮、镜框连接板等组成。电动机通过同步带驱动凸轮转动，棱镜摆动轴受预紧力作用，使凸轮与镜框连接板保持紧密接触。采用该凸轮传动机构，只需要设计适当的凸轮轮廓，便可精确实现从动件预定的运动规律，且结构紧凑、设计方便。由于凸轮与摆动件之间存在线接触式相对滑动，产生的磨损会影响系统精度，可以考虑在接触点处增加滚轮等措施。

5. 曲柄滑块传动方式

图 5.8 所示为曲柄滑块式摆镜机构[15]。针对多模式的扫描轨迹，曲柄滑块

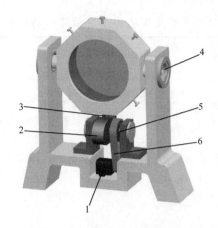

图 5.7　凸轮传动式摆镜机构

1—电动机；2—凸轮；3—镜框连接板；4—涡卷弹簧；5—带轮；6—V 带。

式机构可将摆镜的往复偏摆运动转化为曲轴的连续旋转运动，减小控制的难度，提高控制精度。同时，棱镜主截面调节机构可对棱镜的周向安装进行微调，校正棱镜主截面的位置误差以减小扫描误差。

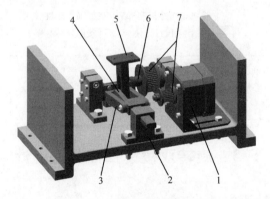

图 5.8　曲柄滑块式摆镜机构

1—电动机；2—水平导轨；3—连杆；4—水平滑块；5—L 形镜框连接块；6—曲轴；7—同步带轮。

　　该机构主要由电动机、曲轴、连杆、水平滑块、水平导轨、同步带、同步带轮、L 形镜框连接块等结构组成。电动机通过同步带传动驱动曲轴、连杆、水平滑块、水平导轨组成的曲柄滑块机构，带动 L 形镜框连接块摆动，从而驱动与 L 形镜框连接块连接的镜框与棱镜摆动。通过曲柄滑块机构，电动机的旋转运动被转换为镜框的摆动运动，降低了对控制精度的要求，同时导轨滑块机构也可以保证导向精确。但是由于导轨与滑块之间是面接触，摩擦作用会对机构精度产生影响。

　　上述几种偏摆双棱镜运动机构的特点比较如表 5.4 所列。

161

表 5.4 几种主要的偏摆双棱镜运动机构比较

运动机构	基本传动原理	优点	局限性	适用场合
步进电动机	步进电动机直接耦合摆动轴	机械传动误差小;摆角易于控制;结构紧凑	对步进电动机精度要求高;易发生振动	高速扫描;运动连续性和精度要求不高
直线电动机螺杆	直线电动机螺杆推进固定在镜框上的连接板摆动	结构简单;控制精度较高	电动机与棱镜摆角呈非线性关系;摩擦与异响	小口径轻型系统;高精度扫描
关节轴承、双滑块导轨	直线电动机驱动水平滑块导轨,通过关节轴承带动竖直滑块导轨,驱动棱镜偏摆	摩擦小,无异响	电动机与棱镜摆角呈非线性关系;环节多、装置大;累积机械误差大	可用于大口径重型系统;扫描精度要求不高
凸轮、同步带	凸轮匀速转动,通过摆杆使镜框连续摆动	简化非线性控制;结构紧凑、设计方便	机械加工难度较大;线接触处易磨损	定常轨迹扫描;小口径轻型系统
曲柄滑块、同步带	电动机通过同步带、曲柄滑块,驱动棱镜摆动	控制精度较高	滑块接触处摩擦大,影响精度	小口径轻型系统

5.3 旋转双棱镜扫描装置设计

5.3.1 设计要求

根据双棱镜多模式扫描性能测试要求,我们先后设计了力矩电动机直接驱动式[3]和蜗轮蜗杆传动式两套旋转双棱镜多模式扫描系统。这里仅介绍蜗轮蜗杆驱动式系统,整套测试系统的方案如图 5.9 所示,具体设计要求如下:

(1) 扫描范围:俯仰角 $\pm 10°$,方位角 $360°$;

(2) 扫描精度:优于 $50\mu rad$;

(3) 双棱镜通光孔径: $D_p = 60mm$;

(4) 棱镜折射率: $n = 1.517$;

(5) 运动形式:蜗轮蜗杆驱动式;

(6) 适用波长范围:$500 \sim 1550nm$(实验为 $\lambda = 650nm$)。

图 5.9　蜗轮蜗杆式旋转双棱镜扫描系统方案图

1—激光器；2—旋转双棱镜；3—四象限探测器；4—二维电控滑台；5—导轨。

5.3.2　机械结构设计

图 5.10(a)所示为旋转双棱镜扫描系统的三维模型,由两个单旋转棱镜系统(图 5.10(b))及导轨等部件组成[10]。单旋转棱镜系统包括机座、轴承挡圈、镜框、楔形棱镜、楔形挡圈、螺纹挡圈、蜗轮、蜗杆、轴承、步进电动机、编码器等部件,大部分的结构件均采用硬铝材料。

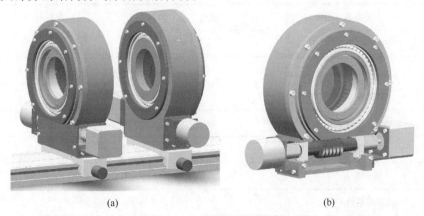

(a)　　　　　　　　　　　　　　　　　(b)

图 5.10　旋转双棱镜扫描装置

(a)旋转双棱镜扫描系统的三维模型；(b)单旋转棱镜扫描系统三维模型。

取棱镜楔角 $\alpha = 10°$,折射率 $n = 1.517$,直径 $D = 80\text{mm}$,有效通光孔径 $D_{\text{p}} =$

60mm,薄端厚度 $d_0 = 5$mm,材料为 K9 玻璃。

本装置的驱动元件是步进电动机。在非超载的情况下,步进电动机的转速和停止的位置只取决于脉冲信号的频率和脉冲数,而不受负载变化的影响,因此可以通过控制脉冲个数来控制角位移量,达到准确定位的目的;同时可以通过控制脉冲频率来控制电动机转动的速度和加速度,达到调速的目的。

旋转双棱镜多模式扫描装置应用于跟踪扫描时,随着目标的移动,步进电动机需要连续启停并且能够准确定位,所以应以步进电动机的定位力矩作为电动机选择的参考量。由于装置无外负载且总体结构较小,电动机需要的转矩很小。电动机的启动转矩应大于理论值的 3～5 倍,本装置所选步进电动机的具体参数如表 5.5 所列。

表 5.5　步进电动机参数

型号	步距角 /(°)	电流 /A	电阻 /Ω	电感 /mH	静力矩 /(N·cm)	定位力矩 /(N·cm)	转动惯量 /(g·cm^2)	机身长 /mm
42HS	1.8	1.3	2.5	5	40	2.2	54	40

本装置采用蜗轮蜗杆驱动。蜗轮蜗杆传动机构的特点是传动比大,零件数少,结构紧凑,可以有效地压缩整套装置的尺寸。在传动过程中,蜗轮蜗杆的冲击载荷较小,传动平稳,且噪声低。当蜗杆的螺旋线升角小于啮合面的当量摩擦角时,蜗杆传动具有自锁性,保证棱镜位置稳定可靠。

用螺钉将蜗轮固定在镜框上,蜗杆蜗轮带动镜框及棱镜旋转。查机械设计标准应用手册,蜗轮蜗杆的各参数如表 5.6 所列,主要几何参数如表 5.7 所列。

表 5.6　蜗轮蜗杆主要参数

主要参数	蜗轮	蜗杆
中心距 a/mm	80	
传动比 i	69	
模数 m/mm	2	
齿数/头数 Z	69	1
变位系数 x_2	−0.100	
齿形角 α	20°	
齿顶高系数 h_a^*	1	
顶隙系数 c^*	0.25	
蜗杆类型	—	渐开线

表 5.7　蜗轮蜗杆主要几何尺寸

几何尺寸	蜗轮	蜗杆
分度圆直径 d/mm	138	22.4
齿根圆直径 d_f/mm	132.6	17.4
齿顶圆直径 d_e(或 d_a)/mm	144	26.4
喉圆直径 d_a/mm	141.6	—
导程角	5°06′08″	
齿高 h/mm	4.5	
齿宽 b/mm	14	—
轴向齿厚 S_x/mm	3.14	

整套装置的实物照片如图 5.11 所示。

图 5.11　旋转双棱镜实物照片

5.3.3　控制系统设计

在旋转双棱镜扫描系统中,运动控制系统控制两个步进电动机驱动两个棱镜旋转,旋转编码器采集棱镜转角数据,对步进电动机的转速和转角进行反馈调节。采用 LCD 显示屏作为系统状态、棱镜转速和转角的显示窗口,设计一系列的按键用作参数输入和设置接口。旋转双棱镜扫描系统控制功能需求如表 5.8所列。

表 5.8　旋转双棱镜系统控制功能需求

序号	功能	需求数量	设计数量	备注
1	24V 数字量输入(编码器)	4	8	4 组备用
2	5V PWM 输出	2	4	2 组备用
3	RS232 通信(程序下载)	1	1	—
4	RS485 通信(联机通信)	1	1	—
5	I2C	1	1	—

(续)

序号	功能	需求数量	设计数量	备注
6	SPI	1	1	—
7	LCD 显示屏（数据显示）	1	1	—
8	LED 指示灯（调试用）	1	1	—
9	蜂鸣器（报警）	1	1	—

设计选用 LPC1114 处理器。该处理器基于 ARM Cortex - M0 内核,是市场上一种经济型 32 位 ARM 处理器,具有高性能和低功耗的特性。LPC1114 片内集成了一个 32KB 的 Flash 存储器系统,支持实时仿真和跟踪,具有一个通用异步串行收发器(UART)、2 个 SSP 控制器、1 个 I2C 总线接口、8 路 10 位 AD 转换器、2 个 32 位定时器、4 个 16 位定时器,最多可使用 42 个 GPIO 口,广泛应用于各种工业控制场合。

图 5.12 所示为采用 LPC1114 的运动控制器总体设计规划。

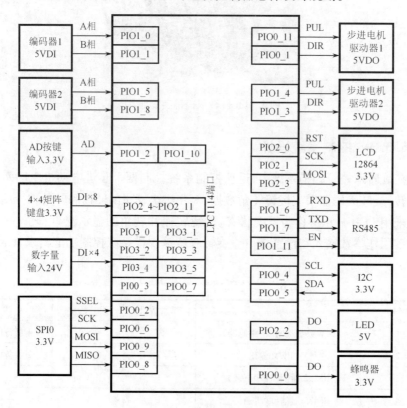

图 5.12　LPC1114 总体设计规划

运动控制器主要包含以下几个部分：

（1）LPC1114 最小系统：包括晶振，上电复位及手动复位电路；

（2）电源电路：将 24V 转换为 5V，将 5V 转换为 3.3V；

（3）24V 数字量输入电路；

（4）5V 数字量及 PWM 输出电路；

（5）RS485 通信电路；

（6）RS232 程序下载接口；

（7）LCD12864 控制接口；

（8）4×4 矩阵键盘控制接口；

（9）I2C 通信接口；

（10）SPI 通信接口。

图 5.13 所示为控制器 PCB 的三维模型图，安装外壳之后的控制器外观如图 5.14 所示。

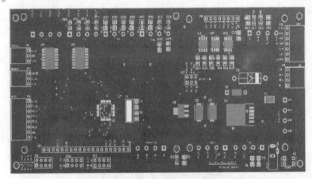

图 5.13 PCB 的三维模型图

图 5.14 控制器外观

驱动控制箱包含 1 个 24V 开关电源，2 个步进电动机驱动器和 1 个运动控制器，如图 5.15 所示。

步进电动机驱动器采用 M542 两相混合式步进电动机驱动器，如图 5.16 所示。它采用直流 18～50V 供电,适合驱动电压 24～50V、电流小于 4. 2A、外径 42 ～86mm 的两相混合式步进电动机。该驱动器采用交流伺服驱动器的电流环进 行细分控制,电动机的转矩波动很小,低速运行很平稳,几乎没有振动和噪声。 高速时力矩也大大高于其他二相驱动器,定位精度高,满足使用要求。

图 5. 15　驱动控制箱

(a)正面外观;(b)内部结构。

图 5. 16　M542 两相混合式步进电机驱动器

5. 3. 4　装配误差分析

对于旋转双棱镜多模式扫描系统,棱镜旋转误差和偏摆误差是影响双棱镜 装配精度的重要误差源,可以归纳为棱镜和轴承的位置倾斜误差[16,17],具体分 析如下:

1. 棱镜位置倾斜引起的指向误差

在旋转双棱镜扫描系统中,棱镜 1 和棱镜 2 的旋转轴线为 Z 轴。但是在棱镜的安装过程中,可能出现绕 Z 轴的旋转角度误差,即棱镜初始位置不在 0°处。通过绕轴线旋转棱镜,可以使棱镜的初始位置回到 0°处,因此不需要分析棱镜绕 Z 轴的旋转角度误差。

为了便于分析棱镜旋转误差,定义轴线 OL:在面 11 内,由平行于 X 轴的向量 $(1,0,0)^T$ 绕 Z 轴逆时针旋转 θ_0 得到,即 OL 是位于 XOY 面且过原点的轴线。假设棱镜绕 OL 旋转,当 OL 与 X 轴重合时,即绕 X 轴旋转;当与 Y 轴重合时,即绕 Y 轴旋转。

轴线 OL 的单位方向向量为 $(u_x,u_y,u_z)^T=(\cos\theta_0,\sin\theta_0,0)^T$。设棱镜主截面绕轴线 OL 逆时针旋转 δ_0,即引入棱镜旋转误差角度 δ_0。当 $\theta_0=0°$ 时,OL 即为 X 轴,此时 δ_0 即为绕 X 轴的倾斜误差;当 $\theta_0=90°$ 时,OL 即为 Y 轴,此时 δ_0 即为绕 Y 轴的倾斜误差。根据 Rodrigues 旋转公式得到棱镜入射面或出射面的法向量旋转矩阵均为 M_P,可表示为

$$M_P=A_p+\cos\delta_0\cdot(I-A_p)+\sin\delta_0\cdot B_p \tag{5.3}$$

式中:I 为 3 阶单位矩阵;A_p,B_p 由式(4.13a)和式(4.13b)给出。

1)棱镜 1 位置倾斜误差

当棱镜 1 存在位置倾斜误差 δ_0,棱镜 2 理想安装时,根据上面的旋转矩阵 M_P 可以得到棱镜面 11、面 12、面 21 和面 22 的法向量 N'_{11}、N'_{12}、N'_{21} 和 N'_{22}。根据矢量折射定理,棱镜 1 的入射光向量为 A_{r0},折射光向量为 A'_{r1},出射光向量为 A'_{r2},棱镜 2 的入射光向量为 A'_{r2},折射光向量为 A'_{r3},出射光向量为 A'_{rf}。

因此,可以算出理论情况下出射光的俯仰角 ρ(参照式(2.11a))和方位角 φ(参照式(2.11b))以及存在位置倾斜误差时的出射光俯仰角 ρ' 和方位角 φ'。

根据以上公式得出旋转双棱镜系统的俯仰角误差 $\Delta\rho$ 和方位角误差 $\Delta\varphi$:

$$\Delta\rho=|\rho'-\rho| \tag{5.4a}$$
$$\Delta\varphi=|\varphi'-\varphi| \tag{5.4b}$$

根据实际的装配条件,设定棱镜 1 位置倾斜误差 $\delta_0=1''$,可以仿真出俯仰角误差 $\Delta\rho$ 和方位角误差 $\Delta\varphi$。图 5.17 所示为俯仰角误差 $\Delta\rho$ 和方位角误差 $\Delta\varphi$ 与轴线 OL 位置角度 θ_0 的关系。从图 5.17 中可以看出,俯仰角误差 $\Delta\rho$ 在 $\theta_0=90°$ 或 270°时,取到最大值 1.34μrad;方位角误差 $\Delta\varphi$ 在 $\theta_0=0°$ 或 180°时,取到最大值 13.89μrad。

2)棱镜 2 位置倾斜误差

当棱镜 2 存在位置倾斜误差 δ_0,棱镜 1 理想安装时,与棱镜 1 存在位置倾斜误差时的分析方法类似。

实际应用中,设定棱镜 2 位置倾斜误差 $\delta_0=1''$,可以仿真出俯仰角误差 $\Delta\rho$ 和方位角误差 $\Delta\varphi$。图 5.18 所示为俯仰角误差 $\Delta\rho$ 和方位角误差 $\Delta\varphi$ 与轴线 OL 位置角度 θ_0 的关系。从图中可以看出,俯仰角误差 $\Delta\rho$ 在 $\theta_0=90°$ 或 270°时,取

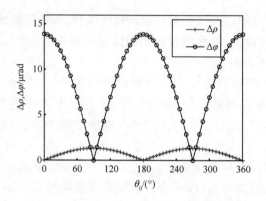

图 5.17 俯仰角误差 $\Delta\rho$ 和方位角误差 $\Delta\varphi$ 与轴线 OL 位置角度 θ_0 的关系(情况 1)

到最大值 0.037μrad;方位角误差 $\Delta\varphi$ 在 $\theta_0 = 0°$ 或 180° 时,取到最大值 0.332μrad。

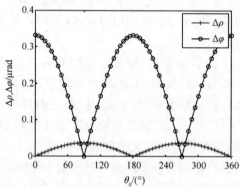

图 5.18 俯仰角误差 $\Delta\rho$ 和方位角误差 $\Delta\varphi$ 与轴线 OL 位置角度 θ_0 的关系(情况 2)

2. 轴承位置倾斜引起的指向误差

棱镜的旋转轴承在安装过程中可能会出现倾斜,其位置倾斜误差大小可以通过轴承中心线的倾斜程度表示。与 4.4 节中偏摆双棱镜的轴承位置倾斜类似,棱镜 1 和棱镜 2 的轴承中心线为 Z 轴,轴承位置倾斜误差可以通过棱镜中心线绕轴线 OL 旋转表示,轴线 OL 的单位方向向量为:$(u_x, u_y, u_z)^T = (\cos\theta_0, \sin\theta_0, 0)^T$。棱镜中心线绕 OL 逆时针旋转 δ_0。因此,根据 Rodrigues 旋转公式得到棱镜入射面或出射面的法向量旋转矩阵均为 M_P,M_P 与上节相同。

为了分别研究棱镜 1 和棱镜 2 的旋转轴承位置倾斜误差对出射光俯仰角和方位角的影响,假设只有一个轴承发生中心线倾斜,另一个轴承装配理想。

1)棱镜 1 轴承位置倾斜误差

当棱镜 1 的轴承存在位置倾斜误差 δ_0,棱镜 2 的轴承理想安装时,与 4.4 节分析方法类似,根据旋转矩阵 $\boldsymbol{M}_P$ 可以得到棱镜面 11、面 12、面 21 和面 22 的法向量 $\boldsymbol{N}'_{11}$、$\boldsymbol{N}'_{12}$、$\boldsymbol{N}'_{21}$ 和 $\boldsymbol{N}'_{22}$。根据矢量折射定理,棱镜 1 入射光向量为 $\boldsymbol{A}_{r0}$,折射光向量为 $\boldsymbol{A}'_{r1}$,出射光向量为 $\boldsymbol{A}'_{r2}$,棱镜 2 入射光向量为 $\boldsymbol{A}'_{r2}$,折射光向量为 $\boldsymbol{A}'_{r3}$,出射光向量为 $\boldsymbol{A}'_{rf}$。

与 4.4 节分析过程类似,求出旋转双棱镜系统的俯仰角误差 $\Delta\rho$ 和方位角误差 $\Delta\varphi$。

根据实际的装配条件,设定棱镜 1 轴承位置倾斜误差 $\delta_0 = 1''$,可以仿真出俯仰角误差 $\Delta\rho$ 和方位角误差 $\Delta\varphi$。图 5.19 所示为俯仰角误差 $\Delta\rho$ 和方位角误差 $\Delta\varphi$ 与轴线 OL 位置角度 θ_0 的关系。从图 5.19 中可以看出,$\Delta\rho$ 在 $\theta_0 = 90°$ 或 270° 时,取到最大值 2.67 μrad;$\Delta\varphi$ 在 $\theta_0 = 0°$ 或 180° 时,取到最大值 27.71 μrad。

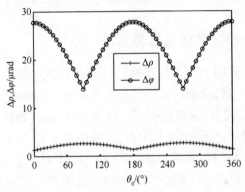

图 5.19　俯仰角误差 $\Delta\rho$ 和方位角误差 $\Delta\varphi$ 与轴线 OL 位置角度 θ_0 的关系(情况 3)

2)棱镜 2 轴承位置倾斜误差

当棱镜 2 的轴承存在位置倾斜误差 δ_0,棱镜 1 的轴承理想安装时,指向误差的分析方法与棱镜 1 的轴承存在位置倾斜误差时的分析方法类似。

实际应用中,设定棱镜 2 轴承位置倾斜误差 $\delta_0 = 1''$,根据双棱镜扫描系统的各个参数,可以仿真出俯仰角误差 $\Delta\rho$ 和方位角误差 $\Delta\varphi$。图 5.20 所示为俯仰角误差 $\Delta\rho$ 和方位角误差 $\Delta\varphi$ 与轴线 OL 位置角度 θ_0 的关系。从图 5.20 中可以看出,$\Delta\rho$ 在 $\theta_0 = 90°$ 或 270° 时,取到最大值 0.074 μrad;$\Delta\varphi$ 在 $\theta_0 = 0°$ 或 180° 时,取到最大值 0.664 μrad。可以看出,与棱镜 2 轴承位置倾斜误差相比,出射光俯仰角误差和方位角误差对棱镜 1 轴承位置倾斜误差更敏感。

当棱镜 1 位置倾斜误差和棱镜 1 轴承位置倾斜误差小于 1″ 时,引起的出射光俯仰角误差和方位角误差都在 30 μrad 内;棱镜 2 位置倾斜误差和棱镜 2 轴承位置倾斜误差对俯仰角和方位角的影响更小,满足扫描装置的设计要求。

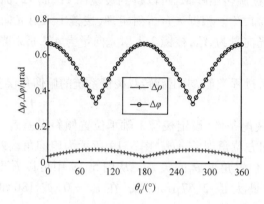

图 5.20　俯仰角误差和方位角误差与轴线 OL 位置角度 θ_0 的关系（情况 4）

5.3.5　光束扫描性质及检测方法

对于该旋转双棱镜扫描系统，双棱镜间距 D_1 必须保持在一定的范围内。参照 2.6.1 节，采用一维搜索的方法可以计算出双棱镜间距 $D_1 = 38 \sim 439\text{mm}$。由 2.7.1 节分析可知，旋转双棱镜扫描中心存在盲区，在有限距离情况下，当 D_1 取 $38 \sim 315\text{mm}$，双棱镜间夹角 $\Delta\theta_r = 180°$ 时，屏幕中心点 O_P 与光束扫描点 P_r 的距离 $|P_r O_P|$ 的最小值唯一。例如，当 D_1 取 100mm 时，$|P_r O_P|_{\min} = 7.1207\text{mm}$，且该最小值不随 D_2 的取值而变化。但是当 D_1 的取值范围为 $316 \sim 439\text{mm}$ 时，$|P_r O_P|$ 的最小值还和 D_2 有关。取 D_1 为 400mm，当 D_2 在 $1 \sim 2.37\text{mm}$ 范围内时，盲区半径 R 的取值范围为 $35.258 \sim 35.268\text{mm}$；当 $D_2 \geqslant 2.37\text{mm}$ 时，$R = 35.268\text{mm}$，且盲区半径不再变化。当两个棱镜以不同的角速度比匀速旋转时，会得到不同的扫描轨迹（参照图 2.26）。经分析可得，在有限距离情况下，当两棱镜以不同的角速度比匀速旋转时，轨迹不再经过原点，出射点的位置对旋转双棱镜系统扫描轨迹的影响不容忽视。

本节采用两套方法分别测量光束扫描角度的变化范围和随机误差。

采用平行光管光源和长焦距观察平行光管测量旋转双棱镜扫描器的光束扫描随机误差[16]。照明平行光管的分划板图案，经双棱镜后成像于观察平行光管的焦面上，双棱镜的转动将相应地产生像的移动。设定一恒定扫描轨迹，在观察平行光管的 CCD 上可以观察到部分光束扫描轨迹，并实现轨迹起伏量的测量。该测试要求观察平行光管有足够高的分辨率和一定大小的视场。

采用平行光管光源和成像系统测量旋转双棱镜的光束扫描角度[16]，采用 CCD 光学系统作为扫描光束接收系统，根据旋转双棱镜的扫描范围，确定 CCD 光学系统的接收视场，转动旋转双棱镜，获取光束扫描角度。

5.4　偏摆双棱镜扫描装置设计

5.4.1　设计要求

这里仅以凸轮驱动式偏摆双棱镜扫描装置为例,具体设计要求如下:

(1) 扫描范围:垂直张角不小于 $6000\mu rad$,水平张角不小于 $3500\mu rad$;

(2) 扫描精度:优于 $1\mu rad$;

(3) 双棱镜通光孔径: $D_p = 60mm$;

(4) 棱镜折射率: $n = 1.517$;

(5) 运动形式:凸轮驱动式;

(6) 使用波长范围: $500 \sim 1550nm$。

5.4.2　棱镜运动规律

取偏摆双棱镜扫描系统的通光孔径 $D_p = 60mm$,楔角 $\alpha = 10°$,折射率 $n = 1.517$,薄端厚度 $d_0 = 10mm$。设双棱镜间距 $D_1 = 150mm$,棱镜 2 出射面中心与屏幕 P 间距 $D_2 = 400mm$,目标扫描轨迹为 $(x + 50.251)^2 + (y + 38.840)^2 = 1$,如图 5.21 所示。令扫描该圆轨迹一周所用时间 $t = 10s$,可求得凸轮转动的角速度为 $\omega_c = 0.2\pi rad/s$,凸轮的转角为 $\delta = \omega_c \times t$[18]。

由查表法[19],根据目标扫描轨迹求得两棱镜的摆角曲线,如图 5.22 所示。

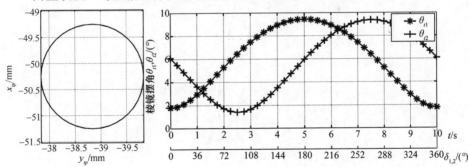

图 5.21　目标扫描轨迹　　　　图 5.22　双棱镜摆角曲线

由图 5.22 可以看出,两棱镜摆角曲线形状相似,幅值相近,仅相位不同。由于初始扫描点处 X 坐标和 Y 坐标不同,两棱镜摆角曲线的初始相位也不同;由于折射作用,出射点偏离棱镜 2 的出射面中心,造成两曲线幅值的微小差异。

5.4.3　凸轮摆动机构

一般地,给定的目标跟踪轨迹所对应的棱镜摆角都是非线性变化的,两个驱动电动机都必须设计复杂的控制策略。如果采用凸轮机构驱动棱镜偏摆,将非线性控制关系转移到对应的凸轮轮廓曲线上,那么凸轮匀速转动便可以实现棱镜的非线性偏摆规律,简化控制过程。

1. 凸轮机构解析法

凸轮机构的设计关键是求解凸轮轮廓曲线。凸轮的轮廓曲线是由从动件的运动规律决定的,即摆杆的角位移、角速度和角加速度随凸轮转角的变化规律。从动件的基本运动规律有等速运动、等加速度运动及简谐运动等。在这里所述的凸轮摆镜机构中,从动件为摆动棱镜,即棱镜运动规律决定了凸轮的轮廓曲线,采用解析法可以根据棱镜运动规律求出凸轮的轮廓曲线[20]。

如图 5.23 所示,凸轮机构的转动中心为 O_c,棱镜摆动中心为 O,OO_c 间距为 D_c,凸轮基圆半径为 r_0。设系统的定坐标系为 XO_cY,O_cX 正方向从 O_c 指向 O,O_cY 正方向为 O_cX 正方向逆时针转动 $90°$,固定于凸轮上的动坐标系为 $X_cO_cY_c$。摆镜与凸轮的切点为 T,凸轮与棱镜间的速度瞬心为 P(过 T 点公法线与 OO_c 的交点)。凸轮转角为 δ,棱镜的摆角为 θ_t。设推程起始点时,棱镜与两中心连线的夹角为 $\angle O_cOT = \theta_{t0} = \arcsin(r_0/D_c)$,其余角 $\angle TO_cO = \delta_0 = \pi/2 - \theta_{t0}$。

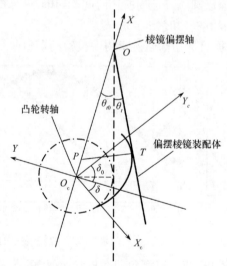

图 5.23　凸轮转角与棱镜摆角间关系示意图

速度瞬心与凸轮中心之间的距离为

$$l_{O_cP} = \frac{D_c |\mathrm{d}\theta_t/\mathrm{d}\delta|}{1 + \mathrm{d}\theta_t/\mathrm{d}\delta} \tag{5.5}$$

切点 T 的坐标为

$$\begin{cases} x_T = x_P + l_{PT}\sin(\theta_t + \delta_0) \\ y_T = -l_{PT}\cos(\theta_t + \delta_0) \end{cases} \tag{5.6}$$

式中：$l_{PT} = (D_c - x_P)\sin(\theta_t + \theta_{t0})$，$x_P$ 为点 P 在定坐标系中的横坐标，当摆杆处于 $\mathrm{d}\theta_t/\mathrm{d}\delta \geq 0$ 推程时，$x_P = l_{O_cP}$；当摆杆处于 $\mathrm{d}\theta_t/\mathrm{d}\delta \leq 0$ 回程时，$x_P = -l_{O_cP}$。

利用定坐标系 XO_cY 与动坐标系 $X_cO_cY_c$ 间的变换关系，可得凸轮轮廓曲线方程式：

$$\begin{cases} x_c = x_T\cos(\delta + \delta_0) - y_T\sin(\delta + \delta_0) \\ y_c = x_T\sin(\delta + \delta_0) + y_T\cos(\delta + \delta_0) \end{cases} \tag{5.7}$$

2. 凸轮轮廓曲线设计

根据公式 $\delta = \omega_c \times t$ 可知，由于凸轮的转动角速度恒定，棱镜摆角与凸轮转角之间的关系曲线也可用图 5.22 中的曲线表示，此处 X 轴表示 $\delta_{1,2}$，δ_1 和 δ_2 分别为棱镜 1 与棱镜 2 的驱动凸轮的转角。

为了定量地建立棱镜的摆角与凸轮的转角之间的运动规律，需要对图 5.22 中的两条棱镜摆角与凸轮转角之间的关系曲线用最小二乘法进行拟合。拟合曲线的通式可表达为

$$\theta_t = C_0 + C_1\delta + C_2\delta^2 + \cdots + C_n\delta^n \tag{5.8a}$$

分别用 5 次、6 次、7 次多项式对棱镜 1 摆角与凸轮转角之间的关系曲线进行拟合，棱镜摆角的拟合值和实际值之间的误差平方和如表 5.9 所列。由表可知，6 次多项式拟合得到的误差平方和远小于 5 次多项式，而与 7 次多项式的结果相近，但 7 次多项式的设计明显更复杂，所以棱镜 1 采用 6 次多项式拟合。同理，棱镜 2 采用 9 次多项式拟合效果更佳。

表 5.9　不同拟合次数结果对比

	拟合多项式次数	误差平方和/rad^2
棱镜 1	5 次	4.447×10^{-5}
	6 次	1.130×10^{-7}
	7 次	1.129×10^{-7}
棱镜 2	8 次	5.426×10^{-6}
	9 次	7.338×10^{-7}
	10 次	7.313×10^{-7}

棱镜 1 的摆角多项式可表达为

$$\theta_{t1} = C_{10} + C_{11}\delta_1 + C_{12}\delta_1^2 + \cdots + C_{16}\delta_1^6 \tag{5.8b}$$

棱镜 2 的摆角多项式可表达为

$$\theta_{t2} = C_{20} + C_{21}\delta_2 + C_{22}\delta_2^2 + \cdots + C_{29}\delta_2^9 \tag{5.8c}$$

175

其中棱镜 1 与棱镜 2 的摆角多项式的各项系数如表 5.10 所列。

表 5.10　棱镜摆角多项式系数表

系数	棱镜 1($i=1$)	棱镜 2($i=2$)
C_{i0}	0.0313	0.1064
C_{i1}	-0.00289	-0.0741
C_{i2}	0.0758	0.0375
C_{i3}	-0.0364	-0.0909
C_{i4}	0.00782	0.0975
C_{i5}	-0.000940	-0.0459
C_{i6}	0.0000499	0.01160
C_{i7}		-0.00166
C_{i8}		0.000128
C_{i9}		-0.00000410

取棱镜转轴与凸轮转轴之间的高度(图 5.23 中 OO_c 之间垂直方向上的距离)为 120mm。一般来说,凸轮的基圆半径是根据压力角不大于许用压力角来计算的,但此处压力角恒为 90°,故基圆半径可参考偏心距和避免结构间的干涉的原则来选取,取基圆半径为 10mm。根据式(5.7)得到的凸轮轮廓曲线如图 5.24 所示。其中,外侧的曲线为凸轮轮廓曲线,内侧曲线为基圆曲线,标记有“＊”号的点为安装时摆镜与凸轮的初始接触点。

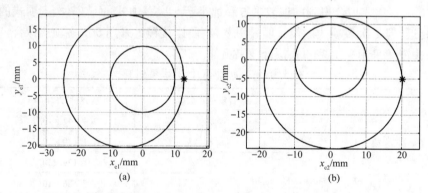

图 5.24　凸轮轮廓曲线
(a)驱动棱镜 1 偏摆的凸轮 1;(b)驱动棱镜 2 偏摆的凸轮 2。

5.4.4　装置结构设计

图 5.25 所示为根据前述凸轮轮廓的理论计算结果设计并加工得到的凸轮。在凸轮运动机构中,从动件与凸轮之间的相对运动会产生摩擦、热和磨损。

176

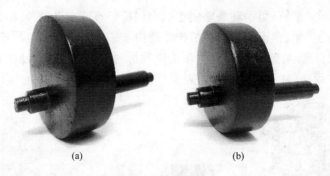

图 5.25　凸轮照片

(a)凸轮 1；(b)凸轮 2。

例如图 5.26(a)所示的顶置式凸轮机构,由于顶杆和凸轮的接触点 P 始终在顶杆的最底端,此处磨损较大,当传动力较大时,添加滚子是一个减小摩擦、热和磨损的好办法。在本例中,如图 5.26(b)所示,采用摆杆凸轮机构驱动棱镜实现偏摆运动,主要原因如下:一方面棱镜总成质量较小(本装置只有 1.224kg),且最大偏摆角仅为 10°,所以传动力 $F = G \cdot \sin\alpha$(G 为重力,F 为作用在凸轮上的正压力)较小,摩擦、热及磨损也较小;另一方面,凸轮与从动件的接触点 P 不断地来回变化,产生的瞬时热很小,这与顶置式凸轮机构有很大的区别。

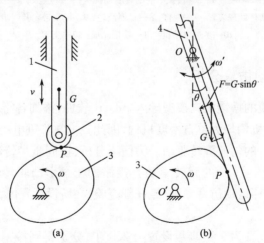

图 5.26　凸轮机构示意图

(a)顶置式凸轮;(b)摆杆凸轮。

1—推杆;2—滚子;3—凸轮;4—摆杆。

图 5.27 所示为偏摆双棱镜扫描装置的三维模型及爆炸视图,包括基座导轨、支架、盘形凸轮摆镜机构、镜框总成、旋转编码器等。基座导轨可以调节双棱镜间距和棱镜 2 与光屏 P 的间距;镜框总成用于固定棱镜,与摆杆一端相连,且

带有主截面调整螺钉,可手动调整使主截面保持竖直或水平;旋转编码器用于实时获取棱镜的转角;盘形凸轮摆镜机构主要由步进电动机、带轮、同步带、盘形凸轮、摆杆、摆杆回程装置等结构组成,步进电动机通过同步带传动驱动盘形凸轮转动,盘形凸轮驱动摆杆摆动,进而实现摆杆、镜框和棱镜在0°~10°范围内的偏摆。

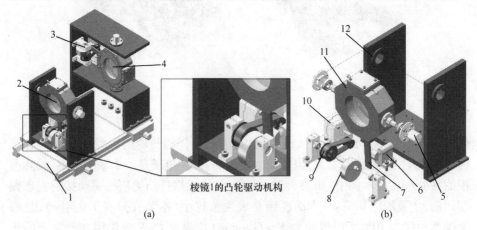

图 5.27　偏摆双棱镜装置

(a)三维模型;(b)爆炸视图。

1—基座导轨;2—棱镜1;3—棱镜2的凸轮驱动机构;4—棱镜2;5—旋转编码器;
6—摆杆回程装置;7—摆杆;8—盘形凸轮;9—同步带轮及同步带;
10—步进电动机;11—镜框总成;12—支架。

5.4.5　运动仿真分析

分别将两棱镜的摆镜机构模型导入 Adams 软件,添加各零件间的约束及运动副,由于两摆镜机构均为单自由度机构,因此只需在步进电动机转轴处添加一个速度为36(°)/s 的匀速旋转驱动。为便于分析,设同步带传动的传动比为1,于是可将转速为36(°)/s 的旋转驱动直接添加于盘形凸轮转轴处。仿真过程中,可以查看并保存运动仿真动画,经仔细查验,在所设行程内,本装置无零件之间的物理干涉。

将仿真时间设置为20s,步数设置为200 步,分别得到棱镜1 和棱镜2 的转角、角速度、角加速度如图 5.28 所示。

由图5.28 可知:

(1)棱镜1 的最大摆角为9.4346°,最小摆角为1.7890°;棱镜2 的最大摆角为9.3553°,最小摆角为1.4141°,仿真结果与5.4.2节的计算结果基本一致。

(2)棱镜1 角速度绝对值的最大值为2.4276(°)/s,棱镜2 角速度绝对值的最大值为2.5065(°)/s,而凸轮转速为36(°)/s,说明该传动机构有一定的减

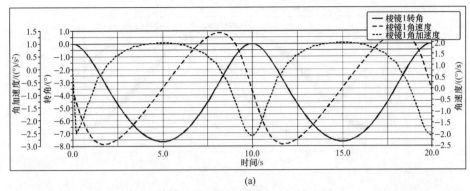

(a)

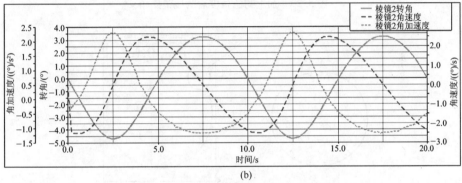

(b)

图 5.28　仿真得到的棱镜角度、角速度及角加速度曲线

(a)棱镜 1；(b)棱镜 2。

﹡注：棱镜 1 的初始角度应为 1.789°，棱镜 2 的初始角度应为 6.088°，但仿真时均将初始角度当作 0°，因此，图 5.28 中显示的角度应分别加上 1.789°和 6.088°才是两棱镜的实际转角。

速比。

（3）棱镜的角速度和角加速度均没有突变，该传动机构体现出较好的运动平顺性。

5.4.6　扫描误差分析

图 5.29 所示为加上初始角度后的双棱镜摆角图，图 5.30 中右图为仿真扫描轨迹与原目标轨迹的对比，由图可知两轨迹几乎重合，图中标记"＋"处为误差最大位置。图 5.30 中左图为最大扫描误差处的放大图，该最大误差值为 0.0075mm，而原目标轨迹圆直径为 2mm，最大误差仅相当于原目标轨迹尺寸的 0.375%。可见，所设计的偏摆双棱镜扫描装置具有较高的精度。

扫描误差主要来自：

（1）建立查找表时，选取 $\theta_{tre} = 0.004°$ 为步长建立大小为 2501×2501 的查找表。由原目标轨迹逆向推导棱镜摆角时，是直接在查找表中选取离采样点最

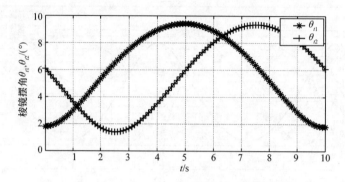

图 5.29　加上初始角度后的棱镜摆角

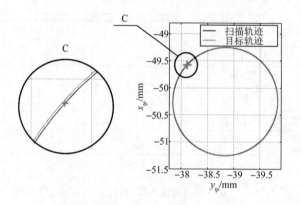

图 5.30　扫描轨迹与扫描误差放大图

近的点所对应的摆角,而非采样点理论上对应的棱镜摆角,因此存在误差。

（2）求导棱镜摆角与凸轮转角的函数关系时,采取多项式拟合的方法,拟合过程会带来误差。

（3）多项式拟合使得凸轮轮廓上点的坐标并不闭合。将轮廓点中最后一点用第一点代替来使轮廓曲线闭合,给凸轮设计带来误差。

5.4.7　扫描速度对扫描轨迹的影响

为了探讨凸轮 1 和凸轮 2 的扫描速度对扫描轨迹的影响,令凸轮 1 的转速 ω_{c1} 保持不变,将凸轮 2 的转速 ω_{c2} 分别设置为 $\omega_{c2} = \omega_{c1}$、$\omega_{c2} = 2\omega_{c1}$、$\omega_{c2} = 3\omega_{c1}$、$\omega_{c2} = -\omega_{c1}$、$\omega_{c2} = -2\omega_{c1}$ 及 $\omega_{c2} = -3\omega_{c1}$。将这 6 种速比下所得的扫描轨迹分为 3 组进行对比分析,分别如图 5.31、图 5.32 和图 5.33 所示,3 张图中虚线为转速同向时的扫描轨迹,实线为转速反向时的扫描轨迹,分析得出如下结论:

（1）对比 3 张图中的虚线和实线,最大误差分别为 0.0244mm、0.0344mm 及 0.0300mm,可知虚线与实线基本重合,故凸轮 2 正转或者反转,对于扫描轨

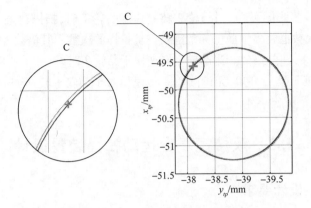

图 5.31　$\omega_{c2} = \omega_{c1}$、$\omega_{c2} = -\omega_{c1}$ 时的扫描轨迹

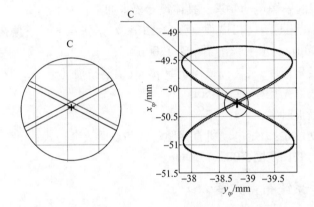

图 5.32　$\omega_{c2} = 2\omega_{c1}$、$\omega_{c2} = -2\omega_{c1}$ 时的扫描轨迹

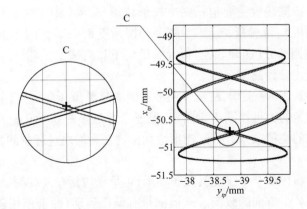

图 5.33　$\omega_{c2} = 3\omega_{c1}$、$\omega_{c2} = -3\omega_{c1}$ 时的扫描轨迹

迹的形状影响不大。由于凸轮的对称性,即使两凸轮转速不同,扫描轨迹仍然基本成中心对称。

（2）比较 3 张图可知，当凸轮 2 转速快于凸轮 1 时，扫描轨迹纵坐标范围被完整扫描的次数也要多于横坐标范围被完整扫描的次数。其倍数等于凸轮 2 转速相对于凸轮 1 转速的倍数。当凸轮 1 转速快于凸轮 2 时，也可得到相似的结论。

（3）比较 3 张图可知，无论凸轮 2 转速相对于凸轮 1 转速如何变化，扫描点的横、纵坐标范围仍然不变。

5.5 双棱镜复合运动扫描装置设计

5.5.1 设计要求

在双棱镜复合运动扫描装置中，单个棱镜既能实现 0°~360° 的旋转运动，又能满足 0°~5° 的偏摆运动要求。具体设计要求如下：

（1）扫描范围：旋转扫描垂直张角 ±10°、水平张角 ±10°；偏摆扫描垂直张角不小于 2500μrad、水平张角不小于 1200μrad；

（2）偏转角精度：旋转扫描优于 50μrad；偏摆扫描优于 1μrad；

（3）有效通光孔径：$D_p = 450mm$；

（4）棱镜折射率：$n = 1.517$；

（5）运动形式：力矩电动机直接驱动式和双滑块牵连式；

（6）适用波长范围：500~1550nm。

5.5.2 系统布置方案

在该方案设计中，除了考虑复合运动需要满足的指标要求，还需要考虑机构嵌套的特性。扫描装置主要包括两个楔形棱镜、驱动机构（两个力矩电动机和两个直线电动机）、位置反馈元件（两个偏摆角度编码器和两个旋转角度编码器）、计算机控制部分（四轴联控）以及其他电子和机械支撑部分。图 5.34 所示为单棱镜的结构设计简图。

棱镜材料选用 K9 玻璃，棱镜轴向平面侧通过圆形压环压紧固定，楔面侧通过具有相同楔角的楔形挡圈压紧固定，保证具有足够的通光孔径。为了避免因受力不均造成的棱镜破损，压环、楔形块和棱镜之间均通过特制的尼龙材质塑料螺钉头隔开。

内镜框上布置两个十字交叉滚子轴承，可承受包括径向载荷、轴向载荷和冲击载荷在内的各个方向的载荷。外镜框只有偏摆运动，冲击作用较小。在水平偏摆轴上可以使用一对高精度的角接触球轴承，布置方式为一端固定一端游隙；垂直偏摆轴上需要考虑一定的轴向负荷，采用交叉滚子轴承。

棱镜的旋转运动和偏摆运动均配备高精度角度编码器作为实时反馈元件。

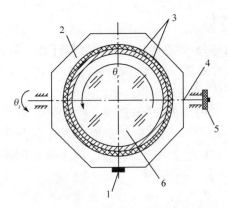

图 5.34 单棱镜结构设计简图

1—直线电动机；2—外镜框部分；3—力矩电动机；

4—转动轴；5—角度编码器；6—棱镜及内镜框部分。

旋转运动编码器布置在内镜框上，偏摆运动编码器布置在外镜框偏摆轴上。编码器均自带读数头和零点标记，并配备 PC 计数卡和驱动软件。

图 5.35 所示为控制系统组成。控制系统采用四轴联控方案，工业 PC 通过 USB 与逻辑/运动控制器通信，控制器配有扩展 I/O 口。旋转轴 1 和 2（力矩电动机）与偏摆轴 1 和 2（直线电动机）的驱动器与相应的电动机接口连接。旋转轴 1 和 2 连接到独立伺服轴通道，控制器可以实现基于时间的任意轨迹运动。

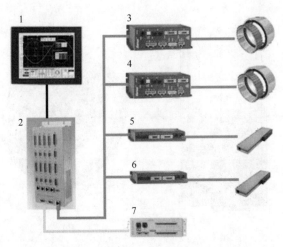

图 5.35 控制系统

1—工业 PC；2—逻辑/运动控制器；3—旋转轴 1；4—旋转轴 2；

5—偏摆轴 1；6—偏摆轴 2；7—扩展 I/O。

5.5.3 重心分析

重心分析包括两部分:重心调整和转动惯量计算。重心调整主要是因为棱镜质量不均使旋转组件的重心偏离光轴中心。转动惯量主要用于计算旋转和偏摆驱动所需要的力矩值,作为电动机选型的参考。

重心调整主要针对内镜框、棱镜和楔形垫片等旋转组件。使用 Solidworks 三维软件对其进行实体建模,设定棱镜平面侧圆心点为原心,光轴方向为 Z 轴方向。定义各个部件的材质参数,分析质量特性,得到旋转组件质量、体积、表面积和重心坐标参数,如表 5.11 所列。

表 5.11　旋转组件质量特性分析

总质量/kg		200.79	
体积/mm³		3.85×10^7	
表面积/mm²		2.27×10^6	
重心坐标/mm	X	Y	Z
	0	0.913	34.88

由于楔形垫块的作用,旋转组件重心在 Y 方向上仅有 0.913mm 的偏移。为了尽可能地缩小这种偏移,在镜筒的顶端(Y 轴正方向)旋转切除一宽 20mm(Z 向)、深 16mm(Y 向)且关于主截面左右对称的 45°圆弧槽,调整后的镜框和旋转组件如图 5.36 所示。调整后重心 Y 向坐标为 6.45×10^{-3} mm,整体质量为 199.21kg。

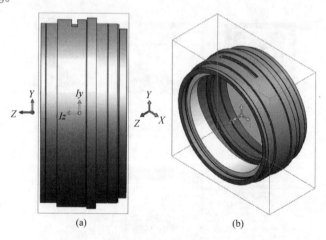

图 5.36　调整后的镜框和旋转组件
(a)侧视图;(b)等轴侧视图。

转动惯量计算包括旋转组件的转动惯量 J_r 和偏摆组件的转动惯量 J_t。旋转组件各部件参数如表 5.12 所列。

表 5.12　旋转组件各部件参数

	镜筒	镜片	楔形块
体积/mm³	1.71×10^7	1.91×10^7	2.14×10^9
密度/(kg/mm³)	7.85×10^{-6}	2.53×10^{-6}	7.85×10^{-6}
曲面面积/mm²	1.40×10^6	6.18×10^5	2.63×10^5
质量/kg	135.11	48.32	16.78

计算得旋转组件相对于整体坐标系的惯性张量(单位:kg·m²)为

$$\boldsymbol{I}_r = \begin{bmatrix} I_{XX} & I_{XY} & I_{XZ} \\ I_{YX} & I_{YY} & I_{YZ} \\ I_{ZX} & I_{ZY} & I_{ZZ} \end{bmatrix} = \begin{bmatrix} 8.24 & 0 & 0 \\ 0 & 8.29 & 0.01 \\ 0 & 0.01 & 14.28 \end{bmatrix} \quad (5.9)$$

旋转组件绕 Z 轴旋转运动,转动惯量为 $J_r = I_{ZZ} = 14.28 \text{kg·m}^2$。根据使用场合要求,旋转扫描装置需要快速的初始响应和稳定持续的输出响应,棱镜旋转加速度可达到 $\beta_r = 9.42 \text{rad/s}^2$,旋转组件选用的力矩电动机力矩值需大于 134.52N·m。

偏摆组件为外镜框及其内部所有部件。由于在建模时,对有些部件做了适当简化,在此仅对偏摆转动惯量作近似计算。质量特性分析结果如表 5.13 所列。同样,可得偏摆组件相对于整体坐标系的惯性张量(单位:kg·m²)为

$$\boldsymbol{I}_t = \begin{bmatrix} I'_{XX} & I'_{XY} & I'_{XZ} \\ I'_{YX} & I'_{YY} & I'_{YZ} \\ I'_{ZX} & I'_{ZY} & I'_{ZZ} \end{bmatrix} = \begin{bmatrix} 73.11 & -0.47 & -0.02 \\ -0.47 & 78.20 & -0.01 \\ -0.02 & -0.01 & 137.85 \end{bmatrix} \quad (5.10)$$

表 5.13　偏摆组件质量特性分析

总质量/kg	863		
体积/mm³	1.87×10^8		
表面积/mm²	1.23×10^7		
重心坐标/mm	X	Y	Z
	-0.72	-0.005	35.21

偏摆组件绕 X 轴偏摆运动,转动惯量为 $J_t = I'_{XX} = 73.11 \text{kg·m}^2$。根据不同的使用要求,棱镜偏摆的瞬时加速度可达到 $\beta_t = 0.0872 \text{rad/s}^2$。本装置直线电动机的力臂为 0.525m,据此可知偏摆组件选用的直线电动机推力值需大于 12.143N。

5.5.4　驱动机构设计

驱动机构需要具有响应迅速和平稳可靠的特点,棱镜启动时的最大加速度

达 9.42rad/s²,稳定时棱镜最大旋转速度达 9.42rad/s。因此旋转扫描系统的驱动机构采用力矩电动机加反馈控制的方案。力矩电动机具有低转速、大扭矩、过载能力强、响应快、特性线性度好和力矩波动小等特点,可直接驱动负载,省去减速传动齿轮,提高了系统的运行精度。旋转扫描系统的设计方案如图 5.37 所示,电动机转子镶嵌在内镜框上,定子固定在外镜框上。电动机的主要参数如表 5.14 所列。

表 5.14　力矩电动机主要参数

供电电压/V	340	连续堵转电流/A	6
连续堵转力矩/(N·m)	180	峰值堵转电流/A	36
两项串联电枢电阻/Ω	8.5	电感/mH	29
最高空载转速/(r/min)	95	转动惯量/(kg·m²)	2.4

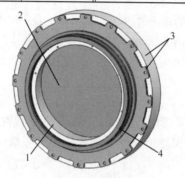

图 5.37　旋转运动方案
1—楔形垫片;2—棱镜;3—力矩电动机;4—内镜框。

偏摆驱动机构采用双滑块牵连式方案,总成如图 5.38 所示,通过关节轴承将直线电动机的水平位移转化为镜框连接板的角度偏移。水平导轨滑块和垂直导轨滑块能够实现 100mm 的有效行程;关节轴承具有自调心、自润滑、安装拆卸方便、机构简化等优点,适用于低速、重载、免加油润滑的机构,轴承内环具有最大 ±10° 的偏转运动范围;底座上还布置有与水平导轨平行的光栅尺,可以精确定位直线电动机动子;直线电动机在动子的两端运动极限位置都配备有限位块。

电动机选用无铁芯直线电动机,它施力部件的质量小于铁芯电动机,能够产生很大的加速度,整体动态性能好,使用寿命长,满负载率低,且整体尺寸小,适用于高精度、小行程的运动场合。直线电动机如图 5.39 所示,主要参数如表5.15 所列。直线电动机行程为 75mm,为能够实现棱镜 −1°~5° 的偏摆角度,需要在导轨上为极限位置(0° 和 5° 位置)设置标记,并在底座上设置相应的限位件。

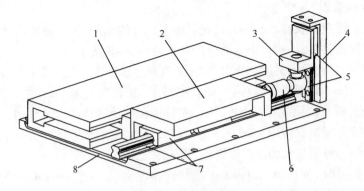

图 5.38 偏摆机构总成

1—直线电动机;2—盖板;3—L形板;4—镜框连接板;
5—垂直导轨和滑块;6—关节轴承;7—水平导轨和滑块;8—底座。

图 5.39 直线电动机定子与动子

表 5.15 直线电动机主要参数

峰值推力/N	60	推力常数/$(V \cdot A^{-1})$	15.28
持续推力/N	20	反电动势/$(V \cdot m^{-1} \cdot s^{-1})$	8.82
峰值功率/W	180	电动机常数/$(N \cdot W^{-1})$	5.65
额定功率/W	20	相间电感/mH	1.51
峰值电流/A	4.8	相间电阻/Ω	4.8
持续电流/A	1.6		

5.5.5 运动仿真分析

在双棱镜扫描运动过程中,由于棱镜楔面的存在及运动情况的特殊性(旋转和偏摆运动集成),需使用多体动力学软件 Adams 对棱镜上任意点进行运动分析,讨论其运动速度、加速度与位移。采用简化分析模型,对棱镜、内镜框和外镜框进行建模(因为仅考虑棱镜上点的运动,故内镜框和外镜框仅使用简化模型),分析步骤如下：

通过三维建模软件 Solidworks,建立如上尺寸的模型,装配后导入 Adams,定义各个部件的材质及外形,得到的整体效果如图 5.40 所示。

添加约束,包括定义运动副和添加驱动力。运动副包括:镜片 1 与内框 1、镜片 2 与内框 2 分别添加旋转副 join1 和 join2,旋转副的 marker 点定义在两框的 cm 点上,释放棱镜旋转自由度,用于实现棱镜的旋转运动;内镜框 1、内镜框 2 分别于外镜框添加旋转副 join3 和 join4,释放镜框的旋转自由度,用于实现棱镜的偏摆运动。外框与地面添加固定副,用于固定装置。

旋转扫描时,在 join1 和 join2 上添加旋转驱动,定义旋转速度为 36(°)/s,仿真时间设置为 5s,可以实现棱镜 0°~180°的旋转运动;偏摆扫描时,在 join3 和 join4 上添加偏摆驱动,定义偏摆速度为 1(°)/s。仿真时间设置为 5s,可以实现棱镜 0°~5°的偏摆运动。约束添加后的整体效果如图 5.41 所示。

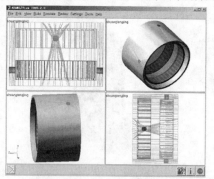

图 5.40　Adams 中的整体效果图　　　图 5.41　Adams 中添加约束后效果图

选取棱镜 1 薄端上的点 a,对其在旋转、偏摆和复合运动 3 种形式下的位移、速度和加速度变化情况进行分析。图 5.42 至图 5.50 给出了分析结果。

如图 5.42 至图 5.44 所示,当棱镜只有旋转运动时,a 点在 Z 向没有位移变化,相应的速度和加速度都为 0。由于棱镜楔角的存在,a 点在 X 方向和 Y 方向的位移、速度和加速度都有变化。由以上分析可知,a 点关于 X、Y 轴的运动速度最大值都发生 a 点运动到坐标值为 0 的时刻,最小值都发生在 a 点运动到坐标值最大的时刻,即棱镜薄端运动到 X 轴(Y 轴)负方向时关于 Y 轴(X 轴)的运动速度最大,薄端运动到 X 轴(Y 轴)正方向时关于 Y 轴(X 轴)的运动速度最小;同样,X 方向和 Y 方向的加速度最大值都发生在运动速度最小的时刻,最小值都发生在运动速度最大的时刻。

图 5.45 至图 5.47 为偏摆运动下的分析结果。棱镜只有偏摆运动时,a 点所在棱镜的主截面为 YOZ,在 X 方向上的位移不变,速度和加速度都为 0;由于棱镜直径大、偏摆角度小,所以 a 点在 Z 方向上的位移变化接近于一条直线,相

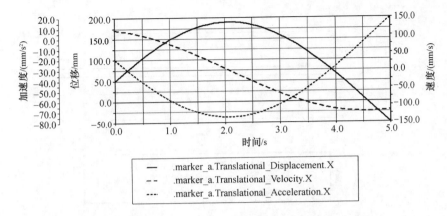

图 5.42　旋转运动时 a 点在 X 轴方向的位移、速度与加速度

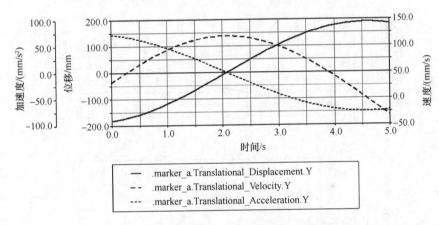

图 5.43　旋转运动时 a 点在 Y 轴方向的位移、速度与加速度

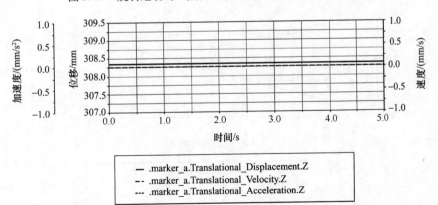

图 5.44　旋转运动时 a 点在 Z 轴方向的位移、速度与加速度

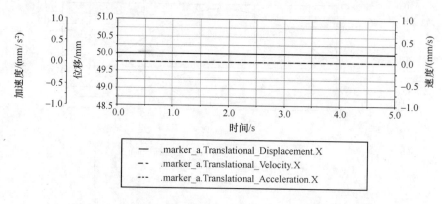

图 5.45　偏摆运动时 a 点在 X 轴方向的位移、速度与加速度

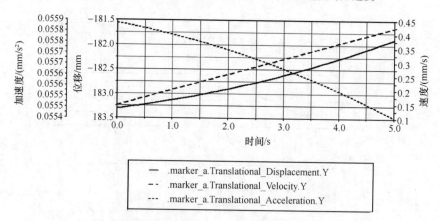

图 5.46　偏摆运动时 a 点在 Y 轴方向的位移、速度与加速度

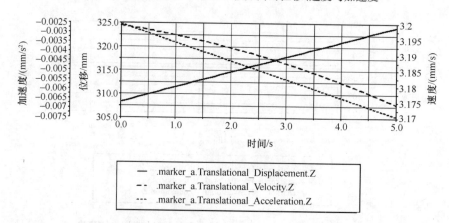

图 5.47　偏摆运动时 a 点在 Z 轴方向的位移、速度与加速度

应的速度和加速度变化也很小;a 点在 Y 方向的偏摆速度随着偏摆角的增大而增大,偏摆加速度则随之减小。

图 5.48 至图 5.50 为旋转偏摆复合运动下的分析结果。a 点关于 X、Y 轴的运动速度最大值都发生 a 点运动到坐标值为 0 的时刻,最小值都发生在 a 点运动到坐标值最大的时刻,即棱镜薄端运动到 X 轴(Y 轴)负方向时关于 Y 轴(X 轴)的运动速度最大,薄端运动到 X 轴(Y 轴)正方向时关于 Y 轴(X 轴)的运动速度最小;同样地,X 方向和 Y 方向的加速度最大值都发生在运动速度最小的时刻,最小值都发生在运动速度最大的时刻;Z 方向的运动速度随着偏摆角度的加大而加大,加速度在运动 3s 时(此时偏摆 3°)最大,0s 时(此时偏摆 0°)最小。

5.5.6　扫描误差分析

误差分析包括系统误差和随机误差两个方面。系统误差包括棱镜的楔角加工误差、折射率误差及两棱镜主截面的垂直度误差等;随机误差主要有棱镜旋转或偏摆角度的偏差造成的光束偏转误差。

1. 旋转扫描误差分析

设两棱镜绕 Z 轴同速旋转,即 $\Delta\theta_r = \theta_{r2} - \theta_{r1} = 0$。由 2.3.1 节出射光的矢量公式可得出射光的俯仰角为

$$\rho = \arccos(\cos\delta_2\cos\delta_1 - \sin\delta_2\sin\delta_1) = \delta_1 + \delta_2 \tag{5.11}$$

式中:ρ 为出射光的俯仰角;δ_1、δ_2 分别为光束经过棱镜 1 和棱镜 2 的偏转角。

由前述分析可知,δ_1 仅与棱镜楔角 α 和折射率 n 相关,δ_2 则与棱镜楔角 α、折射率 n 以及双棱镜间夹角 $\Delta\theta_r$ 相关。当两棱镜零夹角同速旋转时,出射光的俯仰角取最大值,等于光束经过两棱镜所产生的偏转角之和,据此可计算出俯仰角 $\rho = 10°30'$。棱镜转角与光束偏转角之间存在约 18:1 的减速比,能够降低对棱镜旋转机构的精度要求,这对于实现高精度跟踪扫描具有重要意义。

考虑棱镜转角误差时,取双棱镜间夹角 $\Delta\theta_r$ 的误差为 $\mathrm{d}\Delta\theta_r$,此时 $\mathrm{d}\Delta\theta_r$ 的值很小,出射光束的俯仰角仍可近似使用式(5.11)求解,且 δ_1 与棱镜转角无关。通过微分方法得到出射光俯仰角的全微分为

$$\mathrm{d}\rho = \frac{\partial\delta_1 + \partial\delta_2}{\partial\alpha}\mathrm{d}\alpha + \frac{\partial\delta_1 + \partial\delta_2}{\partial n}\mathrm{d}n + \frac{\partial\delta_2}{\partial\Delta\theta_r}\mathrm{d}\Delta\theta_r \tag{5.12}$$

式中:$\mathrm{d}n$ 为棱镜的折射率误差;$\mathrm{d}\alpha$ 为两棱镜的楔角误差。

表 5.16 所列为旋转扫描系统的误差分析结果,可知棱镜楔角误差对出射光俯仰角的影响较大。

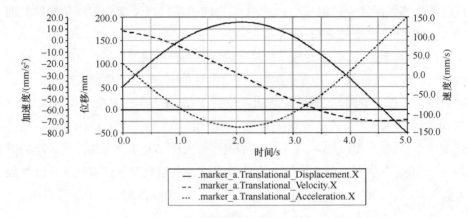

图 5.48　复合运动时 a 点在 X 轴方向的位移、速度与加速度

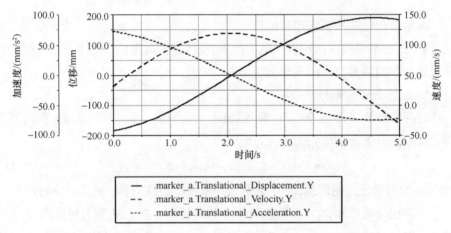

图 5.49　复合运动时 a 点在 Y 轴方向的位移、速度与加速度

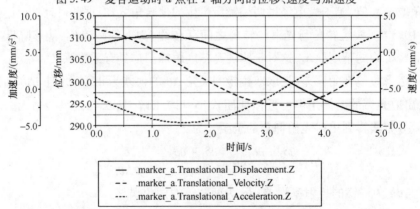

图 5.50　复合运动时 a 点在 Z 轴方向的位移、速度与加速度

表 5.16 旋转扫描系统误差分析

系统误差	$dn = 1 \times 10^{-6}$	$d\alpha = 1''$
$d\rho/\mu rad$	0.4311	2.259

对于旋转扫描装置,光束扫描误差优于 $50\mu rad$,按照棱镜旋转角和光束偏摆角约 18∶1 的比例关系,棱镜旋转的机械误差要求为优于 $900\mu rad$,也就是说,对于旋转运动的机械装置和控制系统的综合精度要优于 185.73″。

2. 偏摆扫描误差分析

偏摆扫描系统由两个偏摆棱镜组成,如图 2.7 所示,第一个棱镜绕 Y 轴偏摆,第二个棱镜绕 X 轴偏摆。为了便于计算,设定入射光向量 $A_0 = (x_0, y_0, z_0)^T$ $= (0, 0, 1)^T$,出射光向量 $A_f = (x_f, y_f, z_f)^T$,由式(2.15)可推知,出射光俯仰角为

$$\rho = \arccos(x_0 x_f + y_0 y_f + z_0 z_f) = \arccos(z_f) = \arccos[\sin\beta_{t2}\cos(\gamma_{t2} - \delta_2)]$$

$$(5.13)$$

式中:$\beta_{t2} = \arccos[\cot(-\delta_1)]$ 为棱镜 1 出射光向量 A_2 与 X 轴正方向的夹角;$\gamma_{t2} = 0$ 为 A_2 在 YOZ 平面内的投影与 Z 轴正方向的夹角;δ_1 为光束经过棱镜 1 的偏转角;δ_2 表示光束经过棱镜 2 的偏转角。

由图 2.16 可知,出射光垂直方向的误差主要和棱镜 1 的摆角 θ_{t1} 有关,水平方向的误差主要和棱镜 2 偏摆角 θ_{t2} 有关。考虑折射率误差 dn 及楔角误差 $d\alpha$,出射光俯仰角的全微分可表示为

$$d\rho = \frac{\partial \rho}{\partial \delta_1}\left(\frac{\partial \delta_1}{\partial \theta_{t1}}d\theta_{t1} + \frac{\partial \delta_1}{\partial \alpha}d\alpha + \frac{\partial \delta_1}{\partial n}dn\right) + \frac{\partial \rho}{\partial \delta_2}\left(\frac{\partial \delta_2}{\partial \theta_{t2}}d\theta_{t2} + \frac{\partial \delta_2}{\partial \alpha}d\alpha + \frac{\partial \delta_2}{\partial n}dn\right) (5.14)$$

式中:$\frac{\partial \rho}{\partial \delta_1} = -\frac{\partial \beta_{t2}}{\partial \delta_1} = \frac{1}{\sqrt{1 - \cot(\delta_1)^2}}$;$\frac{\partial \rho}{\partial \delta_2} = 1$。

根据以上公式,对偏摆扫描的系统误差和随机误差分别进行计算。特别地,偏摆扫描还存在由两棱镜主截面垂直度造成的定位误差,在此定义为 $d\tau$。计算时,将此误差等效到入射光的偏差中,计算方法同上。装置装配调整时,需要对两棱镜的主截面角度进行校核。表 5.17 所列为偏摆扫描的系统误差分析结果。

表 5.17 偏摆扫描系统误差分析

系统误差	$dn = 1 \times 10^{-6}$	$d\alpha = 1''$	$d\tau = 1''$
$d\rho/\mu rad$	0.258	3.844	0.332

图 5.51 所示为俯仰角变化率与棱镜折射率 n 及楔角 α 的关系。当折射率在 $1.5 \sim 1.6$ 范围内变化时,光束俯仰角变化率 $d\rho/dn$ 最大值为 $0.2593\mu rad$,最小值为 $0.2578\mu rad$,折射率越高,对应的俯仰角误差越大。折射率 $n = 1.517$,折射率误差为 1×10^{-6} 时,光束俯仰角误差为 $0.258\mu rad$。俯仰角误差随着棱镜楔

角的增大而增大,棱镜楔角为 $\alpha = 10°$,楔角误差为 $1''$ 时,光束俯仰角误差为 $3.844\mu\mathrm{rad}$。

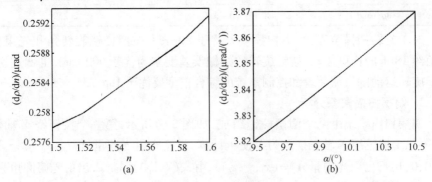

图 5.51　俯仰角变化率与棱镜物理参数 n、α 的关系

(a)折射率 n;(b)楔角 α。

图 5.52 所示为俯仰角变化率与两棱镜摆角 θ_{t1} 和 θ_{t2} 的关系,当棱镜 1 的摆角在 $0° \sim 5°$ 范围内变化时,俯仰角变化率 $\mathrm{d}\rho/\mathrm{d}\theta_{t1}$ 的最大值为 0.0262,即 $0.1276\mu\mathrm{rad}/('')$($\theta_{t1} = 5°$时),最小值为 0.0150,即 $0.0726\mu\mathrm{rad}/('')$($\theta_{t1} = 0°$时),平均值为 $0.1001\mu\mathrm{rad}/('')$;当棱镜 2 的摆角在 $0° \sim 5°$ 范围内变化时,俯仰角变化率 $\mathrm{d}\rho/\mathrm{d}\theta_{t2}$ 的最大值为 0.0138,即 $0.0678\mu\mathrm{rad}/('')$($\theta_{t2} = 5°$时),最小值为 0.0045,即 $0.0216\mu\mathrm{rad}/('')$($\theta_{t2} = 0°$时),平均值为 $0.0447\mu\mathrm{rad}/('')$。棱镜 1 的摆角相对光束俯仰角的平均比例因子为 $48:1$;棱镜 2 的摆角相对光束俯仰角的平均比例因子为 $108:1$。

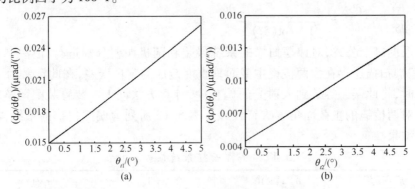

图 5.52　俯仰角变化率与两棱镜摆角 θ_{t1}、θ_{t2} 的关系

(a)θ_{t1};(b)θ_{t2}。

本装置的偏转角精度要优于 $1\mu\mathrm{rad}$。对于棱镜 1,俯仰角变化率最大值为 $0.1276\mu\mathrm{rad}/('')$,因此棱镜 1 的偏摆精度要优于 $7.840''$。对于棱镜 2,俯仰角变化率最大值为 $0.0678\mu\mathrm{rad}/('')$,故棱镜 2 的偏摆精度要优于 $14.749''$。也就是说,棱镜 1 偏摆运动的机械装置和控制系统的精度要优于 7.840″,棱镜 2 偏摆运动的机械装置和控制系统的精度要优于 14.749″。

5.6　本章小结

本章介绍了旋转双棱镜装置、偏摆双棱镜装置以及双棱镜复合运动扫描装置的设计技术,比较了双棱镜的不同组合形式,给出了不同驱动方式的旋转双棱镜扫描装置与偏摆双棱镜扫描装置设计方案。在旋转双棱镜案例中,采用了蜗轮蜗杆驱动棱镜旋转方案,设计了旋转双棱镜扫描性能验证系统。在偏摆双棱镜案例中,采用了凸轮驱动式棱镜偏摆方案,可将非线性控制关系转移到凸轮的外形轮廓上,简化了偏摆双棱镜的控制难度,有利于提高控制精度。在双棱镜复合运动扫描装置中,通过四轴联控实现单个棱镜的独立旋转和偏摆运动。双棱镜复合运动扫描装置可满足大范围、高精度和多尺度的扫描要求,提高了系统的适用性。

参 考 文 献

[1] Li Y J. Closed form analytical inverse solutions for Risley – prism – based beam steering systems in different configurations [J]. Applied Optics, 2011, 50(22): 4302 – 4309.

[2] Schwarze C R. A new look at Risley prisms [EB/OL]. Tospfield, MA: Optra Inc, (2006 – 6) [2016 – 10 – 13]. http://www.optra.com/images/TP – A_New_Look_at_Risley_Prisms.pdf.

[3] Li A H, Jiang X C, Sun J F, et al. Laser coarse – fine coupling scanning method by steering double prisms [J]. Applied Optics, 2012, 51(3): 356 – 364.

[4] García – Torales G, Flores J L, Muñoz R X. High precision prism scanning system [J]. Proc. of SPIE, 2007, 6422: 64220X – 64220X – 8.

[5] 李安虎, 高心健. 同步带驱动旋转棱镜装置: 中国, 201310072421.0 [P]. 2013 – 6 – 12.

[6] 袁艳, 赵妍妍, 苏丽娟. 一种基于旋转双楔镜的光束扫描机构: 中国, 201210432016.0 [P]. 2013 – 2 – 13.

[7] 云茂金, 祖继锋, 孙建锋, 等. 精密旋转双棱镜光束扫描器及其控制方法: 中国, 200310108487.7 [P]. 2004 – 11 – 3.

[8] 祖继锋, 刘立人, 云茂金, 等. 卫星轨迹光学模拟装置: 中国, 03129234.8 [P]. 2003 – 12 – 24.

[9] 李安虎. 实现粗精两级扫描的转动棱镜装置: 中国, 201210439061.9 [P]. 2013 – 3 – 6.

[10] 高心健. 旋转双棱镜动态跟踪系统研究[D]. 上海: 同济大学, 2015.

[11] 孙建锋, 刘立人, 云茂金, 等. 星间激光通信终端高精度动静态测量装置: 中国, 200410024986.2 [P]. 2005 – 2 – 23.

[12] 李安虎, 刘立人, 孙建锋, 等. 双光楔光束偏转机械装置: 中国, 200510026553.5 [P]. 2005 – 12 – 28.

[13] 李安虎, 李志忠, 姜旭春. 偏摆光楔扫描装置: 中国, 201010588924.X [P]. 2011 – 5 – 18.

[14] 李安虎, 王伟, 丁烨, 等. 采用凸轮驱动的摆镜机构：中国, 201210375722. 6 [P]. 2013 – 1 – 16.

[15] 李安虎, 孙万松. 一种曲柄滑块驱动的摆镜机构：中国, 201510560372. 4 [P]. 2015 – 11 – 25.

[16] 孙建锋. 卫星相对运动轨迹光学模拟器的研究 [D]. 上海：中国科学院上海光学精密机械研究所, 2005.

[17] Zhou Y, Lu Y F, Hei M, et al. Pointing error analysis of Risley – prism – based beam steering system [J]. Applied Optics, 2014, 53(24)：5775 – 5783.

[18] Li A H, Yi W L, Sun W S, et al. Tilting double – prism scanner driven by cam – based mechanism [J]. Applied Optics, 2015, 54(18)：5788 – 5796.

[19] Li A H, Ding Y, Bian Y M, et al. Inverse solutions for tilting orthogonal double prisms [J]. Applied Optics, 2014, 53(17)：3712 – 3722.

[20] 张纪元. 机构分析与综合的解 [M]. 北京：人民交通出版社, 2007.

第6章 双棱镜多模式扫描性能测试

6.1 概　　述

本章主要开展双棱镜多模式扫描装置的动静态性能测试研究,以验证其设计原理的正确性、设计结构的合理性和仪器使用的有效性[1]。针对旋转双棱镜扫描系统,测试内容包括:光束多模式扫描性能的验证;定向跟踪性能的验证,即光斑实际坐标与理论坐标的偏差;查表法的验证,即查表法得出的双棱镜转角对应的光斑实际坐标与目标点坐标的偏差[2]。针对偏摆双棱镜扫描系统,测试内容包括:棱镜偏摆准确度,即棱镜实际摆角与编码器读数之间的对应关系;级联棱镜摆角和光束偏转角之间的关系;出射光束在垂直方向和水平方向的扫描范围;光束偏转精度,即单位棱镜摆角引起的实际光束偏转角与理论光束偏转角之间的误差值。前3项偏摆双棱镜测试项目采用自准直法[3-6]进行测试,第4项光束偏转精度利用干涉仪进行测试。

在上述实验中,整个测试过程应动作轻缓,无环境振动激励,工作台平稳无冲击。偏摆双棱镜扫描系统测试在超净温控实验室内进行,仪器放置在水平良好的气浮工作台上。

6.2 旋转双棱镜多模式扫描性能测试

6.2.1 测试平台硬件组成

二维电控滑台用于模拟目标点的运动。将四象限探测器安装在滑台的滑块上,通过控制滑块运动,实现四象限探测器在 XOY 平面内的任意移动。

旋转双棱镜扫描系统的最大扫描范围是半径为 82mm 的圆形扫描域,因此目标点的单方向移动范围必须大于 164mm。考虑到滑台两端需要安装限位开关,必须预留一定的行程,将 X 轴行程设计为 300mm, Y 轴行程设计为 400mm。

选用两根光杆滚珠丝杆直线导轨滑台,其中有效行程 300mm 的导轨滑台作为 X 轴,有效行程 400mm 的导轨滑台作为 Y 轴。两个导轨滑台均采用滚珠丝杠传动,丝杠规格为 1204,直径为 12mm,导程为 4mm,往返精度为 0.02mm,采用步进电动机驱动,步距角 1.8°。二维电控滑台的实物照片如图 6.1 所示,控制功能需求如表6.1所列。

图 6.1 二维电控滑台实物照片

1—滑块;2—X 轴滚珠丝杠;3—Y 轴滚珠丝杠。

表 6.1 二维电控滑台控制功能需求

序号	功能	需求数量	设计数量	备注
1	24V 数字量输入(限位开关)	4	8	4 组备用
2	5V PWM 输出	2	4	2 组备用
3	RS232 通信(程序下载)	1	1	—
4	RS485 通信(联机通信)	1	1	—
5	I2C	1	1	—
6	SPI	1	1	—
7	LCD 显示屏(数据显示)	1	1	—
8	LED 指示灯(调试用)	1	1	—
9	蜂鸣器(报警)	1	1	—

由于二维电控滑台系统的控制要求与旋转双棱镜扫描系统的控制要求相似,两个系统采用同一套运动控制器,参见 5.3.3 节。

在该测试实验中,采用四象限探测器测量激光光斑的位置坐标,用于检测双棱镜扫描系统的扫描精度。四象限光电探测器作为接收器,具有高均匀性、对称性、可靠性以及较高的灵敏度、较宽的光谱响应范围和盲区小等特性,能精确测出光斑中心,广泛应用在激光瞄准、位移监控等精密测量系统中。

四象限探测器是反向偏置的半导体二极管阵列。由于探测器是象限化的,当被测物体的光辐射到器件各个象限的辐射通量相等时,各个象限输出的光电流相等。当目标发生偏移时,由于象限间辐射通量的变化,引起各个象限的输出光电流变化,由此可测出物体的方位变化。

整套仪器由四象限放大器、四象限探头、电源适配器等部件组成。其中四象限放大器和四象限探头分别如图 6.2(a) 和图 6.2(b) 所示,技术参数见表 6.2和表 6.3。

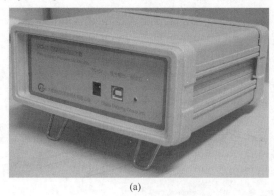

(a)　　　　　　　　　　　　　　　　　　　(b)

图 6.2　部分仪器设备

(a)四象限放大器;(b)四象限探头。

表 6.2　四象限放大器参数表

精度	电源	A/D 转换周期	外形尺寸($W \times H \times L$)	质量
0.01mm	DC33V/ ± 15V	3μs	160mm ×80mm ×155mm	960g

表 6.3　四象限探头参数表

探测器直径	固定螺孔	外形尺寸($W \times H \times L$)	质量
ϕ6mm	M4	54.5mm ×54.5mm ×74mm	150g

所选用的四象限探测器光斑位置测量精度优于 0.01mm,满足旋转双棱镜扫描系统的性能测试需要。四象限软件控制界面如图 6.3 所示,放大器采用USB 接口输出,电脑程序界面直观,使用方便。

6.2.2　测试平台软件系统

如图 6.4 所示,旋转双棱镜多模式扫描性能测试平台主要由激光器、旋转双棱镜扫描系统、二维电控滑台系统及四象限探测器等组成,其中旋转双棱镜扫描系统和二维电控滑台分别配备相应的步进电动机控制系统,四象限探测器配备光斑位置检测系统。为了使整个系统协同工作,开发了一套动态跟踪系统软件来实现整个系统的数据交互及驱动。

系统软件由上位机软件和下位机软件组成。上位机软件基于 Matlab 软件设计,包含旋转双棱镜逆向算法,用于完成对目标点位置的数据处理,计算出旋转双棱镜的转角解,然后向下位机发速控制命令。下位机软件基于 Keil for ARM 设计,在 Keil 中编写 LPC1114 的程序,接收上位机命令,完成对步进电动

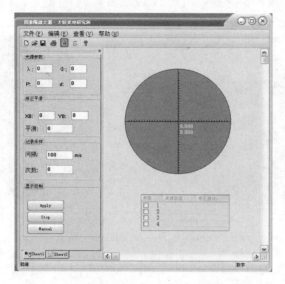

图 6.3 四象限软件控制界面

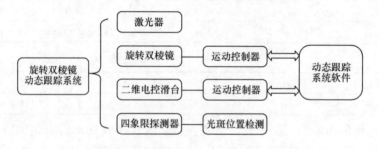

图 6.4 旋转双棱镜多模式扫描性能测试平台组成

机的控制,负责运行数据的采集与传输。上位机与下位机之间采用 RS485 串行总线进行通信。

在 Matlab 软件中利用 GUIDE 编写上位机控制软件,集成旋转双棱镜逆向跟踪算法,通过 RS485 通信读取二维电控滑台运动控制器传输来的目标点坐标信息。根据旋转双棱镜逆向跟踪算法求解双棱镜转角解,通过 RS485 发送转速和转角的控制命令给旋转双棱镜运动控制器,完成对目标点的跟踪。上位机软件功能如图 6.5 所示。上位机软件界面如图 6.6 所示。

下位机包括旋转双棱镜控制器和二维滑台控制器。在 Keil 中编写下位机控制程序,通过 LPC1114 芯片产生 PWM 脉冲,控制步进电动机转速和转角。图 6.7 所示为下位机程序内容,共分为 4 种工作模式,分别为手动控制、自动匀速扫描、单步运行和联动跟踪。

200

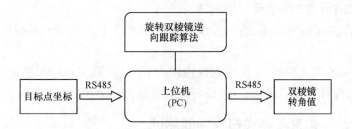

图 6.5　上位机软件功能

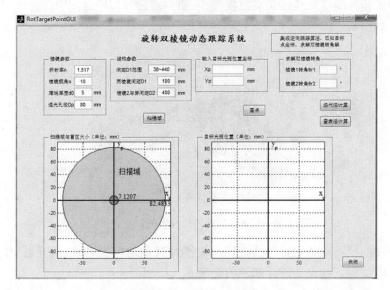

图 6.6　上位机软件界面

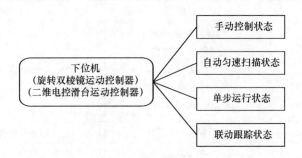

图 6.7　下位机程序设计总图

下位机 4 种工作模式功能不同,分别如下:

(1)手动控制模式下,通过矩阵按键手动调节双棱镜转角,实现定原点、归零位、调速等操作。

(2)自动匀速扫描模式下,通过设置棱镜的转速、转向和开关状态实现棱镜连续匀速旋转,用于双棱镜匀速扫描测试。

(3)单步运行模式下,通过预设双棱镜转角值,控制旋转双棱镜按预定转角单步运行。

(4)联动跟踪模式下,旋转双棱镜作为下位机,通过 RS485 通信,接收上位机命令,执行对目标的跟踪,双棱镜转角和转速均由上位机控制。

6.2.3　光束多模式扫描性能测试

为了验证旋转双棱镜光束扫描模式,研究旋转双棱镜定向跟踪性能,搭建测试平台如图 6.8 所示。

图 6.8　光束多模式扫描性能测试实验平台

使用的仪器设备主要包括旋转双棱镜及其运动控制系统、激光器、坐标屏、导轨及滑块等。各设备的详细说明如表 6.4 所列。

表 6.4　光束多模式扫描性能测试平台设备说明

设备名称	参数	功能
旋转双棱镜	棱镜楔角 $\alpha = 10°$ 折射率 $n = 1.517$ 直径 $D = 80\text{mm}$ 薄端厚度 $d_0 = 5\text{mm}$ 双棱镜间距 $D_1 = 100\text{mm}$	偏摆激光束
运动控制器	基于 LPC1114 设计	控制双棱镜运动
激光器	波长 650nm 功率 $\geqslant 2.5\text{mW}$ 可调焦	发射激光束
坐标屏	坐标纸精度 1mm 与棱镜 2 出射面距离 $D_2 = 400\text{mm}$	接收激光,并测量光斑在光屏上的坐标
导轨及滑块		支撑构件

光束多模式扫描性能测试步骤如下：

（1）将激光器和旋转双棱镜安装在导轨上，并调整其位置，使它们的中心线同轴，并与坐标屏原点对齐。调整两个棱镜装置在轨道上的位置，使棱镜2出射面与坐标屏的间距 $D_2 = 400\,mm$，并使两棱镜平面端的间距 $D_1 = 100\,mm$。

（2）通过手动控制模式，旋转两个棱镜至主截面薄端向上的位置，并设置为原点。

（3）通过运动控制系统控制双棱镜旋转到固定角度，测量光斑在光屏上的位置并记录坐标读数（坐标读数精确到 $0.1\,mm$，由于坐标纸网格密度为 $1\,mm$，光斑坐标最后一位为估计值）。

（4）按照第3步的方法，依次完成4组双棱镜转角值所对应的光斑坐标测量。

（5）根据第2章中的理论公式，计算出光斑的理论位置坐标，与实验所测量的数据对比分析，得出实验结论。

表6.5为第1组双棱镜转角值的测试数据。其中，理论点是在特定的棱镜转角值下计算出的光斑理论坐标 (X_{rp}, Y_{rp})，实际点坐标为实验中通过坐标纸测量的光斑实际坐标 (x_{rp}, y_{rp})，实际点与理论点之间的距离为扫描偏离误差，即

$$\Delta = \sqrt{(X_{rp} - x_{rp})^2 + (Y_{rp} - y_{rp})^2}\,(\text{单位：mm})。$$

表6.5　第1组双棱镜转角值测试数据

序号	棱镜转角 /(°)		理论点 /mm		实际点 /mm		误差 /mm	序号	棱镜转角 /(°)		理论点 /mm		实际点 /mm		误差 /mm
	θ_{r1}	θ_{r2}	X_{rp}	Y_{rp}	x_{rp}	y_{rp}	Δ		θ_{r1}	θ_{r2}	X_{rp}	Y_{rp}	x_{rp}	y_{rp}	Δ
1	0	0	-82.5	0.0	-82.5	0.0	0.00	17	160	160	77.5	-28.2	75.5	-29.0	2.15
2	10	10	-81.2	-14.3	-81.0	-14.0	0.36	18	170	170	81.2	-14.3	80.0	-14.5	1.22
3	20	20	-77.5	-28.2	-77.5	-27.5	0.70	19	180	180	82.5	0.0	81.0	0.0	1.50
4	30	30	-71.4	-41.2	-71.5	-40.5	0.71	20	190	190	81.2	14.3	79.5	14.0	1.73
5	40	40	-63.2	-53.0	-63.5	-52.5	0.58	21	200	200	77.5	28.2	76.5	27.5	1.22
6	50	50	-53.0	-63.2	-53.5	-62.5	0.86	22	210	210	71.4	41.2	70.0	40.5	1.57
7	60	60	-41.2	-71.4	-41.5	-70.5	0.95	23	220	220	63.2	53.0	62.0	52.0	1.56
8	70	70	-28.2	-77.5	-28.5	-76.5	1.04	24	230	230	53.0	63.2	52.0	62.0	1.56
9	80	80	-14.3	-81.2	-15.0	-80.0	1.39	25	240	240	41.2	71.4	40.5	70.5	1.14
10	90	90	0.0	-82.5	-0.5	-81.5	1.12	26	250	250	28.2	77.5	27.5	76.5	1.26
11	100	100	14.3	-81.2	13.5	-80.0	1.44	27	260	260	14.3	81.2	13.5	80.5	1.06
12	110	110	28.2	-77.5	26.5	-76.5	1.97	28	270	270	0.0	82.5	-0.5	82.0	0.71
13	120	120	41.2	-71.4	40.0	-70.5	1.50	29	280	280	-14.3	81.2	-14.5	80.5	0.73
14	130	130	53.0	-63.2	51.5	-62.5	1.66	30	290	290	-28.2	77.5	-28.5	77.0	0.58
15	140	140	63.2	-53.0	61.5	-52.5	1.77	31	300	300	-41.2	71.4	-41.5	71.0	0.50
16	150	150	71.4	-41.2	70.0	-41.0	1.41	32	310	310	-53.0	63.2	-53.0	63.0	0.20

　　第 1 组双棱镜转角值模拟两个棱镜等速同向旋转的状态，即 $\theta_{r1}:\theta_{r2}=1:1$。图 6.9 为在 Matlab 中画出的理论点和实际点轨迹图。从图中可以看出，理论点和实际点轨迹都是一个圆形，实际点轨迹与理论点轨迹十分吻合，计算得出实际点与理论点的误差平均值为 1.06mm。

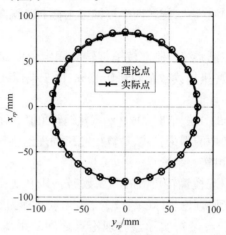

图 6.9　第 1 组双棱镜转角值对应的扫描点

　　表 6.6 为第 2 组双棱镜转角值的测试数据。

表 6.6　第 2 组双棱镜转角值测试数据

序号	棱镜转角 /(°)		理论点 /mm		实际点 /mm		误差 /mm	序号	棱镜转角 /(°)		理论点 /mm		实际点 /mm		误差 /mm
	θ_{r1}	θ_{r2}	X_{rp}	Y_{rp}	x_{rp}	y_{rp}	Δ		θ_{r1}	θ_{r2}	X_{rp}	Y_{rp}	x_{rp}	y_{rp}	Δ
1	0	0	-82.5	0.0	-82.5	0.0	0.00	17	160	-160	77.5	-28.2	75.5	-29.0	2.15
2	10	-10	-81.2	-14.3	-81.0	-14.0	0.36	18	170	-170	81.2	-14.3	80.0	-14.5	1.22
3	20	-20	-77.5	-28.2	-77.5	-27.5	0.70	19	180	-180	82.5	0.0	81.0	0.0	1.50
4	30	-30	-71.4	-41.2	-71.5	-40.5	0.71	20	190	-190	81.2	14.3	79.5	14.0	1.73
5	40	-40	-63.2	-53.0	-63.5	-52.5	0.58	21	200	-200	77.5	28.2	76.5	27.5	1.22
6	50	-50	-53.0	-63.2	-53.5	-62.5	0.86	22	210	-210	71.4	41.2	70.0	40.5	1.57
7	60	-60	-41.2	-71.4	-41.5	-70.5	0.95	23	220	-220	63.2	53.0	62.0	52.0	1.56
8	70	-70	-28.2	-77.5	-28.5	-76.5	1.04	24	230	-230	53.0	63.2	52.0	62.0	1.56
9	80	-80	-14.3	-81.2	-15.0	-80.0	1.39	25	240	-240	41.2	71.4	40.5	70.5	1.14
10	90	-90	0.0	-82.5	-0.5	-81.5	1.12	26	250	-250	28.2	77.5	27.5	76.5	1.22
11	100	-100	14.3	-81.2	13.5	-80.0	1.44	27	260	-260	14.3	81.2	13.5	80.5	1.06
12	110	-110	28.2	-77.5	26.5	-76.5	1.97	28	270	-270	0.0	82.5	-0.5	82.0	0.71
13	120	-120	41.2	-71.4	40.0	-70.5	1.50	29	280	-280	-14.3	81.2	-14.5	80.5	0.73
14	130	-130	53.0	-63.2	51.5	-62.5	1.66	30	290	-290	-28.2	77.5	-28.5	77.0	0.58
15	140	-140	63.2	-53.0	61.5	-52.5	1.77	31	300	-300	-41.2	71.4	-41.5	71.0	0.50
16	150	-150	71.4	-41.2	70.0	-41.0	1.41	32	310	-310	-53.0	63.2	-53.0	63.0	0.20

第2组双棱镜转角值模拟两个棱镜等速反向旋转的状态，即 $\theta_{r1}:\theta_{r2} = 1:-1$。图6.10所示为在 Matlab 中画出的理论点和实际点轨迹图。从图中可以看出，理论点和实际点轨迹都是一个椭圆，实际点轨迹与理论点轨迹十分吻合，计算得出实际点与理论点的误差平均值为 0.97mm。

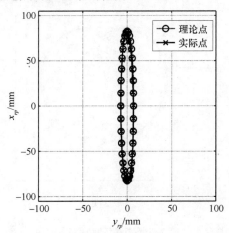

图6.10　第2组双棱镜转角值对应的扫描点

表6.7所列为第3组双棱镜转角值的测试数据。

表6.7　第3组双棱镜转角值测试数据

序号	棱镜转角 /(°)		理论点 /mm		实际点 /mm		误差 /mm	序号	棱镜转角 /(°)		理论点 /mm		实际点 /mm		误差 /mm
	θ_{r1}	θ_{r2}	X_{rp}	Y_{rp}	x_{rp}	y_{rp}	Δ		θ_{r1}	θ_{r2}	X_{rp}	Y_{rp}	x_{rp}	y_{rp}	Δ
1	0	0	−82.5	0.0	−82.5	0.0	0.00	17	160	320	13.2	8.8	12.0	8.5	1.24
2	10	20	−79.5	−20.6	−79.5	−20.0	0.60	18	170	340	8.7	5.1	7.5	4.5	1.34
3	20	40	−71.0	−39.5	−71.0	−38.5	1.00	19	180	360	7.1	0.0	6.0	−0.5	1.21
4	30	60	−57.7	−54.9	−58.5	−54.0	1.20	20	190	380	8.7	−5.1	7.5	−5.5	1.26
5	40	80	−41.0	−65.8	−41.5	−65.0	0.94	21	200	400	13.2	−8.8	12.0	−9.5	1.39
6	50	100	−22.4	−71.3	−23.5	−70.5	1.36	22	210	420	19.9	−10.1	19.0	−10.5	0.98
7	60	120	−3.8	−71.3	−5.0	−70.5	1.44	23	220	440	27.7	−8.2	26.5	−8.5	1.24
8	70	140	13.3	−66.2	11.5	−65.5	1.93	24	230	460	35.2	−2.7	34.0	−3.0	1.24
9	80	160	27.4	−57.0	25.5	−56.5	1.96	25	240	480	41.0	6.3	40.0	6.0	1.04
10	90	180	37.4	−44.8	35.5	−44.5	1.92	26	250	500	44.0	18.0	43.0	17.5	1.12
11	100	200	42.9	−31.3	41.0	−31.5	1.91	27	260	520	42.9	31.3	42.0	30.5	1.20
12	110	220	44.0	−18.0	42.0	−18.5	2.06	28	270	540	37.4	44.8	36.5	44.0	1.20
13	120	240	41.0	−6.3	39.5	−6.5	1.51	29	280	560	27.4	57.0	26.5	56.5	1.03
14	130	260	35.2	2.7	34.0	2.5	1.22	30	290	580	13.3	66.2	13.0	65.5	0.76
15	140	280	27.7	8.2	26.0	7.5	1.84	31	300	600	−3.8	71.3	−4.0	71.5	0.28
16	150	300	19.9	10.1	19.0	9.5	1.08	32	310	620	−22.4	71.3	−22.5	71.0	0.32

第 3 组双棱镜转角值设为 $\theta_{r1} : \theta_{r2} = 1 : 2$。图 6.11 所示为在 Matlab 中画出的理论点和实际点轨迹图。实际点轨迹与理论点轨迹十分吻合,计算得出实际点与理论点的误差平均值为 1.13mm。

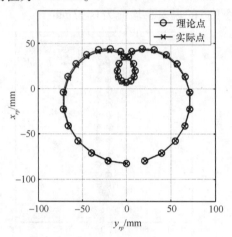

图 6.11 第 3 组双棱镜转角值对应的扫描点

表 6.8 所示为第 4 组双棱镜转角值的测试数据。

表 6.8 第 4 组双棱镜转角值测试数据

序号	棱镜转角 /(°)		理论点 /mm		实际点 /mm		误差 /mm	序号	棱镜转角 /(°)		理论点 /mm		实际点 /mm		误差 /mm
	θ_{r1}	θ_{r2}	X_{rp}	Y_{rp}	x_{rp}	y_{rp}	Δ		θ_{r1}	θ_{r2}	X_{rp}	Y_{rp}	x_{rp}	y_{rp}	Δ
1	0	0	-82.5	0.0	-82.5	0.0	0.00	17	160	-320	13.3	-39.3	12.0	-39.5	1.32
2	10	-20	-79.5	5.0	-80.0	5.5	0.71	18	170	-340	8.7	-20.5	8.0	-21.0	0.86
3	20	-40	-70.9	8.7	-71.0	9.0	0.32	19	180	-360	7.1	0.0	6.0	-0.5	1.21
4	30	-60	-57.5	10.0	-57.5	10.0	0.00	20	190	-380	8.7	20.5	7.5	20.0	1.30
5	40	-80	-40.7	8.1	-41.5	8.5	0.89	21	200	-400	13.3	39.3	12.0	38.5	1.53
6	50	-100	-22.2	2.7	-23.0	3.0	0.85	22	210	-420	20.1	54.8	19.0	54.0	1.36
7	60	-120	-3.6	-6.2	-5.0	-5.5	1.57	23	220	-440	27.9	65.7	26.5	65.0	1.57
8	70	-140	13.4	-17.8	12.0	-17.5	1.43	24	230	-460	35.5	71.3	34.0	71.0	1.53
9	80	-160	27.4	-31.2	25.5	-30.5	2.02	25	240	-480	41.2	71.4	40.0	71.0	1.26
10	90	-180	37.4	-44.8	35.5	-44.0	2.06	26	250	-500	44.1	66.4	43.0	66.0	1.17
11	100	-200	43.0	-57.1	41.0	-56.5	2.09	27	260	-520	43.0	57.1	42.0	57.0	1.00
12	110	-220	44.1	-66.4	43.0	-65.5	1.42	28	270	-540	37.4	44.8	36.0	44.5	1.43
13	120	-240	41.2	-71.4	40.0	-71.0	1.26	29	280	-560	27.4	31.2	26.5	31.5	0.95
14	130	-260	35.5	-71.3	34.5	-71.0	1.04	30	290	-580	13.4	17.8	13.0	18.0	0.45
15	140	-280	27.9	-65.7	27.0	-65.5	0.92	31	300	-600	-3.6	6.2	-4.0	6.0	0.45
16	150	-300	20.1	-54.8	19.0	-55.0	1.12	32	310	-620	-22.2	-2.7	-22.0	-3.0	0.36

第4组双棱镜转角值设为 $\theta_{r1}:\theta_{r2}=1:-2$。图 6.12 所示为在 Matlab 中画出的理论点和实际点轨迹图。实际点轨迹与理论点轨迹十分吻合,计算得出实际点与理论点的误差平均值为 1.02mm。

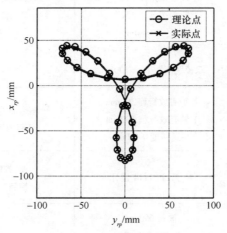

图 6.12 第 4 组双棱镜转角值对应的扫描点

测试结果表明,旋转双棱镜实际轨迹和理论轨迹相符,验证了旋转双棱镜理论模型的正确性,可以实现多模式扫描。由于实验条件所限,如受光斑测量精度、实验装置加工和装配误差等因素的影响,实验所测数据的误差较大,需要进一步改进。

6.2.4 查表法逆向解测试

如图 6.13 所示,本实验所使用的仪器设备主要包括旋转双棱镜及其运动控制系统,二维电控滑台及其运动控制系统、四象限探测器、激光器、导轨及滑块等。各实验设备的详细说明如表 6.9 所列。

图 6.13 查表法逆向解测试平台

表 6.9 查表法逆向解测试平台设备说明

设备名称	参数	作用
旋转双棱镜	棱镜楔角 $\alpha = 10°$ 折射率 $n = 1.517$ 直径 $D = 80mm$ 薄端厚度 $d_0 = 5mm$ 双棱镜间距 $D_1 = 100mm$	偏摆激光束
二维电控滑台	X 轴有效行程 300mm Y 轴有效行程 400mm 往返精度 0.02mm	安装四象限探测器,在 XOY 平面内运动,模拟目标轨迹
运动控制器	基于 LPC1114 设计	控制双棱镜运动 控制二维电控滑台运动
激光器	波长 650nm 功率 $\geq 2.5mW$ 可调焦	发射激光束
四象限探测器	光斑位置测量精度 0.01mm 测量量程 3mm 与棱镜 2 出射面距离 $D_2 = 400mm$	接收激光,并测量光斑偏离原点的距离
导轨及滑块		支撑构件

查表法逆向解的实验测试步骤如下:

(1)将激光器和旋转双棱镜安装在导轨上,调整其位置,使它们的中心线同轴。然后将二维电控滑台放置在导轨末端,将四象限探头安装在二维电控滑台的滑块上,调整二维电控滑台的位置,使滑台移动平面与双棱镜的中心线垂直,并使得四象限探头与棱镜 2 出射面间距 $D_2 = 400mm$。调整两个棱镜装置在轨道上的位置,使两棱镜平面端的间距为 100mm。

(2)通过二维电控滑台控制系统手动控制模式,使四象限探头运动到双棱镜中心线上,设置为坐标原点,即为目标轨迹所在平面的原点位置。

(3)通过旋转双棱镜控制系统手动控制模式,旋转两个棱镜至主截面薄端向上的位置,并设置为原点。

(4)根据目标轨迹取采样点,采用 0.1° 步长的查找表,通过查表计算出双棱镜的一系列转角值,并写入到旋转双棱镜运动控制系统程序中。

(5)控制二维电控滑台使得四象限探头运动到指定的目标点,然后控制双棱镜旋转到对应的角度,通过四象限探测器软件测量光斑偏离四象限探头中心的距离(读数精确到 0.001mm,最后一位为估计值),记录数据。

在本实验中,固定在二维电控滑台上的四象限探测器探头按预设椭圆轨迹 $x^2/40^2 + y^2/60^2 = 1$ 运动,并假设四象限探头运动的轨迹为理想轨迹,以此来检测查表法所求出的双棱镜转角所对应的扫描点与目标点的偏差大小。

如图 6.14 所示,首先在椭圆轨迹上取出 64 个采样点。采用查表法求出每个采样点所对应的双棱镜转角第一组解,如图 6.15(a)所示。然后控制双棱镜运动到每个采样点所对应的转角位置,激光束通过双棱镜折射之后投射到四象限探头上。在四象限探测器上得到光斑偏离中心的距离。如表 6.10 所列,64个采样点的平均偏差为 0.342mm。

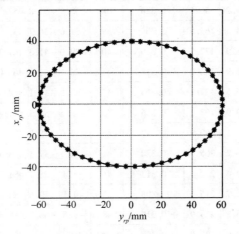

图 6.14 椭圆目标轨迹

查表法求出每个采样点所对应的双棱镜转角第二组解,如图 6.15(b)所示。采用同样的方法可以测出第二组转角解所对应的扫描光斑偏离四象限探测器中心的距离数据。如表 6.11 所列,64 个采样点的平均偏差为 0.233mm。

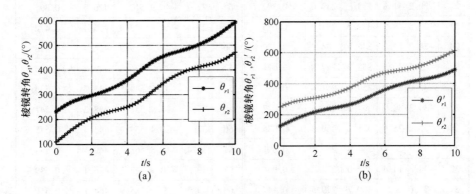

图 6.15 椭圆目标轨迹对应的旋转双棱镜转角

(a)第一组解;(b)第二组解。

表6.10 查表法跟踪椭圆轨迹测量数据(第一组解)

序号	目标点/mm		棱镜转角/(°)		偏差/mm	序号	目标点/mm		棱镜转角/(°)		偏差/mm
	X_{rp}	Y_{rp}	θ_{r1}	θ_{r2}	Δ		X_{rp}	Y_{rp}	θ_{r1}	θ_{r2}	Δ
1	40.0	0.0	233.1	111.0	0.322	33	−39.9	−3.5	418.0	296.1	0.375
2	39.8	6.0	241.5	119.9	0.316	34	−39.5	−9.5	426.2	305.2	0.368
3	39.2	11.9	249.4	129.0	0.333	35	−38.7	−15.3	433.8	314.4	0.384
4	38.2	17.7	256.7	138.2	0.336	36	−37.5	−21.0	440.7	323.5	0.390
5	36.8	23.4	263.3	147.2	0.323	37	−35.9	−26.6	446.8	332.4	0.391
6	35.1	28.8	269.2	156.1	0.328	38	−33.9	−31.8	452.3	341.0	0.395
7	33.0	33.9	274.3	164.5	0.354	39	−31.6	−36.7	457.0	349.2	0.388
8	30.6	38.7	278.9	172.5	0.350	40	−29.0	−41.3	461.3	357.0	0.386
9	27.9	43.0	282.9	180.0	0.318	41	−26.1	−45.4	465.0	364.2	0.385
10	24.9	47.0	286.5	187.1	0.305	42	−23.0	−49.1	468.5	371.0	0.389
11	21.6	50.5	289.9	193.7	0.366	43	−19.6	−52.3	471.8	377.4	0.391
12	18.1	53.5	293.1	199.9	0.317	44	−16.0	−55.0	474.9	383.3	0.387
13	14.5	55.9	296.2	205.6	0.320	45	−12.3	−57.1	478.1	388.7	0.391
14	10.7	57.8	299.4	210.8	0.313	46	−8.4	−58.7	481.3	393.6	0.381
15	6.8	59.1	302.7	215.6	0.308	47	−4.5	−59.6	484.7	398.1	0.376
16	2.8	59.8	306.2	219.9	0.310	48	−0.5	−60.0	488.4	402.2	0.378
17	−1.2	60.0	310.0	223.8	0.309	49	3.5	−59.8	492.3	405.9	0.373
18	−5.2	59.5	314.0	227.3	0.298	50	7.5	−58.9	496.6	409.2	0.366
19	−9.1	58.4	318.4	230.5	0.297	51	11.3	−57.5	501.2	412.3	0.389
20	−12.9	56.8	323.2	233.5	0.288	52	15.1	−55.5	506.1	415.1	0.369
21	−16.6	54.6	328.3	236.2	0.276	53	18.7	−53.0	511.5	417.8	0.375
22	−20.2	51.8	333.8	239.0	0.302	54	22.2	−49.9	517.2	420.5	0.391
23	−23.5	48.5	339.7	241.7	0.075	55	25.4	−46.4	523.3	423.4	0.472
24	−26.7	44.7	346.0	244.6	0.200	56	28.3	−42.3	529.9	426.4	0.498
25	−29.5	40.5	352.7	247.8	0.074	57	31.0	−37.9	536.8	429.8	0.493
26	−32.0	35.9	359.8	251.4	0.081	58	33.4	−33.0	544.1	433.7	0.535
27	−34.3	30.9	367.3	255.5	0.077	59	35.4	−27.9	551.8	438.2	0.542
28	−36.2	25.6	375.2	260.3	0.086	60	37.1	−22.4	559.9	443.4	0.545
29	−37.7	20.1	383.4	265.8	0.091	61	38.4	−16.8	568.4	449.5	0.554
30	−38.8	14.4	392.0	272.2	0.094	62	39.3	−10.9	577.1	456.4	0.539
31	−39.6	8.5	400.7	279.5	0.147	63	39.9	−5.0	585.9	464.1	0.550
32	−40.0	2.5	409.5	287.5	0.318	64	40.0	1.0	594.5	472.5	0.540

表 6.11 查表法跟踪椭圆轨迹测量数据(第二组解)

序号	目标点/mm		棱镜转角/(°)		偏差/mm	序号	目标点/mm		棱镜转角/(°)		偏差/mm
	X_{rp}	Y_{rp}	θ_{r1}	θ_{r2}	Δ		X_{rp}	Y_{rp}	θ_{r1}	θ_{r2}	Δ
1	40.0	0.0	127.9	250.4	0.308	33	-39.9	-3.5	313.0	435.3	0.040
2	39.8	6.0	136.6	258.7	0.305	34	-39.5	-9.5	321.7	443.2	0.039
3	39.2	11.9	145.3	266.2	0.300	35	-38.7	-15.3	330.4	450.3	0.036
4	38.2	17.7	153.9	272.9	0.312	36	-37.5	-21.0	338.2	456.5	0.041
5	36.8	23.4	162.3	278.8	0.293	37	-35.9	-26.6	347.0	461.8	0.046
6	35.1	28.8	170.3	283.9	0.302	38	-33.9	-31.8	354.8	466.5	0.324
7	33.0	33.9	177.9	288.2	0.311	39	-31.6	-36.7	362.1	470.4	0.045
8	30.6	38.7	185.1	291.9	0.300	40	-29.0	-41.3	369.1	473.9	0.040
9	27.9	43.0	191.9	295.2	0.306	41	-26.1	-45.4	375.6	476.9	0.043
10	24.9	47.0	198.2	298.1	0.302	42	-23.0	-49.1	381.8	479.8	0.033
11	21.6	50.5	204.3	300.9	0.309	43	-19.6	-52.3	387.6	482.5	0.030
12	18.1	53.5	209.9	303.6	0.312	44	-16.0	-55.0	393.0	485.2	0.308
13	14.5	55.9	215.1	306.3	0.307	45	-12.3	-57.1	398.0	488.0	0.039
14	10.7	57.8	220.0	309.2	0.309	46	-8.4	-58.7	402.7	490.9	0.305
15	6.8	59.1	224.5	312.3	0.308	47	-4.5	-59.6	407.0	494.2	0.256
16	2.8	59.8	228.7	315.6	0.309	48	-0.5	-60.0	411.0	497.8	0.244
17	-1.2	60.0	232.6	319.4	0.300	49	3.5	-59.8	414.8	501.7	0.242
18	-5.2	59.5	236.2	323.5	0.306	50	7.5	-58.9	418.2	506.1	0.276
19	-9.1	58.4	239.6	328.1	0.309	51	11.3	-57.5	421.5	511.0	0.284
20	-12.9	56.8	242.9	333.1	0.312	52	15.1	-55.5	424.7	516.3	0.289
21	-16.6	54.6	246.0	338.6	0.310	53	18.7	-53.0	427.9	522.1	0.287
22	-20.2	51.8	249.2	344.6	0.326	54	22.2	-49.9	431.2	528.3	0.296
23	-23.5	48.5	252.6	351.1	0.352	55	25.4	-46.4	434.6	535.1	0.304
24	-26.7	44.7	256.1	358.0	0.351	56	28.3	-42.3	438.4	542.3	0.305
25	-29.5	40.5	260.0	365.4	0.343	57	31.0	-37.9	442.5	550.0	0.298
26	-32.0	35.9	264.4	373.3	0.048	58	33.4	-33.0	447.2	558.1	0.286
27	-34.3	30.9	269.3	381.6	0.045	59	35.4	-27.9	452.5	566.6	0.298
28	-36.2	25.6	275.0	390.3	0.047	60	37.1	-22.4	458.6	575.6	0.303
29	-37.7	20.1	281.3	399.3	0.043	61	38.4	-16.8	465.3	584.7	0.288
30	-38.8	14.4	288.4	408.6	0.325	62	39.3	-10.9	472.8	593.9	0.301
31	-39.6	8.5	296.1	417.8	0.043	63	39.9	-5.0	480.9	603.1	0.286
32	-40.0	2.5	304.4	426.8	0.045	64	40.0	1.0	489.3	611.8	0.306

测试结果表明,对于给定的轨迹,采用查表法得出的双棱镜转角值控制光束扫描运动,扫描光束的实际轨迹与理论轨迹相符,验证了查表法的正确性。采用0.1°步长的查找表进行查表计算时,理论上实际点与目标点的偏差最大值为0.046mm。在实际测试中,由于多种系统误差的综合影响,如棱镜参数(楔角、折射率等)误差、机械零件加工误差、装配误差等,实际偏差可能偏大。需指出的是,这并不是查表法本身的求解精度问题。

6.3　偏摆双棱镜扫描性能测试

6.3.1　偏摆准确度、减速比和光束偏转范围测试

采用自准直法测试偏摆双棱镜扫描系统3个技术指标:棱镜偏摆准确度,即棱镜实际摆角与编码器读数之间的对应关系;减速比,即级联棱镜摆角和光束偏转角之间的关系;光束偏转范围,即出射光束在垂直方向和水平方向的扫描范围。

测试设备包括两台相同的高精度自准直仪、参考棱镜、支架、多维调整架、水平工作台和气浮工作台等。自准直仪的焦距为1000mm,有效口径为ϕ100mm,格值为10″(48.48μrad),视场为58′(分辨率为1.3″,全视场为1°38′),外形尺寸($l \times d$)为1160mm×ϕ150mm;楔形棱镜的楔角为5°,折射率为1.517,偏摆范围为0°~5°。

采用静态测试方法测试棱镜偏摆准确度、减速比和光束偏转范围。如图6.16所示,固定两台自准直仪1和2在水平良好的工作台上,分别用来发射光源和接收光源。通过控制步进电动机动态调整水平棱镜和垂直棱镜(以下简称棱镜1和棱镜2)的摆角位置。水平轴编码器和垂直轴编码器(以下编码器1和编码器2)实时给出棱镜1和棱镜2的摆角值,同时自准直仪2测量得到出射光束偏转角值。通过比较编码器读数值和光束偏转角值即可得到上述技术指标。具体测试方案如下:

(1) 通过自准直仪1(或2)和旋转编码器1(或2)检测水平轴(或垂直轴)摆角和棱镜1(或2)反射的光束偏转角之间的关系,编码器1(或2)给出棱镜实际摆角,自准直仪1(或2)返回十字叉像位置即为棱镜1(或2)摆角的测量值,比较得出转动轴摆角和反射光束偏转角之间的关系。

(2) 通过比较自准直仪2中光束偏转值与独立偏摆的两个棱镜的摆角值,得出转动轴摆角与出射光束偏转角之间的减速比关系。

(3) 分别转动两个棱镜到极限位置,接收光自准直仪2检测出水平张角和垂直张角。

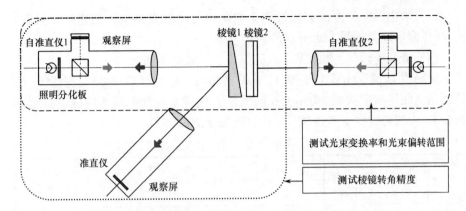

图6.16　棱镜偏摆准确度、减速比和光束偏转范围测试方案

根据以上测试方案,设计测试步骤如下:

(1) 接通两个自准直仪的电源,照亮分划板。在水平良好的工作台上分别调整自准直仪1和自准直仪2,使两个自准直仪的光轴在一条直线上,彼此接收到对方的像,并与自身的十字叉重合。

(2) 将精密光束偏转器放置在两个自准直仪之间,使绕水平轴偏摆的棱镜1和绕垂直轴偏摆的棱镜2分别置于自准直仪1和自准直仪2侧。连接好电动机驱动控制系统、编码器及控制计算机,接通电源。调整精密光束偏转器的位置,使两个棱镜的平面侧基本与两个自准直仪的光轴垂直。

(3) 精确调整精密光束偏转器的位置并轻缓地转动棱镜1,直至自准直仪1中由棱镜1平面侧返回的十字叉像与十字叉重合为止,记下此时编码器1的读数值。接着控制计算机等差递增步进电动机1的行程,实时记录编码器1的读数值及自准直仪1中十字叉的位置,完成棱镜1编码器记录摆角和自准直仪实测摆角的检测。最后调整棱镜1的位置,使自准直仪1中由棱镜1平面侧返回的十字叉像再次与十字叉重合。

(4) 采用同样的方法,完成棱镜2编码器记录摆角和自准直仪实测摆角的检测。

(5) 再次调整精密光束偏转器的位置,并反复精确转动棱镜1和棱镜2的位置,直到自准直仪2中接收到的来自自准直仪1的十字叉像与自身的十字叉重合为止,记录此时编码器1和编码器2的读数值,即为标定的工作零点位置。

(6) 控制计算机等差递增步进电动机1的行程,驱动棱镜1偏摆,计算机分别给出对应每次步进电动机行程的棱镜1摆角值,再实时记录自准直仪2中接收到的十字叉像分别对应的位置。此即完成棱镜1的摆角与出射光束偏转角之间关系的检测;当步进电动机1驱动棱镜1转动到两端极限位置时可视为装置的最大垂直张角。

（7）采用同样的方法完成棱镜 2 的摆角与出射光束偏转角之间关系的检测，同样标定装置的最大水平张角。

（8）重复步骤（6）和步骤（7），完成第二组数据的测量。

编码器 1（或 2）记录的棱镜 1（或 2）摆角与自准直仪 1（或 2）实测棱镜 1（或 2）摆角之间的对应关系，实际上反映了测试机械系统和控制系统的设计精度。表 6.12 所列为棱镜 1 和棱镜 2 的偏摆准确度测试结果。

表 6.12　棱镜的摆角精度（棱镜 1 和棱镜 2）

自准直仪/(″)		差值/(″)		编码器读数/(°)		差值/(°)		误差 ε/(″)	
1	2	1	2	1	2	1	2	1	2
−23	−258			−0.0112	0.0527				
225	−139	248	119	−0.0845	0.0190	0.0733	0.0337	−15.88	−2.32
102	−18	123	121	−0.0508	−0.0131	0.0377	0.0321	−12.72	−5.54
−10	98	112	116	−0.0156	−0.0484	0.0352	0.0353	−14.72	−11.08
−132	220	122	122	0.0173	−0.0822	0.0329	0.0388	−3.56	−0.32

进一步对上述测试结果进行数据处理与分析。

（1）棱镜 1 摆角和棱镜 2 摆角引起的光束偏转角。拟合棱镜 1 摆角与光束偏转角的测试数据，对比理论计算结果（棱镜 1 楔角实测值为 5°10″）。图 6.17 所示为数据拟合结果。拟合棱镜 2 的测试数据，并对比理论计算结果（棱镜 2 楔角实测值为 5°55″）。图 6.18 所示为数据拟合结果。

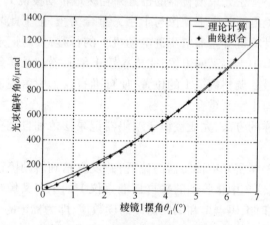

图 6.17　棱镜 1 数据拟合曲线和理论计算曲线

（2）棱镜的偏摆精度。表 6.12 给出了棱镜 1 引起的光束偏转值与编码器 1 的读数值之间的平均误差为 11.72″；表 6.12 同时给出了棱镜 2 引起的光束偏转值与编码器 2 的读数值之间的平均误差为 4.815″。根据设计要求，棱镜摆角精

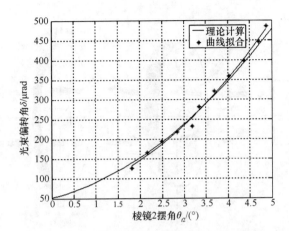

图 6.18　棱镜 2 数据拟合曲线和理论计算曲线

度要求优于 13. 873″,该误差值反映了装置的控制系统及机械系统能够达到的精度指标。

(3) 棱镜摆角和光束偏转角的比值及棱镜摆角引起的光束变化范围。图 6.17 说明了棱镜 1 摆角引起的出射光束垂直张角范围及变化情况。当编码器 1 读数在 0.1449°~6.2714° 之间变化时,引起的水平张角变化范围为 1053.9052μrad,棱镜摆角引起光束变化的平均减速比为 102∶1,理论计算值为 105∶1。图 6.18 说明了棱镜 2 摆角引起的出射光束水平张角范围及变化情况。当编码器 2 读数在 1.8159°~4.8744° 之间变化时,引起的垂直张角变化范围为 358.752μrad,棱镜摆角引起光束变化的减速比为 149∶1,理论计算值为 165∶1。

6.3.2　光束偏转精度测试

偏摆双棱镜扫描系统的光束偏转精度测试采用干涉测量方法。实验中采用的干涉仪测量精度优于 $\lambda/100$,测量光束直径为 150mm,系统质量(平面)为 $\lambda/20$,分辨率优于 $\lambda/1000$(双通)。楔形棱镜的楔角为 5°,折射率为 1.517,偏摆范围为 0°~5°。

测试原理如图 6.19 所示,偏摆双棱镜扫描系统置于干涉仪和反射镜之间,测量光束两次透射双棱镜。根据编码器的读数值及干涉仪测定的光束偏转的 PV 值,再对比相应棱镜摆角引起光束偏转的理论计算值,可以精确标定本装置的光束偏转精度[7]。

基于该测试平台,推导光束偏转的精确表达式。棱镜 1 和棱镜 2 分别绕水平轴和垂直轴偏摆。调整棱镜 1 和棱镜 2,使初始入射光线垂直两个棱镜的平面侧。根据矢量折射定理,折射光的单位方向矢量可以描述为

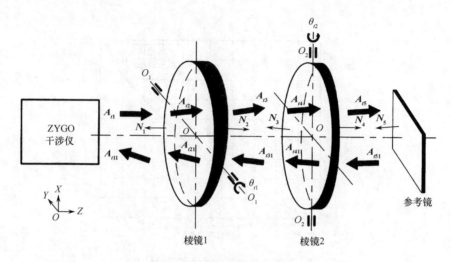

图 6.19　光束偏转精度测试原理

$$A_2 = \frac{n_1}{n_2}A_1 + \left(\sqrt{1 - \left(\frac{n_1}{n_2}\right)^2 (1 - (A_1 \cdot N)^2)} - \frac{n_1}{n_2}(A_1 \cdot N) \right)N \qquad (6.1)$$

式中:A_1、A_2分别为入射光线和折射光线的单位方向矢量;N为由介质 1 指向介质 2 的单位法线;n_1、n_2分别为两种介质的折射率。

在图 6.19 中,设$A_{t1} \sim A_{t5}$分别为入射光线在 5 个光学平面上的方向矢量,$A_{t1} = (0,0,1)^T$且,$N_1 \sim N_5$为 5 个平面的初始法线矢量,并设定平面反射镜的位置满足$N_5 = A_{t5}$。

当棱镜 1 绕 Y 轴偏摆 θ_{t1},棱镜 2 绕 X 轴偏摆 θ_{t2},重新推导$A_{t1} \sim A_{t5}$的方向矢量表达式,并用$A_{t11} \sim A_{t51}$分别表示返回的出射光线方向矢量,$N_{11} \sim N_{41}$表示双棱镜偏摆后 4 个面的法线矢量。

往返后光束总的偏转角为

$$\delta_3 = \arccos(-A_{t11}) \qquad (6.2)$$

由棱镜偏转引起的入射光束在反射镜上的偏转角为

$$\delta_4 = \arccos(-A_{t51}) - \arccos(A_{t5}) \qquad (6.3)$$

反射引起的误差累积系数为:$R = \delta_3/\delta_4$。

设 δ_{3i} 为同一棱镜摆角 $\theta_t(i)$ 引起的光束偏转角理论值,δ_{ti} 为实际干涉仪测量值。当棱镜偏摆 $\theta_t(i)$ 时,光束偏转误差可以表示为

$$s_i = \frac{(\delta_{3i} - \delta_{ti})}{R} \qquad (6.4)$$

光束偏转误差的均方根为

$$\sigma = \left(\frac{1}{n-1} \sum_{i=1}^{n} (s_i - \bar{s})^2 \right)^{\frac{1}{2}} \qquad (6.5)$$

式中: $\bar{s} = \dfrac{1}{n} \displaystyle\sum_{i=1}^{n} s_i$。

共测试了3组数据。图6.20、图6.21和图6.22为3组数据的数据拟合结果,其误差的均方根分别为: $\sigma_1 = 0.437\mu\mathrm{rad}$, $\sigma_2 = 0.418\mu\mathrm{rad}$, $\sigma_3 = 0.402\mu\mathrm{rad}$。

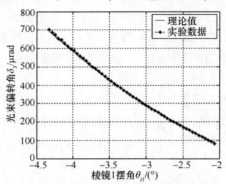

图6.20　第一组数据拟合结果

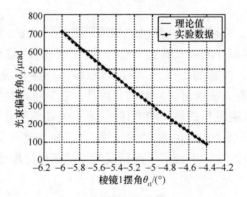

图6.21　第二组数据拟合结果

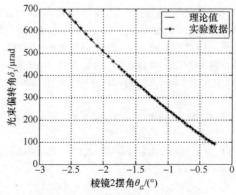

图6.22　第三组数据拟合结果

测试误差主要来自以下几个方面：①读数误差；②棱镜主截面间位置误差；③棱镜的尺寸误差和面形等；④工作台平面形状误差；⑤操作误差等。

棱镜1和棱镜2主截面位置误差以及棱镜的尺寸形状误差可以视为系统误差。经过严格的装校，可以确定这些误差值。观测自准直仪时，需要反复调整位置，直到十字叉像相对清晰为止。干涉仪读数时，棱镜面形的峰谷值是影响测试精度的主要因素，需要取几组数据平均值。由于棱镜1和棱镜2尺寸误差及色散作用，可能导致无论如何调整也得不到清晰的自准直像，此时应该选择相对最清晰的成像位置即认定为测量标定位置。

在测试过程中，随机误差主要有操作误差、读数误差及随机振动误差等。因为本测试要求的精度较高，而自准直仪的精度有限，该误差可能导致测试结果较大并偏离理论计算值，影响最终的测试结果。因此，必须多次测量取平均值，以减小测试误差影响。

6.4　本　章　小　结

本章首先进行了旋转双棱镜多模式扫描系统性能测试，包括旋转双棱镜光束扫描模式、定向跟踪性能以及其逆向解算法的验证等。前两项测试验证了双棱镜多模式扫描理论模型的正确性，为旋转双棱镜扫描系统应用提供了依据。第三项测试验证了查表法求解逆向解的正确性。在偏摆双棱镜扫描系统性能测试中，分别对偏摆双棱镜扫描系统的减速比、光束偏转范围及光束偏转精度等进行了测试。测试结果表明，楔角为5°的棱镜，其摆角与光束的偏转角之间可实现百倍量级的减速比，该结论证实了高精度光束扫描理论模型的正确性。

参　考　文　献

［1］李安虎. 大口径精密光束扫描装置的研究［D］. 上海：中国科学院上海光学精密机械研究所，2007.

［2］高心健. 旋转双棱镜动态跟踪系统研究［D］. 上海：同济大学，2015.

［3］李安虎，刘立人，孙建锋. 大口径精密光束扫描装置［J］. 机械工程学报，2009，45（1）：200－204.

［4］李安虎，刘立人，栾竹. 多维可调光学移相装置：中国，200510029378. 5［P］. 2005－2－22.

［5］李安虎，卞永明，张氢. 精密一维旋转及二维倾斜工作台：中国，200710170500. X［P］. 2009－5－20.

［6］李安虎，卞永明. 组合式传动可变角度微位移调节装置：中国，200910196308. 7［P］. 2009－3－17.

［7］Li A H, Liu L R, Sun J F, et al. Research on a scanner for tilting orthogonal double prisms［J］. Applied Optics, 2006, 45（31）：8063－8069.

第7章 大口径棱镜支撑设计技术

7.1 棱镜多段面支撑设计与分析

对于大口径棱镜(如300mm以上),径向支撑是装置设计的重要内容。国内外许多学者对大型镜子的支撑技术进行了研究,包括主动支撑技术、自适应支撑技术、防转技术等。例如,国内南京天文光学技术研究所的崔向群等[1]针对大口径天文薄镜面的磨制实验,提出了薄镜面主动支撑技术。长春光学精密机械与物理研究所的朱波等[2]采用三点背部支撑方式来支撑大口径地基光电望远镜系统的三镜,保证了系统的光学成像效果。国外Salas等[3]对直径为2.1m的望远镜主镜采用18个气袋进行支撑,并研究了其控制问题。Vukobratovich等[4]将滚轮链应用到大口径镜子的支撑结构设计中,证明了其优越性。

常见的镜子径向支撑形式包括多点支撑、水银带支撑、钢带支撑、滚轮链支撑等。本书研究的棱镜具有质量分布不均匀、需旋转偏摆运动等特点。传统的水银带支撑、链条支撑及钢带支撑等支撑方式无法满足运动要求,而挠性支撑由于在运动过程中存在光轴抖动,难以保证扫描精度。理论上,多点支撑可以满足棱镜旋转及偏摆运动要求,但是对于大口径棱镜,尤其宽径比较小时,多点支撑将产生较大的应力集中及镜面变形。因此,上述支撑方式对于大口径转镜而言,都存在一定的局限性。

本章围绕大型旋转棱镜的光机系统设计,提出一种新的径向支撑方式,借助CAD/CAE技术,建立动态过程中棱镜表面变形及支撑应力的分析方法。

7.1.1 径向多段面支撑

径向支撑方式主要包括点支撑(图7.1)和面支撑(图7.2)等。对于静态结构而言,点支撑易于灵活调节,广泛用于位移或角度需要调节的场合,但局部应力集中较难避免;面支撑受力均衡,且可有效避免局部应力集中,在大型镜子的支撑上应用较多,但结构设计要求相对较高,也不易调节[5]。

表7.1给出了点支撑棱镜的分析情况。棱镜直径600mm,楔角$\alpha = 10°$,薄端厚度$d = 30$mm。选择3点支撑、6点支撑、9点支撑及12点支撑4种典型情况举例说明。如图7.1所示,支撑点在径向均匀分布,并都布置在距离棱镜平面侧20mm处的同一平面内,各支撑点上都施加一定的预紧力以确保支撑紧固,棱镜

两侧添加轴向位移约束[5,6]。

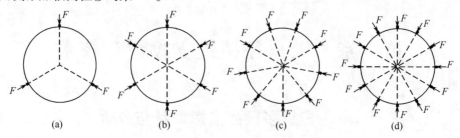

图 7.1   多点支撑

(a)3 点支撑;(b)6 点支撑;(c)9 点支撑;(d)12 点支撑。

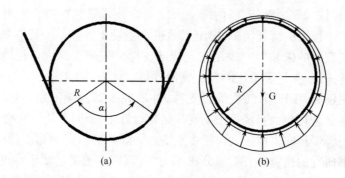

图 7.2   面支撑

(a)钢带支撑;(b)水银带支撑图。

表 7.1   各种点支撑棱镜表面变形及等效应力结果对比

支撑方式	变形		von Mises 应力/Pa
	PV/nm	RMS/nm	
3 点	150. 33	57.48	1.0×10^{6}
6 点	67. 13	22.61	533830
9 点	99.01	47.37	309040
12 点	87.37	44.07	214718

在大口径镜子的动态结构主支撑设计中,为了避免冲击载荷引起的应力集中,很少采用点支撑和线支撑结构,而面支撑可以有效地避免冲击载荷引起的应力集中,且满足结构运动稳定性的要求。如文献[7]提出的钢带支撑、水银带支撑,文献[8]提出的柔性面支撑结构,巧妙地解决了镜子运动中的支撑问题,如图 7.3 所示。

上述柔性支撑对于对称的光学镜子(如平面镜)而言是有效的[9]。但对于非对称的镜子结构(如光楔),镜子运动时,质量的偏心矩引起的冲击载荷会导

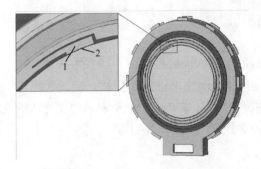

图 7.3　柔性面支撑结构

1—切向槽;2—键(材料为环氧树脂)。

致柔性支撑变形,引起镜子中心位移,造成折射或反射光线的方向改变,影响仪器的使用精度。

为了解决非均匀质量棱镜由于重心偏移引起的变形问题,本节提出多段面可调支撑方法。如图 7.4 所示,在大口径圆形棱镜的圆周上布置 3 段弧形支撑块(弧形面的段数可根据实际情况选择),弧形支撑块放置在镜框的凹槽内。螺钉穿过镜框壁,螺钉头旋在支撑块的螺钉孔中。拧紧螺钉,支撑块将镜子支撑起来;反拧螺钉,支撑块和镜子松开。这样不仅方便拆卸棱镜,而且可以在使用中微调棱镜的位置。设计时,保证镜框内圆周和棱镜外圆周之间的间隙配合,且当支撑块被螺钉拉至镜框凹槽底面时,3 个支撑块内表面构成的圆周小于镜框内径,有利于安装调节[9,10]。

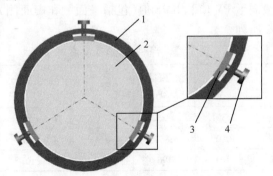

图 7.4　径向多段面可调支撑方案

1—镜框;2—棱镜;3—支撑块;4—螺钉。

7.1.2　三段面支撑分析

针对大口径棱镜的径向支撑设计,作者团队在先前研究中对比了点面支撑、多面支撑和整面支撑等[6,11,12]。本节将对棱镜薄端朝上和薄端朝下两种情况下的三段面支撑进行分析。

1. 分析模型

光学元件为直径 $D=500\text{mm}$，楔角 $\alpha=10°$，薄端厚度 $d_0=30\text{mm}$ 的楔形棱镜，采用径向多段面支撑，绕光轴做旋转扫描运动。如图 7.5 所示，θ 表示支撑块在镜子圆周上的覆盖角度（取 $\theta=20°$），γ 表示两支撑块的支撑夹角，β 表示棱镜的旋转角度，F 表示预紧力（定义 $F=10\text{N}$）。

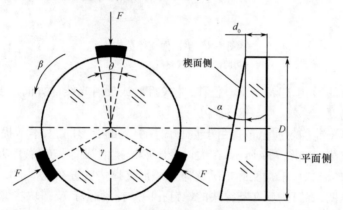

图 7.5　棱镜几何模型示意图

借助有限元分析软件 Ansys，分别分析棱镜薄端朝上和薄端朝下时三段面均匀分布和优化分布形式，研究在棱镜旋转过程中不同支撑方式的特点。文中的评价指标为棱镜面形 PV 值和 RMS 值（包括平面侧和楔面侧）等，涉及的部分材料参数如表 7.2 所列。

表 7.2　部件的材料参数

名称	材料	密度 ρ /(kg/m³)	弹性模量 E /GPa	泊松比 μ	线膨胀系数 α /℃$^{-1}$	热导率 λ /(W·m^{-1}·K^{-1})
棱镜	K9	2530	81.32	0.209	7.5×10^{-6}	1.207
支撑块	尼龙	1050	28.3	0.4	8.0×10^{-6}	0.27
镜框及其他	45 钢	7800	196	0.24	11×10^{-6}	48

2. 静态支撑分析

在静态支撑下，楔形棱镜存在薄端朝上和薄端朝下两种情况，分别对其支撑效果进行分析。

1）薄端朝上

当棱镜薄端朝上时，首先采用三段均布支撑方式，其中一支撑块布置在薄端中央，并与其余两支撑块相互成 $\gamma=120°$ 夹角。三段均布支撑的有限元模型如图 7.6 所示，棱镜与支撑块均采用 20 节点 SOLID95 单元划分网格，棱镜平面侧和楔面侧最外圈圆周节点上添加轴向位移约束,每个支撑块外侧节点上均添加切向位移约束及径向预紧力 $F = 10\text{N}$,并考虑重力加速度为 9.8N/kg。支撑块与棱镜之间添加多点约束算法(Multi‑point constraints,MPC)的柔性接触。

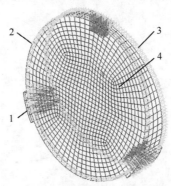

图 7.6　棱镜有限元模型(薄端朝上)

1—支撑块;2—楔面侧;3—平面侧;4—跟踪镜。

静力学分析结果为棱镜的总 PV 值 T_PV(平面侧和楔面侧面形 PV 值之和)为 44.559nm(本节为了研究问题的方便性,均采用总 PV 值和总 RMS 值,下同),总 RMS 值 T_RMS(平面侧和楔面侧面形 RMS 值之和)为 22.948nm,最大 von Mises 等效应力值为 0.0659MPa。图 7.7 所示为棱镜轴向变形等值线图及 von Mises 等效应力等值线图。

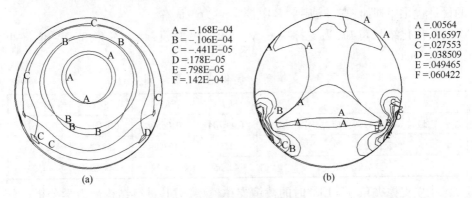

$$A = -.168E-04$$
$$B = -.106E-04$$
$$C = -.441E-05$$
$$D = .178E-05$$
$$E = .798E-05$$
$$F = .142E-04$$

$$A = .00564$$
$$B = .016597$$
$$C = .027553$$
$$D = .038509$$
$$E = .049465$$
$$F = .060422$$

(a) (b)

图 7.7　棱镜等值线图

(a)轴向变形;(b)von Mises 应力。

在静态支撑中,为了寻求更好的支撑效果,提高棱镜的面形精度,对弧形支撑块的支撑角度 γ 进行优化。采用文献[6]提出的两步优化方法:第一步使用 DV SWEEPS 算法得到变形 PV 值与支撑角 γ 的对应关系;第二步基于第一步的结果,使用 First‑Order 优化算法获取全局最优值。

第一步 DV SWEEPS 为等步长搜索方法,在设计空间内完成扫描分析,得到棱镜变形 T_PV 值随支撑角度 γ 的变化趋势。考虑支撑块的支撑弧度及棱镜的支撑布置,设定搜索范围为 30°～180°,步长为 3°,得到如图 7.8 所示的棱镜变形 T_PV 值随支撑角度 γ 的变化曲线。

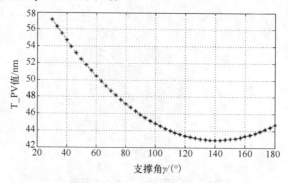

图 7.8 变形 T_PV 值与支撑夹角 γ 的关系曲线

第二步 First – Order 优化算法是对设计变量的敏感程度的优化方法,在每次迭代中计算梯度来确定搜索方向,因此计算精度高、占用时间也相对较多。第一步 DV SWEEPS 算法为第二步 First – Order 优化算法提供初始优化序列,并缩短其设计变量的搜索范围。设定设计变量为支撑夹角 γ,状态变量为 K9 玻璃的许用应力 $[\delta]$,目标函数为跟踪镜变形 T_PV 值,设计变量空间为 120°～160°,得到的设计优化序列如表 7.3 所列,其中带" ∗ "为最优解。

由优化结果可知,当支撑夹角 γ = 138.29°时,棱镜的变形 T_PV 值最小为 43.23nm。

表 7.3 支撑角 γ 优化结果(薄端朝上)

	SET 1	SET 2	∗ SET 3	SET 4
最大 von Mises 等效应力/MPa	0.06704	0.06508	0.07585	0.06671
支撑角 γ/(°)	150	153.89	138.29	124.43
T_PV 值/nm	43.65	43.72	43.23	44.91

建立支撑夹角 γ = 138°时的棱镜支撑模型,对其进行结构静力学分析。分析结果为棱镜变形 T_PV 值为 43.25nm,T_RMS 值为 22.49nm,最大 von Mises 等效应力值为 0.0799MPa。图 7.9 所示为优化后的棱镜轴向变形等值线图及 von Mises 等效应力等值线图。

由分析结果可知,棱镜薄端朝上的情况下,优化后的支撑方式比优化前的 3 段均布支撑方式的镜面变形 PV 值减小了 2.94%,RMS 值减小了 2.0%,一定程度上改善了棱镜面形精度。

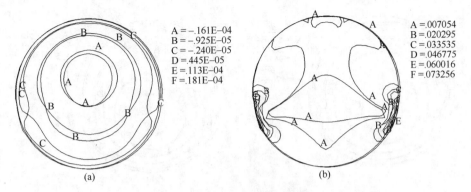

图 7.9　优化后的棱镜等值线图

(a)轴向变形;(b)von Mises 应力。

2）薄端朝下

对于棱镜薄端朝下的情况,同样分析三段均布支撑方式及优化支撑方式,并添加与薄端朝上相同的位移约束、力约束、重力加速度、接触设置等。分析结果表明,三段均布支撑方式下的棱镜变形 T_PV 值为 45.33nm,T_RMS 值为 22.45nm,最大等效应力值为 0.1190MPa。

同样地,对支撑夹角 γ 进行优化,采用薄端朝上情况下的优化方法,得到如表 7.4 所列的设计优化序列,可知当支撑夹角 γ = 133.72°时,棱镜变形的 T_PV 值最小,为 42.97nm。

表 7.4　支撑角 γ 优化结果(薄端朝下)

	SET 1	SET 2	∗ SET 3	SET 4
最大 von Mises 等效应力/MPa	0.09086	0.08502	0.10655	0.10608
支撑角 γ/(°)	150	145.42	133.72	137.49
T_PV 值/nm	44.00	43.17	42.97	44.29

建立支撑夹角 γ = 133°时的棱镜支撑模型。分析结果为棱镜变形 T_PV 值为 43.03nm,T_RMS 值为 22.22nm,最大 von Mises 等效应力值为 0.1060MPa,优化后的镜面变形 T_PV 值比优化前减小了 5.07% ,T_RMS 值减小了 1.02% ,一定程度上改善了棱镜的面形质量。图 7.10 和图 7.11 分别为优化前后的棱镜轴向变形等值线图和 von Mises 等效应力等值线图。

3. 旋转过程分析

无论棱镜是薄端朝上还是薄端朝下,优化后的支撑方式都能够一定程度地改善棱镜的面形精度。当棱镜在不同的旋转位置时(对于动态旋转过程分析,将在 7.2 节详细探讨),优化后的支撑方式是否还具有优势? 下面将进行分析研究。

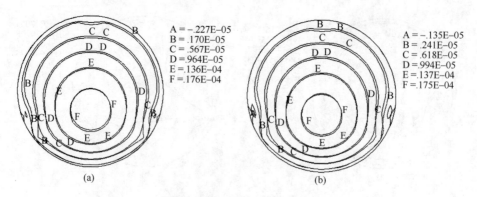

图 7.10　轴向变形等值线图
(a)优化前;(b)优化后。

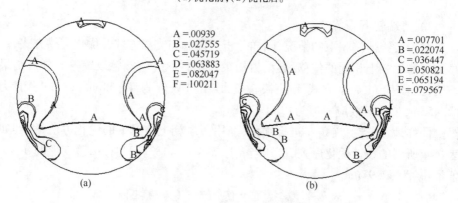

图 7.11　von Mises 应力等值线图
(a)优化前;(b)优化后。

借助 Ansys APDL 语言对棱镜及其支撑结构进行参数化建模,添加与前面相同的约束、重力加速度及接触设置等,选取 5° 为旋转步长,对 0°~360° 旋转范围内的棱镜进行分析。图 7.12(a)为棱镜的运动模型(初始位置),图 7.12(b)为棱镜的有限元模型(旋转角度为 90°)。

采用 Matlab 软件对旋转分析后的棱镜变形 T_PV 值进行数据拟合,得到 T_PV 值与旋转角 β 的关系。图 7.13 和图 7.14 分别为棱镜薄端朝上和薄端朝下时三段面均布支撑方式与优化支撑方式的对比曲线。

由图 7.13 和图 7.14 可知,对于棱镜薄端朝上的情况,当棱镜在 0°~45°、155°~210° 和 315°~360° 范围内旋转时,三段均布支撑方式的变形 T_PV 值大于优化支撑方式的 T_PV 值;当棱镜在 45°~155° 和 210°~315° 旋转范围内,优化支撑方式的变形 T_PV 值大于均布支撑方式的 T_PV 值。对于薄端朝下的情况,当棱镜在 0°~70°、140°~220° 和 290°~360° 范围内旋转时,三段均布支撑方式的变形 T_PV 值大于优化支撑方式的 T_PV 值;当棱镜在 70°~140° 和 220°~290° 范

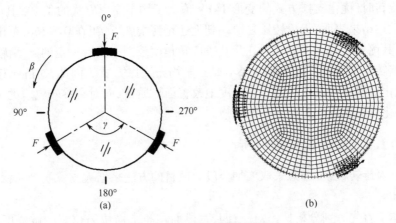

图 7.12   棱镜旋转分析模型

（a）运动模型（初始位置）；（b）有限元模型（旋转 90°位置）。

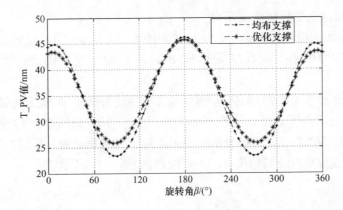

图 7.13   面形 T_PV 值（薄端朝上）

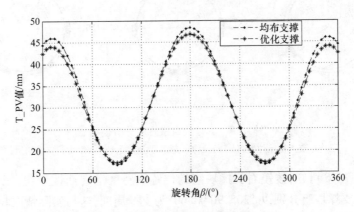

图 7.14   面形 T_PV 值（薄端朝下）

227

围内旋转时,优化支撑方式的变形 T_PV 值大于均布支撑方式的 T_PV 值。

上述结果表明,无论棱镜是薄端朝上还是薄端朝下,当在 0°~360°范围内旋转时,其优化后的支撑方式只在某几段旋转角度范围内具有一定的支撑优势,在其余旋转角度范围内其支撑效果不如三段均布支撑方式。因此,对静态棱镜而言,优化后的支撑方式可以一定程度地改善面形质量,而对有旋转要求的棱镜来说,优化后的支撑方式并不一定理想。

7.1.3　多段面支撑分析

针对旋转棱镜,考虑采取增加分段面数目的方法来增大支撑接触面积,改善面形质量。

本节首先分别分析棱镜对三、四、六段面均布支撑块组位置的敏感度,然后对比分析三段面均布支撑、四段面均布支撑及六段面均布支撑方式在棱镜旋转过程中的支撑效果。

1. 支撑块组位置敏感度研究

由于多段面沿棱镜圆周均布时存在多种布置方式,不同的布置方式会对棱镜变形及应力带来不同程度的影响,即棱镜对均布支撑块组位置的敏感度不同[10]。

图 7.15 所示为棱镜对支撑块组的位置敏感度分析模型,设定棱镜薄端朝上并固定不动,让支撑块组以 5°为步长在镜子 0°~360°圆周范围内旋转。借助 Ansys APDL 语言参数化建模分析和 Matlab 强大的数据处理功能,得到镜面变形 T_PV 值与支撑块组旋转角度 δ 的关系曲线,如图 7.16 所示。

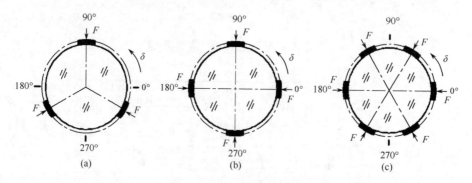

图 7.15　支撑块组敏感度分析模型

(a)三段均布支撑初始位置;(b)四段均布支撑初始位置;(c)六段均布支撑初始位置。

由图 7.16 可知,棱镜对支撑块组的位置敏感度呈周期性变化,三段、四段、六段均布支撑块组分别以 120°、90°和 60°为支撑周期,这与实际情况相符合。

以下仅对第一个周期内的结果做简要分析(其他周期均相同,不再赘述):

对于三段均布支撑,当支撑块组在 0°或 120°位置,即图 7.15(a)所示的支撑位置时,棱镜变形的 T_PV 值最小,为 44.56nm。在该支撑位置,镜子面形对三段支撑最不敏感,为最佳三段面支撑位置。对于四段均布支撑,当支撑块组在 45°位置,即图 7.15(b)中的支撑块组再旋转 $\delta = 45°$ 的支撑位置时,棱镜变形的 T_PV 值最小,为 42.73nm。在此支撑位置,镜子面形对四段支撑最不敏感,为最佳四段面支撑位置。同理,当六段面支撑块组在 0°或 60°位置,即图 7.15(c)所示的支撑位置时,棱镜变形的 T_PV 值最小,为 41.02nm。在此支撑位置,镜子面形对六段支撑最不敏感,为最佳六段面支撑位置。

从图 7.16 中还可以发现,三段面支撑的曲线在四段面支撑的曲线之上,四段面支撑的曲线在六段面支撑的曲线之上,这说明棱镜在静态固定位置时,增加支撑段面数有利于改善支撑效果。

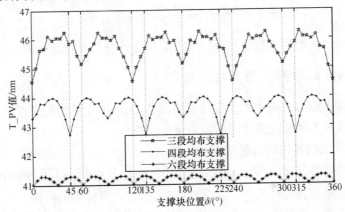

图 7.16　不同位置处支撑块组的支撑效果

2. 旋转过程分析

经过上述分析,得到了三段、四段及六段均布支撑块组的优化支撑位置。接下来对棱镜旋转过程进行分析,仍选取 5°为旋转步长,对棱镜在 0°~360°旋转角度范围内的面形进行评估。

图 7.17 所示为棱镜变形 T_PV 值与旋转角 β 的关系曲线图。由图可知,无论是最佳三段均布支撑、最佳四段均布支撑还是最佳六段均布支撑方式,镜面面形最大 T_PV 值均出现在棱镜旋转至 180°的位置,分别为 46.65nm,47.53nm 和 44.39nm。通过计算发现,三段支撑曲线的最大 T_PV 值与最小 T_PV 值之差为 22.55nm,四段支撑曲线的最大 T_PV 值与最小 T_PV 值之差为 32.05nm,六段支撑曲线的最大 T_PV 值与最小 T_PV 值之差为 30.63nm,这说明三段均布支撑方式在棱镜旋转过程中变形波动性相对较小,即支撑效果要优于四段和六段均布支撑方式。

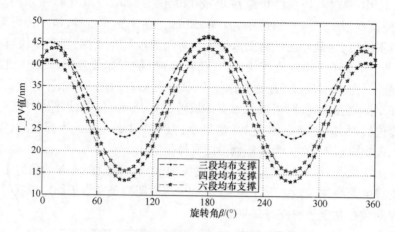

图 7.17　不同支撑方式下的镜面面形质量

本章后续内容将主要针对三段均布支撑方式分析支撑结构的各种性能。

7.1.4　多段面支撑方法的推广

本节将研究多段面支撑方式对不同口径、不同楔角棱镜的支撑效果,寻找一定楔角范围内不同多段面支撑时的局部最优楔角。

1. 对不同口径棱镜的影响

选取薄端厚度 $d_0 = 30\text{mm}$,楔角 $\alpha = 10°$,口径 $D = 400 \sim 1200\text{mm}$ 的大口径棱镜作为分析对象,研究三、四、六段面均布支撑方式对棱镜的影响。图 7.18 为不同多段面支撑下的棱镜变形 T_PV 值与棱镜口径之间的关系曲线图。

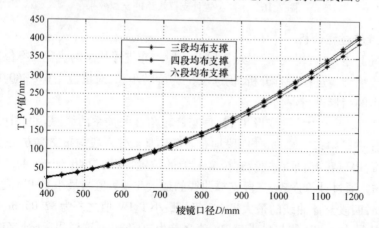

图 7.18　多段面支撑对不同口径棱镜的影响

由图 7.18 可知,随着口径的不断增大,镜面变形的 T_PV 值也不断增大,即多段面支撑效果越来越差。例如,如果要求单侧镜面面形 PV 值小于 $1/4\lambda$(λ = 632.8nm),那么当口径 $D \geqslant 1000$mm 时,现有的多段面支撑方式就难以满足面形精度的要求。

2. 对不同楔角镜子的影响

对于楔形棱镜来说,增大楔角可以扩大成像视场和扫描范围,提高光学系统的工作性能。选取薄端厚度 $d_0 = 30$mm,口径 $D = 500$mm,楔角 $\alpha = 5° \sim 30°$ 的楔形棱镜作为分析对象,研究三、四、六段面均布支撑方式对面形的影响。图 7.19 为不同多段面支撑下的棱镜变形 T_PV 值与棱镜楔角之间的关系曲线图。

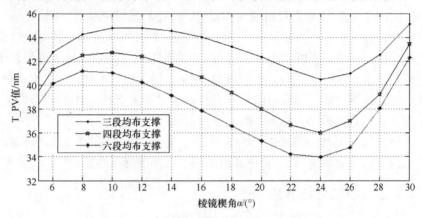

图 7.19 多段面支撑对不同楔角棱镜的影响

由图 7.19 可知,在 $5° \sim 30°$ 的楔角范围内,多段面支撑下的棱镜变形均能满足小于 $1/4\lambda$ 的要求。棱镜变形 T_PV 值并没有随着楔角的增大而增大,而是在某一楔角处出现了极小值。理论上,随着棱镜楔角的增大,棱镜的变形应呈增大趋势,但是当楔角不断增大时,棱镜侧面与支撑块的接触面积也不断增大,对变形起到了补偿作用。下面通过优化方法,寻解 T_PV 极小值对应的最优楔角。选取楔角 α 为设计变量,K9 玻璃的许用应力 $[\delta]$ 为状态变量,镜面变形 T_PV 值为目标函数,楔角搜索空间为 $22° \sim 26°$,得到的优化分析结果如表 7.5 所列。

表 7.5 不同支撑方式下的最优楔角

	搜索空间/(°)	楔角初值/(°)	最优楔角/(°)	对应 T_PV 值/nm
三段面支撑方式	22 ~ 26	24	24.76	40.17
四段面支撑方式	22 ~ 26	24	24.08	35.42
六段面支撑方式	22 ~ 26	24	24.24	33.76

上述结果表明,当棱镜楔角 α 在 $5° \sim 30°$ 范围内时,三、四、六段面支撑方式分别适合支撑楔角为 24.76°、24.08° 和 24.24° 的楔形棱镜。

综上所述,在静态支撑中,多段面支撑方式可以保证较好的面形精度。

7.2 棱镜动态支撑性能研究

在大型光机系统的跟踪、扫描等动态运动过程中,光学元件的动态特性除了受到自重的影响外,还会受到辅助机构(如支撑系统)的碰撞、冲击、摩擦等作用,可能导致光学系统的整机性能达不到预期的设计要求。目前,采用有限元法对光机系统进行结构优化、性能分析等研究逐渐成熟,但主要集中在静力学特性方面,有关动态分析的研究较少[9]。

国内的张莹涛[13]针对反射镜支撑结构,研究了反射镜动态工况,评估了的镜面变形和面形质量。肖前进等[14]根据力学和动力学理论,对一种低耦合位移动镜的支撑机构进行了静动态性能分析,结果表明该支撑系统能够满足镜子的动态性能要求。国外的 Burns 等[15]针对 Gemini 望远镜的主动支撑机构,研究了可变形镜的动态性能。尽管国内外学者都在尝试研究光机系统的动态性能,但尚未建立一种有效的动态分析方法。

本节利用 ADAMS 软件和 ANSYS 软件平台,考虑动态因素的影响,对扫描棱镜系统进行动力学仿真,并将仿真结果用于后续的支撑性能研究。

7.2.1 动态分析方法

本节采用的动态分析方法如图 7.20 所示[10]。

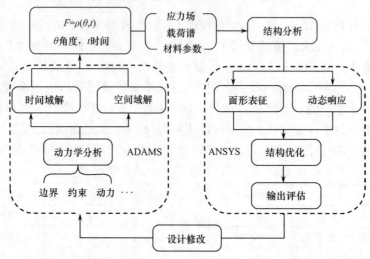

图 7.20 动态光学单元支撑结构的动态性能分析方法

动态分析方法包括两个方面的内容:①基于 ADAMS 软件对动态光学系统进行动力学仿真;②基于 ANSYS 软件分析光学元件的支撑结构性能。

具体步骤如下：

（1）建立动态光学系统简化模型，添加约束、载荷及驱动等要素，进行系统动力学分析及求解，得到时间域（空间域）上的载荷谱。

（2）将求解得到的载荷谱以外载的形式添加到光学元件上，分析得到镜面面形表征值或节点动态响应曲线。

（3）分析和评估面形，若不满足工作要求，修改相应参数，对支撑系统进行优化和改进，直至达到系统的精度要求为止。

该方法充分利用了 Adams 和 Ansys 软件的技术优势，而且综合考虑了外界动载因素，使系统仿真更加接近实际工况，为后续的测试分析提供了可靠的依据。

7.2.2 转动棱镜动力学仿真与分析

本节采用动态性能分析方法，对三段面支撑下的棱镜模型进行动力学仿真分析。

建立棱镜系统简化模型，包括楔形棱镜、支撑块、楔形挡圈、内镜框等。棱镜采用 K9 玻璃，直径 $D = 500\text{mm}$，薄端厚度 $d_0 = 30\text{mm}$，楔角 $\alpha = 10°$；支撑块采用尼龙材料，厚度 $t = 15\text{mm}$，在棱镜外圆周覆盖的角度范围为 $\theta = 20°$；楔形挡圈和内镜框采用 45 钢，其尺寸配合楔形棱镜和支撑块设定，不再赘述。

通过三维建模软件 Pro/Engineer 建立并装配棱镜简化模型，导入 Adams 中，定义各个部件的外观和材质，整体效果如图 7.21 所示。棱镜系统的约束和载荷包括固定副、旋转副、接触力、预紧力、驱动力等。固定副包括支撑块 A、B、C 与内镜框之间的 JOINT_1、JOINT_2、JOINT_3（marker 点定义在各支撑块的质心点 cm 上），楔形挡圈与内镜框之间的 JOINT_4（marker 点定义在内镜框的质心点 cm 上）；旋转副 JOINT_ROTATE 主要添加在内镜框上，marker 点定义在内镜框的质心点 cm 上；接触力主要包括楔形挡圈与棱镜之间的 CONTACT_4、内镜框与棱镜之间的 CONTACT_5，支撑块与棱镜之间的接触力将在下面进行详述；预紧力 FORCE_1、FORCE_2、FORCE_3 分别添加在支撑块 A、B、C 的 cm 点上，大小为 $F = 10\text{N}$，添加重力加速度 -9800mm/s^2；在 JONIT_ROTATE 上添加旋转驱动，定义旋转速度为 $30(°)/\text{s}$，仿真时间为 12s，实现棱镜 $0° \sim 360°$ 的旋转运动。

在动力学仿真中，接触力（contact force）正常情况下是无法实时测量的。为此，在添加约束的过程中，增加如下步骤：

首先，复制支撑块 A、B、C，得到支撑块 A_1、B_1、C_1，对应两支撑块之间分别添加固定副 JOINT_A、JOINT_B、JOINT_C，并将支撑块 A_1、B_1、C_1 设定为无质量的构件，然后在支撑块 A_1、B_1、C_1 与棱镜之间添加接触力 CONTACT_A、CONTACT_B、CONTACT_C。由于支撑块 A_1、B_1、C_1 没有质量，与棱镜的接触力通过固定副

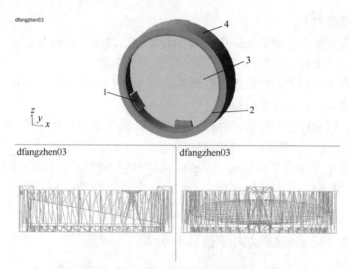

图 7.21　棱镜系统的简化机构模型

1—支撑块;2—内镜框;3—跟踪镜;4—楔形挡圈。

JOINT_A、JOINT_B、JOINT_C 完全传递给了支撑块 A、B、C,并且支撑块 A_1、B_1、C_1 对棱镜系统的动力学特性不产生影响。通过测量固定副 JOINT_A、JOINT_B、JOINT_C 的受力大小,可实时获取接触力的大小。图 7.22 所示为全部约束和载荷添加完后的棱镜系统图。

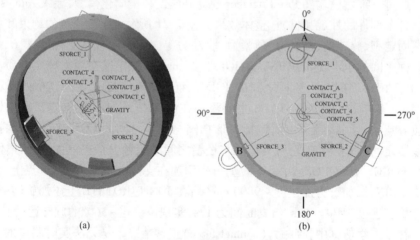

图 7.22　棱镜系统的加载模型

(a)约束模型;(b)旋转示意模型。

　　通过棱镜系统动力学仿真,提取固定副 JOINT_A、JOINT_B、JOINT_C 的受力,得到如图 7.23、图 7.24 和图 7.25 所示的仿真结果,分别表示系统在 0°～360°旋转过程中支撑块 A、B、C 对棱镜的作用力 F_A、F_B 和 F_C。

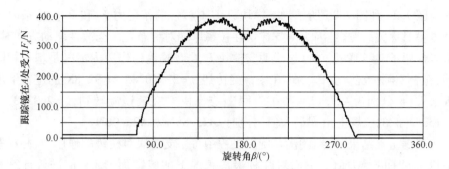

图 7.23　支撑块 A 对棱镜的作用力 F_A

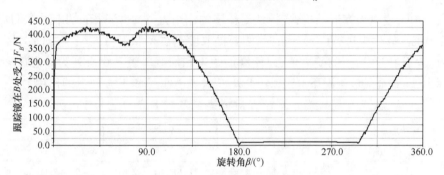

图 7.24　支撑块 B 对棱镜的作用力 F_B

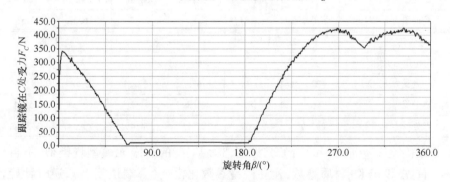

图 7.25　支撑块 C 对棱镜的作用力 F_C

由图 7.23 可知,当棱镜旋转角度在 0°~73.44°和 290.16°~360°范围内时,支撑块 A 对棱镜的作用力 $F_A = 10.08\mathrm{N}$,即棱镜只受到预紧力的作用;当棱镜旋转角度 β 在 73.44°~290.16°范围内时,支撑块 A 对棱镜的作用力 F_A 逐渐增大,最后又减小至预紧力大小,并在 $\beta = 180°$ 附近出现一个极小值。这是因为棱镜的重心并不在几何中心,在旋转过程中棱镜均是偏心受力,所以支撑块 A 对棱镜的最大作用力 $F_{A\max}$ 出现在 $\beta = 159.84°$ 和 $\beta = 213.84°$ 的位置上,大小分别为 393.52N 和 391.61N。

图 7.24 和图 7.25 所示为支撑块 B、C 对棱镜的作用力 F_B 和 F_C。两条曲线基本呈对称关系,这是因为两支撑块在棱镜厚端对称布置。当改变驱动方向时,可以使两条曲线基本重合,这说明支撑块 B、C 对棱镜的作用力情况是基本相同的,符合实际情况。支撑块 B 在棱镜旋转到 $\beta = 32.40°$ 和 $\beta = 92.88°$ 的位置上出现最大值,分别为 427.11N 和 427.84N;支撑块 C 在棱镜旋转到 $\beta = 269.28°$ 和 $\beta = 334.08°$ 的位置上出现最大值,分别为 425.88N 和 425.06N。

根据仿真结果,得到棱镜在旋转过程中每一支撑块对棱镜的作用力,并提取最危工况下的受力值。下面对几种最危工况下的棱镜面形 PV 值进行计算和分析。

由于棱镜为楔形结构,支撑块对棱镜的作用力方向并不指向几何中心,所以在 Ansys 软件中进行面形分析时,需要提取棱镜在 X 和 Y 方向(Z 方向基本不受力,故不予考虑)上的受力值,以便添加约束和加载。表 7.6 所列为动态旋转过程中,在 6 个最危工况下,支撑块 A、B、C 对棱镜在 X 和 Y 方向上的作用力。

表 7.6 支撑块 A、B、C 对棱镜在 X 和 Y 方向上的作用力

旋转角 $\beta/(°)$	32.40		92.88		159.84	
作用力方向	X	Y	X	Y	X	Y
A 处受力 F_A/N	5.19	−8.45	177.20	−2.61	149.64	363.88
B 处受力 F_B/N	215.38	368.82	−216.72	368.89	−164.95	−28.40
C 处受力 F_C/N	−209.93	−3.21	4.56	9.64	−6.32	8.53
旋转角 $\beta/(°)$	213.84		269.28		334.08	
作用力方向	X	Y	X	Y	X	Y
A 处受力 F_A/N	−226.24	311.06	−167.12	−12.81	4.24	8.98
B 处受力 F_B/N	4.34	9.81	−4.89	9.52	247.34	25.04
C 处受力 F_C/N	232.96	23.09	201.15	374.49	−250.47	343.42

以棱镜旋转到 $32.40°$ 的工况为例,其余工况的有限元模型均类似,不再赘述。首先,设定 K9 材质参数,建立棱镜参数化模型(薄端正朝上),逆时针旋转 $32.40°$;使用 20 节点的 SOLID95 单元划分网格,在棱镜模型圆周方向划分 72 等份,轴向划分 4 等份;在支撑块 A 位置的节点上分别施加 5.19N 的 X 方向作用力和 −8.45N 的 Y 方向作用力,在支撑块 B 位置的节点上分别施加 215.38N 的 X 方向作用力和 368.82N 的 Y 方向作用力,在支撑块 C 位置的节点上分别施加 −209.93N 的 X 方向作用力和 −3.21N 的 Y 方向作用力,在除支撑块区域外的两侧边线上添加轴向约束和切向约束,考虑重力加速度为 9.8N/kg。加载后的模型如图 7.26 所示。

对其余 5 种工况下的棱镜同样建模、加载、分析计算后,得到表 7.7 所列的

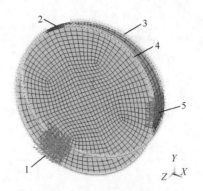

图 7.26 动态跟踪镜分析模型(32.40°位置)

1—支撑块 B 位置；2—支撑块 A 位置；3—平面侧；4—楔面侧；5—支撑块 C 位置。

面形 PV 值和 von Mises 等效应力值。由表可知,当棱镜旋转至 159.84°时,平面侧镜面面形 PV 值达到最大值,为 103.16nm;当棱镜旋转至 213.84°时,楔面侧面形 PV 值达到最大值,为 74.38nm。若取 $\lambda = 632.8$nm,则三段面支撑方式能够满足棱镜动态面形 PV 值小于 $\lambda/4(\lambda = 632.8nm)$ 的要求。

表 7.7 镜面面形 PV 值和 von Mises 等效应力值

旋转角 β/(°)	32.40	92.88	159.84	213.84	269.28	334.08
平面侧 PV 值/nm	26.42	42.13	103.16	98.64	39.02	26.31
楔面侧 PV 值/nm	52.27	62.58	61.14	74.38	61.31	56.49
von Mises 应力/MPa	0.216	0.218	0.434	0.424	0.208	0.206

图 7.27 至图 7.32 分别为 32.40°、92.88°、159.84°、213.84°、269.28° 及 334.08°动态工况下棱镜平面侧和楔面侧变形的等值线图。

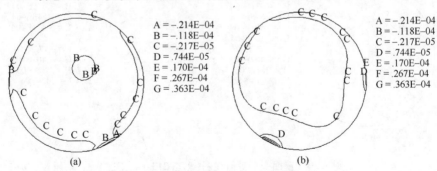

图 7.27 镜面变形等值线图(动态 32.40°工况)

(a)平面侧;(b)楔面侧。

对比图 7.17 和表 7.7,发现棱镜动力学分析得到的最危工况面形 PV 值远大于静态旋转位置分析时得到的最危工况面形 PV 值(静态时:平面侧面形 PV

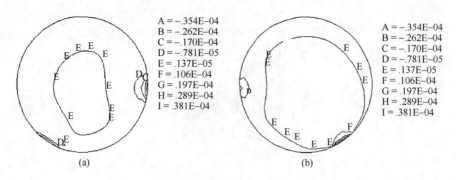

图 7.28　镜面变形等值线图(动态 92.88°工况)
(a)平面侧;(b)楔面侧。

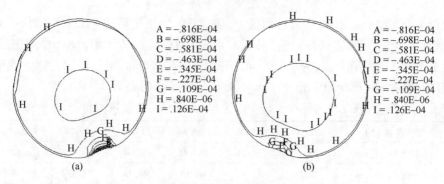

图 7.29　镜面变形等值线图(动态 159.84°工况)
(a)平面侧;(b)楔面侧。

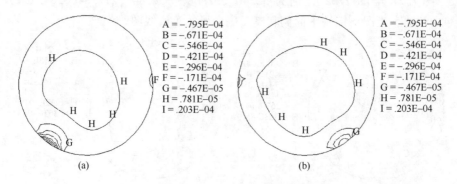

图 7.30　镜面变形等值线图(动态 213.84°工况)
(a)平面侧;(b)楔面侧。

值为23.06nm,楔面侧面形 PV 值为22.02nm)。这是因为在动态分析时,综合考虑了摩擦、碰撞及冲击等多种外界因素,可以更加真实地反映棱镜的实际工作状况。

238

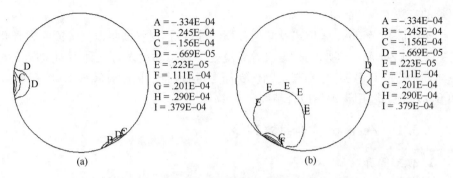

图7.31　镜面变形等值线图(动态269.28°工况)

(a)平面侧;(b)楔面侧。

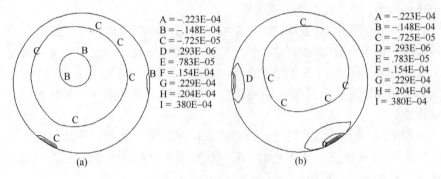

图7.32　镜面变形等值线图(动态334.08°工况)

(a)平面侧;(b)楔面侧。

7.3　棱镜面形拟合

　　光机系统的光学元件在重力、外载等作用下,容易产生镜面变形,这会引起光学系统的同心度变化和波前畸变,影响整个系统的光学特性。为了获得镜面波像差信息,需要对变形镜面进行面形拟合。镜面的波面总是趋于光滑和连续的,因此可以用一个完备基底函数的线性组合或一线性无关的基底函数系的组合来表示面形变化。用泽尼克多项式(Zernike polynomials)对镜面面形数据进行拟合处理的方法已经广泛应用于光学设计软件、干涉检查和工程项目等。Zernike多项式各项之间是线性无关、互为正交的,且可以唯一地、归一化地描述系统圆形孔径的波前边界。此外,Zernike多项式与初级像差有一定的对应关系,很容易与光学设计中惯用的赛德尔(Seidel)像差项建立联系。在实际光学实验中,数据波前常常由多种像差混合而成,借助Zernike多项式拟合易于获取各种波像差的具体数据信息,为有效地处理各像差系数和优化系统性能提供了有效的方法。

本节除对 Zernike 多项式及其拟合算法等进行分析外,将以棱镜镜面为研究对象,通过 Zernike 多项式前 15 项对棱镜处于静态和动态等几种不同工况下的镜面面形进行计算,并分别与实际仿真面形进行对比,同时计算面形 PV 值误差和 RMS 值误差,用于评估拟合精度。

7.3.1 Zernike 拟合基本理论

1. 像差简介

通常,实际的光学系统和理想的光学系统存在一定的差异,即空间物点发出的光线经过实际光学系统后,不是会聚于像空间的一点,而是形成一个弥散斑,弥散斑的大小与系统的像差有关。

在波动光学理论中,近轴区内一个物点发出的球面波经过光学系统后仍然是球面波。由于衍射现象的存在,一个物点的理想像是一个复杂的艾里斑。对于实际的光学系统,由于像差的存在,经过光学系统形成的波面已不是球面,这种实际波面和理想波面的偏差,被称为波像差,其大小可直接用于评价光学系统的成像质量。

一般来说,使用幂级数展开式的形式来描述光学系统的像差是一种惯用的方法。由于 Zernike 多项式和光学检测中观测到的像差多项式的形式是一致的,因此常常被用来描述波前特性。

2. Zernike 多项式

Zernike 多项式的极坐标表达式为[16]

$$W_n^k(\rho,\theta) = R_n^k(\rho) \cdot \Theta_n^k(\theta) \tag{7.1}$$

式中:$R_n^k(\rho)$ 为仅与径向有关的项;$\Theta_n^k(\theta)$ 为仅与幅角有关的项;n 为多项式的阶数;k 为与阶数 n 有关的序号,其值恒与 n 同奇偶性,且绝对值小于或等于阶数 n。若定义 $k = n - 2m$,则 $R_n^k(\rho)$ 为

$$R_n^{n-2m}(\rho) = \begin{cases} \sum_{s=0}^{m} (-1)^s \dfrac{(n-s)!}{s!(m-s)!(n-m-s)!}\rho^{n-2s} & (n-2m \geq 0) \\ R_n^{|n-2m|} & (n-2m < 0) \end{cases}$$

$$\tag{7.2}$$

$\Theta_n^k(\theta)$ 为

$$\Theta_n^{n-2m}(\theta) = \begin{cases} \cos[(n-2m)\theta] & (n-2m \geq 0) \\ -\sin[(n-2m)\theta] & (n-2m < 0) \end{cases} \tag{7.3}$$

根据 $R_n^k(\rho)$ 和 $\Theta_n^k(\theta)$ 就可以写出每一项 Zernike 多项式的具体表达式。

在直角坐标系下,n 项 Zernike 多项式可表示为

$$V(x,y) = \sum_{k}^{n} a_k Z_k(x,y) = a_1 Z_1(x,y) + a_2 Z_2(x,y) + \cdots + a_n Z_n(x,y)$$

$$(7.4)$$

式中：n 为 Zernike 多项式的项数；a_k 为 Zernike 多项式中第 k 项系数；$Z_k(x,y)$ 为 Zernike 多项式的第 k 项；x、y 为数据点坐标。

对于式(7.4)所取的 Zernike 项数要根据实际情况而定，并非是项数越多拟合精度越高。经过初步的拟合程序调试，本节最终选取 Zernike 多项式的前 15 项对跟踪镜镜面面形进行拟合。Zernike 多项式前 15 项在直角坐标系中的表达式如表 7.8 所列。

表 7.8　Zernike 多项式在直角坐标系中前 15 项表达式

项数 k	Zernike 第 k 项表达式	项数 k	Zernike 第 k 项表达式
1	1	9	$\sqrt{8}(3x^2 - y^2)y$
2	$2x$	10	$\sqrt{8}(3x^2 - y^2)x$
3	$2y$	11	$\sqrt{5}[6(x^2+y^2)^2 - 6(x^2+y^2) + 1]$
4	$\sqrt{3}(2x^2 + 2y^2 - 1)$	12	$\sqrt{10}(4x^2 + 4y^2 - 3)(x^2 - y^2)$
5	$2\sqrt{6}xy$	13	$2\sqrt{10}(4x^2 + 4y^2 - 3)xy$
6	$\sqrt{6}(x^2 - y^2)$	14	$\sqrt{10}(x^4 - 6x^2 y^2 + y^4)$
7	$\sqrt{8}(3x^2 + 3y^2 - 2)y$	15	$4\sqrt{10}(x^2 - y^2)xy$
8	$\sqrt{8}(3x^2 + 3y^2 - 2)x$		

拟合曲面的方法有很多，如三角面片、三次 B 样条曲面等。在光学问题中通常选择 Zernike 多项式作为被测波面拟合的基底函数，除了因为 Zernike 多项式拟合波面的精度最高之外，还归因于它的几个重要特点[16]：

（1）Zernike 多项式的每一项都具有明确的物理含义，与初级像差有一定的对应关系，且与光学设计中惯用的 Seidel 像差很容易建立联系。

（2）各项在单位圆上是正交的，即有

$$\int_0^1 \int_0^\pi W_n^k(\rho,\theta) W_n^q(\rho,\theta)\rho \mathrm{d}\rho \mathrm{d}\theta = \begin{cases} \dfrac{\pi}{n+1}\delta & (n=m, k=q) \\ 0 & (n \neq m, k \neq q) \end{cases} \tag{7.5}$$

式中：$W_n^k(\rho,\theta)$、$W_n^q(\rho,\theta)$ 为 Zernike 多项式的任意两项；当 $k=0$ 时，$\delta=1$，当 $k\neq 0$ 时，$\delta=0.5$。Zernike 多项式的正交性使拟合多项式的系数能够相互独立，避免了偶然因素的干扰。

（3）Zernike 多项式还具有独特的旋转对称性（当其绕原点旋转时多项式的表达式不变），这使得它在光学问题的求解过程中具有良好的收敛性，因此非常适合圆形光学镜面的面形误差拟合。

（4）当 Zernike 多项式用作程序的数据接口时，可以压缩大量数据且具有良好的兼容性，表示的数据也更加直观明了。

3. 拟合算法

求解 Zernike 多项式拟合系数是镜面面形拟合最为关键的一步。如果不能正确求出拟合系数 a_k，随后的面形拟合和像差分析将变得毫无意义。常用的求解拟合系数的方法主要有 Gram – Schmidt 正交化法、协方差矩阵法、Householder 变换法、最小二乘法等[16]。

1）Gram – Schmidt 正交化法

一组正交基底函数 U 可表示成如下的形式：

$$U = BZ \tag{7.6}$$

式中：B 是元素为 b_{ij} 的系数矩阵；Z 为 Zernike 多项式；U 中的元素满足下列条件：

$$\sum_{\eta} U_{l_1} U_{l_2} = \begin{cases} 0 & (l_1 \neq l_2) \\ 1 & (l_1 = l_2) \end{cases} \tag{7.7}$$

式中：η 为离散数据点的集合。

通过 Gram – Schmidt 正交化法可给出 b_{ij}，即

$$b_{ij} = \begin{cases} 0 & (i < j) \\ \left(\sum_{\eta} Z_i^2 - \sum_{l=1}^{i-1} \left(\sum_{\eta} Z_i U_l \right)^2 \right)^{1/2} & (i = j) \\ - \sum_{l=1}^{i-1} b_{ii} b_{lj} \left(\sum_{\eta} Z_i U_l \right) & (i > j) \end{cases} \tag{7.8}$$

由式（7.4）和式（7.6），得

$$V(x,y) = A^{\mathrm{T}} Z = A^{\mathrm{T}} B^{-1} U = C^{\mathrm{T}} U \tag{7.9}$$

式中：A 为 Zernike 系数矩阵；$C^{\mathrm{T}} = A^{\mathrm{T}} B^{-1}$。

由式（7.9）可得：

$$U^{\mathrm{T}} C = V^{\mathrm{T}} \tag{7.10}$$

上式两边同时左乘 U，得

$$UU^{\mathrm{T}} C = UV^{\mathrm{T}} \tag{7.11}$$

由于 U 为正交矩阵，则有 $UU^{\mathrm{T}} = E$，这样便可求得 $C = UV^{\mathrm{T}}$。结合 $C^{\mathrm{T}} = A^{\mathrm{T}} B^{-1}$，就可以求得 Zernike 多项式拟合系数 $A = (VU^{\mathrm{T}} B)^{\mathrm{T}}$。

2）Householder 变换法

Householder 变换也称为反射变换或镜像映射，Householder 矩阵具有如下定义：

$$H = 1 - 2uu^{\mathrm{T}} \tag{7.12}$$

式中：u 为列向量，$u \in \mathbf{R}^n$。从上述定义可知，矩阵 H 具有 3 个特性，分别为正交

性($HH^{\mathrm{T}} = E$)、对称性($H = H^{\mathrm{T}}$)及对合性($H^2 = E$)。

在 Householder 变换中经常使用如下两个重要定理：

（1）设定 $u \neq 0$，令 $\rho = 1/2 \parallel u \parallel^2$，则 $H = 1 - \rho^{-1} uu^{\mathrm{T}}$ 是一个 Householder 矩阵。

（2）设 $x \in \mathbf{R}^n$，$\sigma = \pm \parallel x \parallel$，且假定 $x \neq -\sigma e$，则可以找到一个 Householder 矩阵 H，使得 $Hx = -\sigma e_1$，其中 $e_1 = (1, 0, \cdots, 0)^{\mathrm{T}}$。

借助上述两个定理，可以编制出相应的算法将 Zernike 多项式的测量矩阵 Z 正交三角化，且能避免方程组出现病态，求解出 Zernike 多项式的系数矩阵 A。

3）协方差矩阵法

协方差矩阵法事实上是一种简化的 Gram - Schmidt 法，它避开了正交化过程，而是通过 Zernike 多项式 Z 的协方差矩阵的线性变换来求解拟合系数 a_i。

定义 D_{ij} 表示 Z_i 和 Z_j 的协方差，令

$$D_{kl} = \frac{1}{n} \sum_{i=1}^{m} (Z_{ki} - \overline{Z}_k)(Z_{li} - \overline{Z}_l) \tag{7.13}$$

式中：$\overline{Z}_j = \frac{1}{m} \sum_{i=1}^{m} Z_{ji} (j = 1, 2, \cdots, n)$，且 $D_{kl} = D_{lk}$。

当使用 Gram - Schmidt 法对 n 项 Zernike 多项式进行拟合时，协方差矩阵的前 n 行所组成的矩阵为

$$\begin{bmatrix} D_{11} & D_{12} & \cdots & D_{1n} & D_{1,n+1} \\ D_{21} & D_{22} & \cdots & D_{2n} & D_{2,n+1} \\ \vdots & \vdots & & \vdots & \vdots \\ D_{n1} & D_{n2} & \cdots & D_{nn} & D_{n,n+1} \end{bmatrix}$$

构造如下矩阵方程：

$$\begin{bmatrix} D_{11} & D_{12} & \cdots & D_{1n} \\ D_{21} & D_{22} & \cdots & D_{2n} \\ \vdots & \vdots & & \vdots \\ D_{n1} & D_{n2} & \cdots & D_{nn} \end{bmatrix} \begin{bmatrix} a_1 \\ a_2 \\ \vdots \\ a_n \end{bmatrix} = \begin{bmatrix} D_{1,n+1} \\ D_{2,n+1} \\ \vdots \\ D_{n,n+1} \end{bmatrix} \tag{7.14}$$

求解上述方程，便可求得 Zernike 多项式的拟合系数 a_i，进一步可求解光滑连续的面形拟合函数。

4）最小二乘法

最小二乘法比上述几种算法更为简洁快捷，比如 Householder 变换法非常复杂繁琐，计算量较大。有些文献推荐使用 Gram - Schmidt 正交化法，因为不会出现最小二乘法中的正则方程系数矩阵严重病态的情况。事实上，Gram - Schmidt 正交化法和最小二乘法在求解 Zernike 多项式的拟合系数解的稳定性是一致的。

也就是说,在 Zernike 多项式阶数相同的条件下,如果使用最小二乘法时出现了正则方程严重病态的情况,不能求出正确的波面拟合的拟合系数,那么使用 Gram – Schmidt 正交化法也同样无法求解。因此,这里对棱镜镜面的面形拟合采用算法较简单的最小二乘法。

7.3.2 棱镜镜面拟合

1. 面形拟合原理

借助 Ansys 软件对棱镜进行静力分析后,可以编程获取镜面节点坐标、变形数据等信息,主要包括:镜面上各节点变形前的坐标值 $x_{1i},y_{1i},z_{1i}(i=1,2,3,\cdots,m)$,节点变形前后的差值 $\Delta x_{1i},\Delta y_{1i},\Delta z_{1i}(i=1,2,3,\cdots,m)$,其中 m 为镜面节点个数。

设在有限元模型中棱镜的光轴为 Z 轴,令

$$\begin{cases} x_i = x_{1i} + \Delta x_{1i} \\ y_i = y_{1i} + \Delta y_{1i} \\ \Delta z_i = \Delta z_{1i} \end{cases} \tag{7.15}$$

将 $x_i,y_i,\Delta z_{1i}$ 代入到 Zernike 多项式中,得到如下方程组:

$$\begin{cases} a_1 Z_1(x_1,y_1) + a_2 Z_2(x_1,y_1) + \cdots + a_n Z_n(x_1,y_1) = \Delta Z_1 \\ a_1 Z_1(x_2,y_2) + a_2 Z_2(x_2,y_2) + \cdots + a_n Z_n(x_2,y_2) = \Delta Z_2 \\ \vdots \\ a_1 Z_1(x_m,y_m) + a_2 Z_2(x_m,y_m) + \cdots + a_n Z_n(x_m,y_m) = \Delta Z_m \end{cases} \tag{7.16}$$

即

$$\begin{bmatrix} Z_1(x_1,y_1) & Z_2(x_1,y_1) & \cdots & Z_n(x_1,y_1) \\ Z_1(x_2,y_2) & Z_2(x_2,y_2) & \cdots & Z_n(x_2,y_2) \\ \vdots & \vdots & & \vdots \\ Z_1(x_m,y_m) & Z_2(x_m,y_m) & \cdots & Z_n(x_m,y_m) \end{bmatrix} \begin{bmatrix} a_1 \\ a_2 \\ \vdots \\ a_n \end{bmatrix} = \begin{bmatrix} \Delta Z_1 \\ \Delta Z_2 \\ \vdots \\ \Delta Z_m \end{bmatrix} \tag{7.17}$$

进一步写成如下矩阵形式:

$$ZA = Q \tag{7.18}$$

式中:Z 为 $m \times n$ 矩阵,元素 $z_{ij} = Z_j(x_i,y_i)(i=1,2,3,\cdots,m;j=1,2,3,\cdots,n)$;$A = (a_1,a_2,\cdots,a_n)^T$;$Q = (\Delta Z_1,\Delta Z_2,\cdots,\Delta Z_m)^T$。

式(7.18)中的矩阵 Z 表示所有提取节点数据的 Zernike 多项式各项的表达式,Q 表示所有节点在跟踪镜光轴方向的变形量,均可以从有限元分析结果中获取,为已知量。矩阵 A 则为需要求解的 Zernike 多项式各项系数,为未知量。求解上述矩阵方程有很多方法,这里采用简洁快速的最小二乘法来求解式(7.18)的矩阵方程。在求出 Zernike 多项式系数之后,代入式(7.4)便可得到镜面拟合

波面函数。

2. 面形拟合的流程

棱镜镜面拟合主要包括三方面的内容,即 Zernike 多项式系数的计算、镜面波面函数的构造和拟合波面的绘制等,其中 Zernike 多项式系数的计算最为关键。

Zernike 系数的求解过程由两个模块组成,分别为数据提取模块和系数求解模块。在数据提取模块中,首先建立棱镜有限元模型,并对其求解和分析,然后通过 APDL 编程输出镜面变形数据文件,包括变形前节点坐标文件和变形前后坐标差值文件。随后进入系数求解模块,首先将数据文件中的数据整理成为 Zernike 拟合所需的数据,然后借助 Matlab 编程,构造求解系数的矩阵方程,最后求得 Zernike 多项式的拟合系数。

求解 Zernike 多项式系数后,便可以构造出镜面波面函数。首先,根据拟合镜面的口径大小,设定拟合数据范围,然后确定用于拟合的 Zernike 多项式的像差项(这里选取 Zernike 多项式的前 15 项进行镜面拟合),代入 Zernike 系数就得到了镜面拟合波面函数;最后,利用得到的波面函数可以绘制波面函数云图,并求解拟合面形的 PV 值和 RMS 值,用于后续的镜面面形评估和对比。

3. 面形拟合实例

分别对棱镜处于静态和动态等几种典型工况下的面形进行拟合,并与实际仿真云图进行对比分析。棱镜镜面的拟合口径 $D = 400\text{mm}$,分别以棱镜静态 32.40°工况、动态 32.40°工况、动态 159.84°工况和动态 269.28°工况为例,进行镜面面形拟合及精度评估。

1) 静态 32.40°工况

建立静态工况下的棱镜有限元模型,对其进行网格划分、约束、加载及求解后,输出镜面变形数据。利用 Zernike 多项式前 15 项对镜面面形进行拟合,得到表 7.9 所列的 Zernike 拟合系数(前 9 项)以及如图 7.33(b)和图 7.34(b)所示的镜面拟合波面,其中图 7.33(b)表示平面侧面形拟合波面,图 7.34(b)表示楔面侧面形拟合波面。

表 7.9　Zernike 多项式拟合系数(前 9 项,静态 32.40°工况)

	平面侧拟合系数 a_i	楔面侧拟合系数 a_i	对应的 Seidel 像差
1	−9.27525879	−9.01854778	平移
2	0.00768386	0.00823912	X 轴倾斜
3	−0.00705914	−0.00140176	Y 轴倾斜
4	0.00004680	0.00004330	离焦
5	0.00000511	0.00000577	像散(0°或 90°)

（续）

	平面侧拟合系数 a_i	楔面侧拟合系数 a_i	对应的 Seidel 像差
6	0.00000446	−0.0000140	像散（45°）
7	0.00000002	0.00000002	X 轴慧差
8	0.00000004	−0.00000003	Y 轴慧差
9	0.00000001	0.00000001	球差

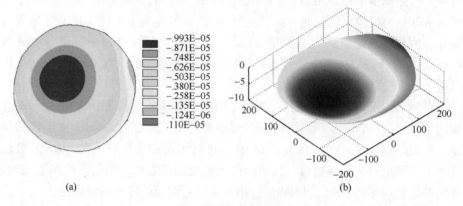

图 7.33　平面侧镜面面形对比
（a）实际仿真图；（b）拟合图。

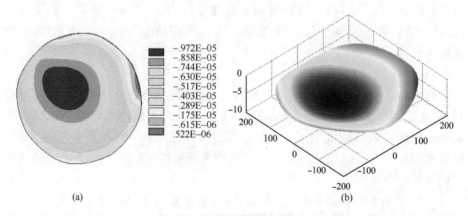

图 7.34　楔面侧镜面面形对比
（a）实际仿真图；（b）拟合图。

由图 7.33 和图 7.34 可知，拟合后的平面侧镜面面形 PV = 9.2903nm，RMS = 6.5421nm，实际仿真面形 PV = 9.8235nm，RMS = 6.6946nm，PV 值的误差为 5.43%，RMS 值的误差为 2.28%；拟合后的楔面侧镜面面形 PV = 11.5088nm，RMS = 5.4027nm，实际仿真面形 PV = 12.6117nm，RMS = 5.1205nm，

PV 值的误差为 8.75%，RMS 值的误差为 5.51%。结果如表 7.10 所列。

表 7.10　镜面面形质量对比（静态 32.40°工况）

	实际仿真图	拟合图	误差
平面侧 PV 值/nm	9.8235	9.2903	5.43%
平面侧 RMS 值/nm	6.6946	6.5421	2.28%
楔面侧 PV 值/nm	12.6117	11.5088	8.75%
楔面侧 RMS 值/nm	5.1205	5.4027	5.51%

2）动态 32.40°工况

采用与静态 32.4°工况同样的方法，对动态 32.4°工况下的棱镜镜面面形进行拟合，分别得到如表 7.11 所列的 Zernike 拟合系数（前 9 项）以及如图 7.35（b）所示的平面侧面形拟合波面和图 7.36（b）所示的楔面侧面形拟合波面。

表 7.11　Zernike 多项式拟合系数（前 9 项，动态 32.4°工况）

	平面侧拟合系数 a_i	楔面侧拟合系数 a_i	对应的 Seidel 像差
1	−11.72738175	−10.37480657	平移
2	0.00602637	0.00962927	X 轴倾斜
3	−0.01195571	−0.01327648	Y 轴倾斜
4	0.00006018	0.00005777	离焦
5	0.00001311	0.00002028	像散（0°或 90°）
6	0.00000113	0.00001285	像散（45°）
7	0.00000004	0.00000004	X 轴慧差
8	−0.00000002	−0.00000007	Y 轴慧差
9	0.00000002	−0.00000001	球差

由图 7.35 和图 7.36 可知，拟合后的平面侧镜面面形 PV ＝11.7735nm，RMS ＝8.2544nm，实际仿真面形 PV ＝12.6309nm，RMS ＝8.4458nm，PV 值的误差为 6.79%，RMS 值的误差为 2.27%；拟合后的楔面侧镜面面形 PV ＝13.0424nm，RMS ＝7.2463nm，实际仿真面形 PV ＝13.7399nm，RMS ＝7.4167nm，PV 值的误差为 5.08%，RMS 值的误差为 2.30%，结果如表 7.12 所列。

表 7.12　镜面面形质量对比（动态 32.4°工况）

	实际仿真图	拟合图	误差
平面侧 PV 值/nm	12.6309	11.7735	6.79%
平面侧 RMS 值/nm	8.4458	8.2544	2.27%
楔面侧 PV 值/nm	13.7399	13.0424	5.08%
楔面侧 RMS 值/nm	7.4167	7.2463	2.30%

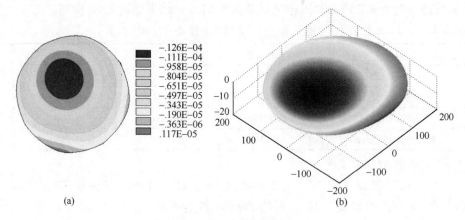

图 7.35　平面侧镜面面形对比

(a)实际仿真图；(b)拟合图。

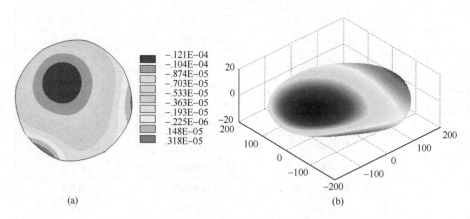

图 7.36　楔面侧镜面面形对比

(a)实际仿真图；(b)拟合图。

3）动态 159.84°工况

以同样的方法对动态 159.84°工况下的棱镜镜面面形进行拟合，分别得到如表 7.13 所列的 Zernike 拟合系数(前 9 项)以及如图 7.37(b)所示的平面侧面形拟合波面和图 7.38(b)所示的楔面侧面形拟合波面。

表 7.13　Zernike 多项式拟合系数(前 9 项，动态 159.84°工况)

	平面侧拟合系数 a_i	楔面侧拟合系数 a_i	对应的 Seidel 像差
1	15.04580574	14.74221763	平移
2	−0.00685881	−0.00105213	X 轴倾斜
3	−0.01675630	−0.01360338	Y 轴倾斜

（续）

	平面侧拟合系数 a_i	楔面侧拟合系数 a_i	对应的 Seidel 像差
4	− 0. 00007801	− 0. 00007166	离焦
5	0. 00000222	0. 00002315	像散（0°或 90°）
6	− 0. 00001815	− 0. 00001014	像散（45°）
7	0. 00000006	0. 00000006	X 轴慧差
8	0. 00000001	0. 00000002	Y 轴慧差
9	− 0. 00000002	0. 00000003	球差

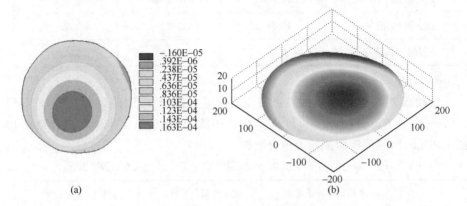

图 7. 37　平面侧镜面面形对比

（a）实际仿真图；（b）拟合图。

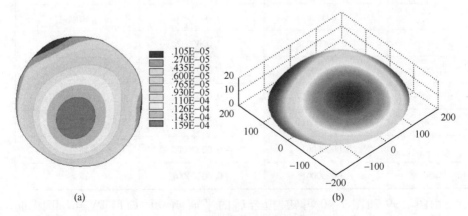

图 7. 38　楔面侧镜面面形对比

（a）实际仿真图；（b）拟合图。

　　由图 7. 37 和图 7. 38 可知,拟合后的平面侧镜面面形 PV = 15. 6704nm,
RMS = 10. 5589nm,实际仿真面形 PV = 16. 4310nm,RMS = 10. 8092nm,PV 值的

误差为 4.63%，RMS 值的误差为 2.32%；拟合后的楔面侧镜面面形 PV = 13.2356nm，RMS = 10.4202nm，实际仿真面形 PV = 13.5834nm，RMS = 10.6675nm，PV 值的误差为 2.56%，RMS 值的误差为 2.32%。结果如表 7.14 所列。

表 7.14　镜面面形质量对比(动态 159.84°工况)

	实际仿真图	拟合图	误差
平面侧 PV 值/nm	16.4310	15.6704	4.63%
平面侧 RMS 值/nm	10.8092	10.5589	2.32%
楔面侧 PV 值/nm	13.5834	13.2356	2.56%
楔面侧 RMS 值/nm	10.6675	10.4202	2.32%

4）动态 269.28°工况

对动态 269.28°工况下的棱镜镜面面形进行拟合，分别得到如表 7.15 所列的 Zernike 拟合系数（前 9 项）以及如图 7.39(b)所示的平面侧面形拟合波面和图 7.40(b)所示的楔面侧面形拟合波面。

表 7.15　Zernike 多项式拟合系数(前 9 项,动态 269.28°工况)

	平面侧拟合系数 a_i	楔面侧拟合系数 a_i	对应的 Seidel 像差
1	1.45598043	3.32522588	平移
2	0.00054062	−0.00146138	X 轴倾斜
3	−0.00133654	−0.00499632	Y 轴倾斜
4	−0.00001058	−0.00000976	离焦
5	−0.00000288	0.00001382	像散(0°或90°)
6	−0.00000817	−0.00000162	像散(45°)
7	0.00000001	0.00000001	X 轴慧差
8	0.00000002	−0.00000003	Y 轴慧差
9	0.00000001	−0.00000001	球差

由图 7.39 和图 7.40 可知，拟合后的平面侧镜面面形 PV = 7.0791nm，RMS = 1.2069nm，实际仿真面形 PV = 8.5197nm，RMS = 1.1609nm，PV 值的误差为 16.91%，RMS 值的误差为 3.96%；拟合后的楔面侧镜面面形 PV = 9.5505nm，RMS = 2.8976nm，实际仿真面形 PV = 10.7739nm，RMS = 2.9376nm，PV 值的误差为 11.36%，RMS 值的误差为 1.37%，结果如表 7.16 所列。

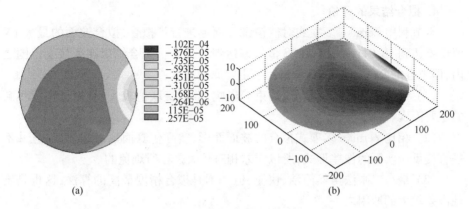

(a)　　　　　　　　　　　　　　　　(b)

图 7.39　平面侧镜面面形对比

(a)实际仿真图;(b)拟合图。

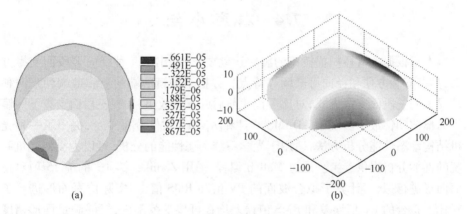

(a)　　　　　　　　　　　　　　　　(b)

图 7.40　楔面侧镜面面形对比

(a)实际仿真图;(b)拟合图。

表 7.16　镜面面形质量对比(动态 269.28°工况)

	实际仿真图	拟合图	误差
平面侧 PV 值/nm	8.5197	7.0791	16.91%
平面侧 RMS 值/nm	1.1609	1.2069	3.96%
楔面侧 PV 值/nm	10.7739	9.5505	11.36%
楔面侧 RMS 值/nm	2.9376	2.8976	1.37%

　　无论是静态工况还是动态工况,因为实际仿真面形均比较尖锐,交联值较大,而 Zernike 拟合面形相对平滑,所以导致面形分析误差是必然的。本章中的 PV 值误差和 RMS 值误差均在可接受范围内,且 RMS 值均较小,说明 Zernike 多项式的前 15 项拟合是可行的,其拟合后的数据可以用于分析镜面像差信息。

4. 拟合结果的评价

本节利用 Zernike 多项式对棱镜镜面面形进行了拟合,拟合波面的最大 PV 值误差达到 16.91% ,最大 RMS 值误差达到 5.51% 。拟合结果在可接受范围之内,但拟合的 PV 值误差仍相对较大,主要原因如下:

(1)受棱镜模型网格划分、约束等影响,数据交联值较大,是拟合精度不高的主要因素。

(2)相比 Zernike 多项式拟合的波面面形,实际仿真面形较为尖锐,且并不是直接反应实际的像差形式,所以误差相对较大是在所难免的。

(3)最小二乘法虽然简洁、快捷,但并不是拟合精度最高的算法,这也是出现误差较大的原因之一。

(4)Zernike 项数与拟合精度并不成正比,需要合理地选择拟合项数。

7.4 本 章 小 结

本章根据大口径扫描棱镜的旋转运动要求,提出了一种径向多段面支撑方案,具有安装方便和径向可微调等特点。分析了棱镜薄端朝上和薄端朝下两种情况下的三段面支撑方式,对比了优化前后的支撑效果,发现三段面支撑下的镜子面形波动性最小。基于 ADAMS 软件和 ANSYS 软件分析平台,提出了一种光机结构动态性能分析方法,适用于光学系统动态性能的分析,可以为类似光机系统的性能分析提供参考。通过 Matlab 编程,采用 Zernike 多项式的前 15 项对镜面面形进行拟合,计算了拟合波面的 PV 值和 RMS 值,与实际仿真面形进行了对比。拟合的 PV 值误差和 RMS 值误差均在可接受范围内,能够满足面形精度的要求。

参 考 文 献

[1] 崔向群,李新南,张振翅,等. 大口径天文薄镜面磨制试验[J]. 光学学报,2005,25(7): 965 −969.

[2] 朱波,杨洪波,张景旭,等. 大口径望远镜三镜结构设计及优化[J]. 工程设计学报,2010,17(6): 469 −478.

[3] Salas L, Gutierrez L, Pedrayes M H. Active primary mirror support for the 2. 1m telescope at the San Pedro Martir Observatory[J]. Applied Optics, 1997, 36(16): 3708 −3716.

[4] Vukobratovich D, Richard R M. Roller chain supports for large optics [J]. Proc. of OE, 1991, 1396: 522 −534.

[5] Li A H, Wang W, Ding Y, et al. An overview of radial supporting ways for large − size movement mirror: A study case of a large − aperture rotating prism [J]. Proc. of SPIE, 2012: 84870T − 84870T − 11.

［6］李安虎,李志忠,孙建锋,等. 大口径旋转偏摆棱镜径向支撑优化设计［J］. 光学学报,2012(12)：178－183.

［7］胡企千. 大型光学镜子的结构、支承及重力变形计算方法［J］. 光学精密工程,1983,(6)：29－44.

［8］Ostaszewski M, Harford S, Doughty N, et al. Risley prism beam pointer［J］. Proc. of SPIE, 2006, 6304：630406－630406－10.

［9］王伟. 大口径跟踪转镜的支撑优化及动态研究分析［D］. 上海：同济大学,2014.

［10］Li A H, Wang W, Bian Y M, et al. Dynamic characteristics analysis of a large－aperture rotating prism with adjustable radial support［J］. Applied Optics, 2014, 53(10)：2220－2228.

［11］Li A H, Jiang X C, Sun J F, et al. Radial support analysis for large－aperture rotating wedge prism［J］. Optics & Laser Technology, 2012, 44：1881－1888.

［12］姜旭春. 双棱镜粗精耦合扫描装置研究［D］. 上海：同济大学,2012.

［13］Zhang Y T, Cao X D, Kuang L, et al. Dynamic deformation analysis of light－weight mirror［J］. Proc. of SPIE, 2012, 8417：84172P－84172P－7.

［14］肖前进,贾宏光,韩学峰,等. 一种低耦合位移动镜支撑机构静动态性能分析［J］. 红外与激光工程,2013,42(4)：975－981.

［15］Burns M. Tracking performance simulation for the Gemini 8－M telescope［J］. Proc. of SPIE, 1994, 2199：805－816.

［16］Wang F, Wu X, Yang F, et al. Based on Householder transform of the Zernike polynomial wavefront fitting method to solve active optics correction force［J］. Proc. of SPIE, 2008, 6835(11)：683522－683522－5.

内 容 简 介

    本书是国内外首部系统介绍双棱镜多模式扫描理论与技术的专著。从原理上揭示了双棱镜多模式扫描机制,建立了双棱镜多模式扫描理论模型和实现技术,阐述了多模式扫描参数匹配、多模式扫描轨迹、扫描范围和精度、扫描盲区和非线性等问题。解决了双棱镜多模式扫描逆问题,提出了多种逆向解算法,分析了双棱镜多模式扫描的光束性质,并开展了双棱镜扫描的系统设计和性能测试研究。本书给出了大量双棱镜多模式扫描的计算和分析实例,原创了多种双棱镜扫描装置,为双棱镜多模式扫描技术的开发和应用奠定了基础。

    本书可以为光电扫描技术开发提供支持,也可以为高校、科研及企事业单位的光电爱好者提供参考。

    This book appears as the first monograph that systematically introduces the double-prism multi-mode scanning theory and technology. According to the multi-mode scanning mechanism revealed in principle, the theoretical model of double-prism multi-mode scanning is presented along with some implementation technologies. Some essential issues are deeply investigated, such as multi-mode scanning parameters matching, multi-mode scanning trajectories, scanning coverage and precision, nonlinear relationship and blind zone, etc. Furthermore, several efficient algorithms are established to solve the inverse problem of the scanning system. The beam properties through two prisms are demonstrated in detail, accompanied by the design guidance and the performance test on specific scanning devices. Characterized by numerous calculation and analysis examples as well as some original scanning apparatus, the book may provide valuable reference for developing and applying multi-mode scanning techniques based on double prisms.

    This instructive book is intended not only to support the professional technicians engaged in photoelectric scanning, but also to serve the potential enthusiasts in universities, scientific institutions or enterprises.